高等职业教育“十三五”规划教材

高职高专智慧建造系列教材

U0962892

房屋建筑学

主　编　孟　琳

参　编　蔡　萌　雷丹敏

主　审　刘军生

北京理工大学出版社

BEIJING INSTITUTE OF TECHNOLOGY PRESS

内容提要

本书按照高职高专院校人才培养目标以及专业教学改革的需要，依据最新房屋建筑学施工标准规范进行编写。全书除绪论外共分为13个模块，主要包括建筑设计概述、建筑平面设计、建筑剖面设计、建筑体型与立面设计、民用建筑构造概述、地基与基础、墙体、楼地层、楼梯与电梯、屋面、门和窗、变形缝、建筑排水与防水等内容。

本书可作为高职高专院校建筑工程技术等相关专业的教材，也可作为函授和自考辅导用书，还可供建筑工程施工现场相关技术和管理人员工作时参考使用。

图书在版编目（CIP）数据

房屋建筑学/孟琳主编.—北京：北京理工大学出版社，2018.1（2018.2重印）

ISBN 978-7-5682-5044-3

Ⅰ.①房…　Ⅱ.①孟…　Ⅲ.①房屋建筑学－高等学校－教材　Ⅳ.①TU22

中国版本图书馆CIP数据核字（2017）第308703号

出版发行／北京理工大学出版社有限责任公司

社　　址／北京市海淀区中关村南大街5号

邮　　编／100081

电　　话／（010）68914775（总编室）

（010）82562903（教材售后服务热线）

（010）68948351（其他图书服务热线）

网　　址／http://www.bitpress.com.cn

经　　销／全国各地新华书店

印　　刷／北京紫瑞利印刷有限公司

开　　本／787毫米×1092毫米　1/16

印　　张／14.5　　　　责任编辑／钟　博

字　　数／349千字　　　　文案编辑／钟　博

版　　次／2018年1月第1版　2018年2月第3次印刷　　　　责任校对／周瑞红

定　　价／42.00元　　　　责任印制／边心超

高等职业教育“十三五”规划教材
高职高专智慧建造系列教材
编审委员会

总序言

高等职业教育以培养生产、建设、管理、服务第一线的高素质技术技能人才为根本任务，在建设人力资源强国和高等教育强国的伟大进程中发挥着不可替代的作用。近年来，我国高职教育蓬勃发展，积极推进校企合作、工学结合人才培养模式改革，办学水平不断提高，为现代化建设培养了一大批高素质技术技能人才，对高等教育大众化作出了重要贡献。要加快高职教育改革和发展的步伐，全面提高人才培养质量，就必须对课程体系建设进行深入探索。在此过程中，教材无疑起着至关重要的基础性作用，高质量的教材是培养高素质技术技能人才的重要保证。

高等职业院校专业综合改革和高职院校“一流专业”培育是教育部、陕西省教育厅为促进高职院校内涵建设、提高人才培养质量、深化教育教学改革、优化专业体系结构、加强师资队伍建设、完善质量保障体系，增强高等职业院校服务区域经济社会发展能力而启动的陕西省高等职业院校专业综合改革试点项目和陕西高职院校“一流专业”培育项目。在此背景下，为了更好的贯彻《国家中长期教育改革和发展规划纲要（2010—2020年）》及《高等职业教育创新发展行动计划（2015—2018年）》相关精神，更好地推动高等职业教育创新发展，自“十三五”以来，陕西交通职业技术学院建筑工程技术专业先后被立项为“陕西省高等职业院校专业综合改革试点项目”、“陕西高职院校‘一流专业’培育项目”及“高等职业教育创新发展行动计划（2015—2018年）骨干专业建设项目”，教学成果“契合行业需求，服务智慧建造，建筑工程技术专业人才培养模式创新与实践”荣获“陕西省2015年高等教育教学成果特等奖”。依托以上项目建设，陕西交通职业技术学院组织了一批具有丰富理论知识和实践经验的专家、一线教师，校企合作成立了智慧建造系列教材编审委员会，着手编写了本套重点支持建筑工程专业群的智慧建造系列教材。

本套公开出版的智慧建造系列教材编审委员会对接陕西省建筑产业岗位要求，结合专业实际和课程改革成果，遵循“项目载体、任务驱动”的原则，组织开发了以项目为主体的工学结合教材；在项目选取、内容设计、结构优化、资源建设等方面形成了自己的特色，具体表现在以下方面：一是教材内容的选取凸显了职业性和前沿性特色；二是教材结构的安排凸显了情境化和项目化特色；三是教材实施的设计凸显了实践性和过程性特色；四是教材资源的建设凸显了完备性和交互性特色。总之，智慧建造系列教材的体例结构打破了传统的学科体系，以工作任务为载体进行项目化设计，教学方法融“教、学、做”于一体、实施以真实工作任务为载体的项目化教学方法，突出了以学生自主学习为中心、以问题为导向的理念，考核评价体现过程性考核，充分体现现代高等职业教育特色。因此，本套智慧建造系列教材的出版，既适合高职院校建筑工程类专业教学使用，也可作为成人教育及其他社会人员岗位培训用书，对促进当前我国高职院校开展建筑工程技术“一流专业”建设具有指导借鉴意义。

胡兴福

2017年10月

前　言

“房屋建筑学”是高职高专院校土建类相关专业的主要专业基础课，其特点是与生产实际有着十分密切的联系。“房屋建筑学”作为学生掌握建筑工程施工图和建筑构造详图绘制方法，并具备进行识读能力的一门专业基础课程，具有很强的实践性和应用性，其课程内容必须适应建筑工程技术的进步。本书以文字为主，图文并茂，根据全国高职高专土建类专业教学指导委员会最新颁布的教学大纲，同时参照现行国家有关规范、规程和技术标准进行编写。

本书重点介绍了两部分内容：一是以大量的民用建筑为主，并涉及部分大型公共建筑，对民用建筑设计原理进行了介绍；二是以民用建筑构造原理及常用构造做法为主，对民用建筑构造进行了介绍。本书基础理论以“必需、够用”为度，重点突出对学生专业技能的训练和培养。

本书主要具有以下特色：

（1）全书按照模块化的思路组织内容，并编排成了13个模块。

（2）本书实践内容力求和真实项目紧密联系，建筑构造认知部分中根据需要设置了相应的应用案例，引导学生学以致用。

（3）本书编写过程中力求做到理论与工程实际相结合、知识与应用相结合，让学生学习知识，并掌握相应技能。

本书由陕西交通职业技术学院孟琳担任主编，并邀请中联西北工程设计研究院有限公司蔡萌、中国建筑西北设计研究院有限公司雷丹敏参与了本书部分章节的编写工作。全书由刘军生主审。

限于编者的水平和经验不足，书中难免会有疏漏及不妥之处，敬请广大读者批评指正。

编　者

目 录

绪 论

知识目标

(1)房屋建筑学的学习内容及学习方法;
(2)建筑构成要素;
(3)按使用性质、层数、材料、施工方法、规模和数列对建筑分类;
(4)建筑的耐久年限、耐火等级、燃烧性能;
(5)建筑基本模数、导出模数、模数数列。

能力目标

(1)了解本课程的学习内容、学习方法;
(2)掌握建筑的构成要素;
(3)熟悉建筑的分类;
(4)了解建筑的等级划分方法;
(5)熟悉建筑模数。

0.1 房屋建筑学的内容及学习任务

0.1.1 房屋建筑学的内容

房屋建筑学是一门技术性强、内容广泛的综合性学科，涉及建筑识图、建筑艺术、工程技术、环境规划、建筑结构、建筑经济等有关方面的知识。本课程主要包括民用和工业建筑的设计原理与建筑构造方法两大部分。

(1)建筑设计原理。建筑设计原理研究一般房屋的设计原则和设计方法，它包括总平面布置、平面设计、剖面设计、立面设计等方面的问题。

(2)建筑构造方法。建筑构造方法是在建筑构造原理的指导下，研究如何运用建筑材料和制品构成构件和配件，以及构配件之间连接的方法。

0.1.2 房屋建筑学的学习任务

房屋建筑学的学习任务包括：了解一般房屋建筑设计的原则和原理，掌握建筑设计的基本知识，正确理解设计意图；能按照设计意图绘制建筑方案图；掌握房屋构造的基本理论，选择合理的构造方案；初步掌握建筑的一般构造做法和构造详图的绘制方法。

0.2 建筑的基本构成要素

建筑是建筑物和构筑物的总称。它是人们为了满足社会生活需要，利用所掌握的物质技术手段，并运用一定的科学规律和美学法则创造的人工空间环境。建筑的构成要素主要包括建筑功能、建筑的物质技术条件、建筑形象。

0.2.1 建筑功能

建筑功能是人们建造房屋的目的和使用要求的综合体现。建筑功能在建筑中起决定性的作用，对建筑平面布局组合、结构形式、建筑体型等方面都有极大的影响。人们建筑房屋不仅要满足生产、生活、居住等要求，也要适应社会的需求。各类房屋的建筑功能并不是一成不变的，随着科学技术的发展、经济的繁荣、物质和文化水平的提高，人们对建筑功能的要求也日益提高。

0.2.2 建筑的物质技术条件

建筑的物质技术条件是实现建筑功能的物质基础和技术条件。物质基础包括建筑材料与制品、建筑设备和施工机具等。技术条件包括建筑设计理论、工程计算理论、建筑施工技术和管理理论等。建筑不可能脱离建筑的物质技术条件而存在，如 19 世纪中叶以前的几千年间，建筑材料一直以砖、瓦、石、木为主，所以，古代建筑的跨度和高度都受到限制；19 世纪中叶到 20 世纪初，钢材、水泥相继出现，为大力发展高层和大跨度建筑创造了物质技术条件，可以说高度发展的物质技术条件是现代建筑的一个重要标志。

0.2.3 建筑形象

建筑既是物质产品，又具有一定的艺术形象，不仅用来满足人们的物质功能要求，还应满足人们的精神和审美要求。建筑形象包括建筑内部空间组合、建筑外部体型、立面构图、细部处理、材料的色彩和质感及装饰处理等内容。良好的建筑形象具有较强的艺术感染力，如庄严雄伟、宁静幽雅、简洁明快等，使人获得精神上的满足和享受。另外，建筑形象还要反映社会和时代的特点。不同时期、不同地域、不同民族的建筑具有不同的建筑形象，从而形成了不同的建筑风格和特色。

建筑功能、建筑的物质技术条件、建筑形象三者之间是辩证统一的关系，它们不能分割，但又有主次之分。建筑功能是主导因素，它对建筑的物质技术条件和建筑形象起决定性作用；建筑的物质技术条件是实现建筑功能的手段，它对建筑功能起制约或促进的作用；建筑形象则是建筑功能、技术和艺术内容的综合表现。

0.3 建筑的分类和分级

0.3.1 建筑的分类

1. 按使用性质分类

建筑按使用性质通常可分为民用建筑、工业建筑、农业建筑。

(1)民用建筑是供人们居住和进行公共活动的建筑。民用建筑又可分为居住建筑和公共建筑。居住建筑是供人们居住使用的建筑，包括住宅、公寓、宿舍等；公共建筑是供人们进行社会活动的建筑，包括行政办公建筑、文教建筑、科研建筑、托幼建筑、医疗福利建筑、商业建筑、旅馆建筑、体育建筑、展览建筑、文艺观演建筑、邮电通信建筑、园林建筑、纪念建筑、娱乐建筑等。

(2)工业建筑是供人们进行工业生产的建筑，包括生产用建筑及生产辅助用建筑，如动力配备间、机修车间、锅炉房、车库、仓库等。

(3)农业建筑是供人们进行农牧业种植、养殖、贮存等活动的建筑，以及农业机械用建筑，如种植用的温室大棚、养殖用的鱼塘和畜舍、贮存用的粮仓等。

2. 按层数分类

建筑层数是房屋建筑的一项非常重要的控制指标，但必须结合建筑总高度综合考虑。根据《民用建筑设计通则》(GB 50352—2005)，民用建筑按地上层数或高度分别有如下分类规定：

(1)住宅建筑：

1)低层住宅：1～3 层。

2)多层住宅：4～6 层。

3)中高层住宅：7～9 层。

4)高层住宅：≥10 层。

5)超高层住宅：>100 m。

(2)其他民用建筑：根据《建筑设计防火规范》(GB 50016—2014)的规定，民用建筑根据其建筑高度和层数可分为单层民用建筑、多层民用建筑和高层民用建筑。高层民用建筑根据其建筑高度、使用功能和楼层的建筑面积可分为一类和二类。民用建筑的分类符合表 0-1 的规定。

1)单层建筑：指建筑层数为 1 层的。

2)多层建筑：指建筑高度不大于 24 m 的非单层建筑，一般为 2～6 层。

3)高层建筑：指建筑高度大于 24 m 的非单层建筑。

4)超高层建筑：指建筑高度大于 100 m 的高层建筑。

表 0-1 民用建筑的分类

名称	高层民用建筑		单、多层民用建筑
	一类	二类	
住宅建筑	建筑高度大于 54 m 的住宅建筑(包括设置商业服务网点的住宅建筑)	建筑高度大于 27 m，但不大于 54 m 的住宅建筑(包括设置商业服务网点的住宅建筑)	建筑高度不大于 27 m 的住宅建筑(包括设置商业服务网点的住宅建筑)
公共建筑	1. 建筑高度大于 50 m 的公共建筑； 2. 建筑高度 24 m 以上部分任一楼层建筑面积大于 1 000 m^2 的商店、展览、电信、邮政、财贸金融建筑和其他多种功能组合的建筑； 3. 医疗建筑、重要公共建筑； 4. 省级及以上的广播电视和防灾指挥调度建筑、司局级和省级电力调度建筑； 5. 藏书超过 100 万册的图书馆、书库	除一类高层公共建筑外的其他高层公共建筑	1. 建筑高度大于 24 m 的单层公共建筑； 2. 建筑高度不大于 24 m 的其他公共建筑

3. 按承重结构材料分类

建筑按承重结构材料一般分为以下几类：

(1)砌体结构。砌体结构的竖向承重构件是墙体，水平承重构件为钢筋混凝土楼板及屋面板。这种结构一般用于多层建筑中。

(2)框架结构。框架结构的承重部分是由钢筋混凝土或钢材制作的梁、板、柱形成的骨架，墙体只起围护和分隔作用。这种结构可以用于多层和高层建筑中。

(3)钢筋混凝土板墙结构。钢筋混凝土板墙结构的竖向承重构件和水平承重构件均采用钢筋混凝土制作，施工时可以在现场浇筑，或在加工厂预制、现场吊装。这种结构可以用于多层和高层建筑中。

(4)特种结构。特种结构又称为空间结构，包括悬索、网架、拱、壳体等结构形式。这种结构多用于大跨度的公共建筑中。

4. 按施工方法分类

施工方法是指建筑房屋所采用的方法，它分为以下几类：

(1)现浇、现砌式。主要构件在施工现场砌筑(如砖墙等)或浇筑(如钢筋混凝土构件等)。

(2)预制、装配式。主要构件在加工厂预制，在施工现场进行装配。

(3)部分现浇现砌、部分装配式。部分构件在现场浇筑或砌筑(大多为竖向构件)，部分构件为预制吊装(大多为水平构件)。

5. 按规模和数量分类

建筑按规模和数量可分为大量性建筑和大型性建筑。

(1)大量性建筑是指量大面广，与人民生活、生产密切相关的建筑，如住宅、幼儿园、学校、商店、医院、中小型厂房等。这些建筑在城市和乡村都是不可缺少的，因修建数量很大，故称为大量性建筑。

(2)大型性建筑是指规模宏大、耗资较多的建筑，如大型体育馆、大型影剧院、大型车站、航空港、展览馆、博物馆等。这类建筑与大量性建筑相比，虽然修建数量有限，但对城市的景观和面貌影响较大。

0.3.2 民用建筑的等级划分

民用建筑的等级主要是从建筑物的使用耐久年限性、耐火等级两个方面划分的。

1. 按建筑的使用耐久年限分类

建筑物耐久等级的指标是使用耐久年限。使用耐久年限的长短是由建筑物的性质决定的。《民用建筑设计通则》(GB 50352—2005)对建筑物的使用耐久年限作了规定，见表 0-2。

表 0-2　按建筑物等级划分的使用耐久年限

级别	使用耐久年限/年	适用的建筑物性质
一级	100 以上	重要建筑和高层建筑
二级	50～100	一般性建筑
三级	25～50	次要建筑
四级	15 以下	临时建筑

2. 按建筑的耐火等级分类

建筑物的耐火等级是衡量建筑物耐火程度的标准。《建筑设计防火规范》(GB 50016—2014)根据建筑材料和构件的燃烧性能及耐火极限，把建筑的耐火等级分为四级。

(1)燃烧性能。燃烧性能是指建筑构件在明火或高温辐射情况下是否能燃烧，以及燃烧的难易程度。建筑构件按燃烧性能分为不燃烧体、难燃烧体和燃烧体。

1)不燃烧体是指用不燃烧材料制成的构件。这类材料在空气中受到火烧或高温作用时不起火、不微燃、不碳化，如金属材料和无机矿物材料。

2)难燃烧体是指用难燃烧材料制成的构件或用燃烧材料做成而用不燃烧材料做保护层的构件。这类材料在空气中受到火烧或高温作用时难燃烧、难碳化，离开火源后，燃烧或微燃立即停止，如沥青混凝土、板条抹灰、水泥刨花板、经防火处理的木材等。

3)燃烧体是指用燃烧材料制成的构件。这类材料在空气中受到火烧或高温作用时，立即起火或燃烧，且离开火源继续燃烧或微燃，如木材、胶合板等。

(2)耐火极限。建筑构件的耐火极限是指对任一建筑构件按“时间-温度”标准曲线进行耐火试验，从受到火的作用时起，到失去支持能力或完整性被破坏或失去隔火作用时为止的时间，用小时(h)计算。

建筑物的耐火等级分为四级，《建筑设计防火规范》(GB 50016—2014)规定，不同耐火等级建筑物主要构件的燃烧性能和耐火极限不应低于表 0-3 的规定。通常具有代表性的、性质重要的或规模宏大的建筑按一、二级耐火等级进行设计；大量性或一般建筑按二、三级耐火等级进行设计；很次要的或临时建筑按四级耐火等级进行设计。

表 0-3 建筑物构件的燃烧性能和耐火极限 h

构件名称		耐火等级			
		一级	二级	三级	四级
墙	防火墙	不燃性 3.00	不燃性 3.00	不燃性 3.00	不燃性 3.00
	承重墙	不燃性 3.00	不燃性 2.50	不燃性 2.00	难燃性 0.50
	非承重外墙	不燃性 1.00	不燃性 1.00	不燃性 0.50	可燃性
	楼梯间和前室的墙 电梯井的墙 住宅建筑单元之间的墙和分户墙	不燃性 2.00	不燃性 2.00	不燃性 1.50	难燃性 0.50
	疏散走道两侧的隔墙	不燃性 1.00	不燃性 1.00	不燃性 0.50	难燃性 0.25
	房间隔墙	不燃性 0.75	不燃性 0.50	难燃性 0.50	难燃性 0.25
柱		不燃性 3.00	不燃性 2.50	不燃性 2.00	难燃性 0.50
梁		不燃性 2.00	不燃性 1.50	不燃性 1.00	难燃性 0.50
楼板		不燃性 1.50	不燃性 1.00	不燃性 0.50	可燃性
屋顶承重构件		不燃性 1.50	不燃性 1.00	可燃性 0.50	可燃性
疏散楼梯		不燃性 1.50	不燃性 1.00	不燃性 0.50	可燃性
吊顶(包括吊顶搁栅)		不燃性 0.25	难燃性 0.25	难燃性 0.15	可燃性

0.4 建筑模数

为保证建筑设计标准化和构配件生产工厂化，建筑物及其各组成部分的尺寸必须统一协调，因此，我国制定了《建筑模数协调标准》(GB/T 50002—2013)作为建筑设计的依据。

0.4.1 建筑模数的概念

建筑模数是选定的标准尺度单位，作为建筑物、建筑构配件、建筑制品以及有关设备尺寸相互协调的基础。

0.4.2 建筑模数的类型

1. 基本模数

基本模数是模数协调中选用的基本尺寸单位，其数值为 100 mm，符号为 M，即 1M=100 mm。整个建筑物及其一部分或建筑组合构件的模数化尺寸应为基本模数的倍数。

2. 导出模数

导出模数是在基本模数的基础上发展的相互之间存在某种内在联系的模数，包括扩大模数和分模数两种。

(1)扩大模数。扩大模数是基本模数的整数倍数。水平扩大模数基数为 2M、3M、6M、12M、15M、30M、60M，其相应的尺寸分别是 200 mm、300 mm、600 mm、1 200 mm、1 500 mm、3 000 mm、6 000 mm。

(2)分模数。分模数是整数除基本模数的数值。分模数基数为 M/10、M/5、M/2，其相应的尺寸分别是 10 mm、20 mm、50 mm。

0.4.3 模数数列

模数数列是以选定的模数基数为基础而展开的模数系统，它可以保证不同建筑及其组成部分之间尺度的统一协调，有效减少建筑尺寸的种类，并确保尺寸具有合理的灵活性。模数数列根据建筑空间的具体情况拥有各自的适用范围，建筑物的所有尺寸除特殊情况之外，均应满足模数数列的要求。表 0-4 所示是我国现行的模数数列。

表 0-4 我国现行的模数数列

模数名称	基本模数	扩大模数						分模数		
模数基数	1M	3M	6M	12M	15M	30M	60M	1/10M	1/5M	1/2M
基数数值	100	300	600	1 200	1 500	3 000	6 000	10	20	50
模数数列	100	300						10		
	200	600	600					20	20	
	300	900						30		
	400	1 200	1 200	1 200				40	40	
	500	1 500			1 500			50		50

续表

模数名称	基本模数	扩大模数						分模数		
模数基数	1M	3M	6M	12M	15M	30M	60M	1/10M	1/5M	1/2M
基数数值	100	300	600	1 200	1 500	3 000	6 000	10	20	50
	600	1 800	1 800	1 800				60	60	
	700	2 100						70		
	800	2 400	2 400	2 400				80	80	
	900	2 700						90		
	1 000	3 000	3 000		3 000	3 000		100	100	100
	1 100	3 300						110		
	1 200	3 600	3 600	3 600				120	120	
	1 400	3 900						130		
	1 500	4 200	4 200	42 00				140	140	
	1 600	4 500			4 500			150		150
	1 800	4 800	4 800	4 800				160	160	
	1 900	5 100						170		
	2 000	5 400	5 400					180	180	
模数数列	2 100	5 700						190		
	2 200	6 000	6 000	6 000	6 000	6 000	6 000	200	200	200
	2 400	6 300							220	
	2 500	6 600							240	
	2 600	6 900								250
	2 700	7 200	7 200	7 200					260	
	2 800	7 500							280	
	2 900		7 800						300	300
	3 000		8 400	8 400					320	
	3 100		9 000			9 000			340	
	3 200		9 600	9 600						
	3 300					10 500			360	350
	3 400			10 800					380	
	3 500			12 000	12 000	12 000	12 000		400	400
	3 600									
应用范围	主要用于建筑物层高、门窗洞口和构配件截面	1. 主要用于建筑物的开间或柱距、进深或跨度、层高、构配件截面尺寸和门窗洞口等处； 2. 扩大模数 30M 数列按 3 000 mm 进级，其幅度可增至 360M；60M 数列按 6 000 mm 进级，其幅度可增至 360M						1. 主要用于缝隙、构造节点和构配件截面等处； 2. 分模数 1/2M 数列按 50 mm 进级，其幅度可增至 10M		

(1)模数数列应根据功能性和经济性原则确定。

(2)建筑物的开间或柱距，进深或跨度，梁、板、隔墙和门窗洞口宽度等分部件的截面尺寸宜采用水平模数和水平扩大模数数列，且水平扩大模数数列宜采用 2M、3M(M 为自然数)。

(3)建筑物的高度、层高和门窗洞口高度等宜采用竖向基本模数和竖向扩大模数数列，且竖向扩大模数数列宜采用 M。

(4)构造节点和分部件的接口尺寸等宜采用分模数数列，且分模数数列宜采用 M/10、M/5、M/2。

0.4.4 模数协调应用规定

(1)模数协调利用模数数列调整建筑与部件或分部件的尺寸关系，减少种类，优化部件或分部件的尺寸。

(2)部件与安装基准面关联到一起时，应利用模数协调明确各部件或分部件的位置，使设计、加工及安装等各个环节的配合简单、明确，达到高效率和经济性。

(3)主体结构部件和内装、外装部件的定位可通过设置模数网格来控制，并应通过部件安装接口要求进行主体结构，内装、外装部件和分部件的安装。

模块小结

房屋建筑学涉及建筑识图、建筑艺术、工程技术、环境规划、建筑结构、建筑经济等有关方面的知识。建筑是人们为了满足社会生活需要，利用所掌握的物质技术手段，并运用一定的科学规律和美学法则创造的人工空间环境。建筑的构成要素主要包括建筑功能、建筑的物质技术条件、建筑形象。建筑可按使用性质、承重结构材料、层数、规模和数量等标准分为不同的类型。建筑的等级主要是从建筑物的使用耐久性和耐火程度两个方面划分的。建筑模数是选定的标准尺度单位，作为建筑物、建筑构配件、建筑制品以及有关设备尺寸相互协调的基础。

思考与练习

1. 房屋建筑学的学习任务是什么?
2. 建筑按承重结构材料分为哪些类型?
3. 建筑构件按燃烧性能分为哪些类型?
4. 什么是建筑构件的耐火极限? 耐火极限在设计时有哪些规定?
5. 什么是建筑模数?
6. 模数数列应符合哪些规定?
7. 模数协调应用应符合哪些规定?

模块1　建筑设计概述

知识目标

(1)建筑设计的要求；

(2)建筑设计的内容和依据；

(3)掌握建筑设计的程序。

能力目标

(1)运用设计原理进行简单小型建筑设计；

(2)运用设计原理在施工过程中把握实际工程建筑各部分尺寸、位置、形式等的施工。

1.1　建筑设计的要求及方针

1.1.1　建筑设计的要求

建筑设计除应满足相关的建筑标准、规范等要求外，原则上还应满足下列要求。

1. 满足建筑功能的要求

建筑功能是建筑的第一大要素。建筑设计的首要任务是为人们的生产和生活活动创造良好的环境。如学校，首先要满足教学活动的需要，教室设置应做到合理布局，教学区应有便利的交通联系和良好的采光及通风条件，同时，还要合理安排学生的课外和体育活动空间以及教师的办公室、卫生设备、储藏空间等；又如工业厂房，首先应该适应生产流程的安排，合理布置各类生产和生活、办公及仓储等用房，同时，还要达到安全、节能等各项标准。

2. 符合所在地规划发展的要求

设计规划是有效控制城市发展的重要手段，设计规划对建筑提出形式、高度、色彩感染力等多方面的要求，所有建筑物的建造都应该纳入所在地规划控制的范围。

3. 采用合理的技术措施

采用合理的技术措施是建筑物安全、有效地建造和使用的基本保证。随着人类社会物质文明的不断发展和生产技术水平的不断提高，可以运用在建筑工程领域的新材料、新技术越来越多。根据所设计项目的特点，正确地选用相关的材料和技术，采纳合理的构造方式以及可行的施工方案，可以降低能耗、提高效率并达到可持续发展的目的。

4. 符合经济性要求

工程项目的总投资一般在项目立项的初始阶段就已经确定了。作为建设项目的设计人员，应当具有建筑经济方面的相关知识。例如，熟悉建筑材料的近期价格以及一般的工程造价。在设计过程中，应当根据实际情况选用合适的建筑材料及建造方法，合理利用资金，避免人力和物力浪费。这样才是对建设单位负责，同时，也是对国家和人民的利益负责。为了保证项目投资在给定的投资范围内，在设计阶段应当进行项目投资估算、概算和预算。

5. 满足对建筑美观的要求

建筑与人们的生活息息相关，人们的生活起居、工作都离不开它，因此，在满足使用功能的同时还应该兼顾审美要求。

1.1.2 建筑设计的方针

我国建筑设计的基本方针是适用、经济、美观。

1.2 建筑设计的内容、程序

建筑工程设计是指设计一个建筑物或建筑群所要做的全部工作，包括建筑设计、结构设计、设备设计三个方面的内容。

1.2.1 建筑设计的内容

建筑设计是在总体规划的前提下，根据设计任务书的要求，综合考虑场地环境、使用功能、材料设备、建筑经济及艺术等问题，着重解决建筑物内部各种使用功能和使用空间的合理安排，建筑物与周围环境、外部条件的协调配合，内部和外部的艺术效果，细部的构造方案等，创作出既具科学性又具艺术性的生活和生产环境。建筑设计包括总体设计和单体设计两方面，一般是由建筑师来完成的。

1.2.2 建筑设计的程序

建筑设计的程序根据工程复杂程度、规模大小及审批要求，通常可分为初步设计和施工图设计两个阶段。对于技术复杂的大型工程，可增加技术设计阶段。

1.2.2.1 设计前的准备工作

为了保证设计质量，设计前必须做好充分的准备工作。准备工作包括查阅必要的批文、熟悉设计任务书、收集必要的设计资料、设计前的调研等方面的内容。

1. 查阅必要的批文

必要的批文包括主管部门的批文和城市建设部门同意设计的批文。建设单位必须具有以上两种批文才可向设计单位办理委托设计手续。

2. 熟悉设计任务书

设计任务书是经上级主管部门批准，提供给设计单位进行建筑设计的依据性文件，一般包括下列内容：

(1)建设项目总的要求、用途、规模及一般说明。

(2)建设项目的组成、单项工程的面积、房间组成和面积分配及使用要求。

(3)建设项目的投资及单项工程造价、土建设备及室外工程的投资分配。

(4)建设场地的大小、形状、地形，原有建筑及道路现状，并附地形测量图。

(5)供电、给水排水、采暖及空调等设备方面的要求，并附有水源、电源的使用许可文件。

(6)设计期限及项目建设进度计划安排要求。

3. 收集必要的设计资料

必要的设计资料主要包括气象资料、场地地形及地质水文资料、水电等设备管线资料、设计项目的国家有关定额等。

4. 设计前的调研

设计前的调研内容包括对建筑物的使用要求、建筑材料供应和施工等技术条件、场地踏勘及当地传统的风俗习惯的调研。

1.2.2.2 初步设计阶段

按照我国现行的制度，在建设项目设计招标投标过程中中标的设计单位，与建设单位签订委托设计合同，并随之进入正式的设计程序。初步设计是建筑设计的第一阶段，它的任务是综合考虑建筑功能、技术条件、建筑形象等因素而提出设计方案，并进行方案的比较和优化，确定较为理想的方案，征得建设单位同意后报有关的建设监督和管理部门批准为实施方案。初步设计的内容一般包括设计说明书、设计图纸、主要设备材料表和工程概算四部分。

1.2.2.3 技术设计阶段

技术设计阶段的主要任务是在初步设计的基础上协调、解决各专业之间的技术问题，经批准后的技术设计图纸和说明书即编制施工图、主要材料设备订货及工程拨款的依据文件。技术设计的图纸和文件与初步设计大致相同，但更详细。要求在各专业工种之间提供资料、提出要求的前提下，共同研究和协调编制拟建工程各工种的图纸和说明书，为各工种编制施工图打下基础。

对于不太复杂的工程，技术设计阶段可以省略，将这个阶段的一部分工作纳入初步设计阶段，称为“扩大初步设计”；另一部分工作则留待施工图设计阶段进行。

1.2.2.4 施工图设计阶段

施工图设计是建筑设计的最后阶段，施工图是提交施工单位进行施工的设计文件。在初步设计文件和建筑概算得到上级主管部门审批同意后，方可进行施工图设计。

施工图设计的原则是满足施工要求，解决施工中的技术措施、用料及具体做法。其任务是编制满足施工要求的整套图纸。

施工图设计的内容包括建筑、结构、水、电、采暖和空调通风等专业的设计图纸，工程说明书，结构及设备计算书和工程预算书。具体图纸和文件如下：

(1)设计说明书。设计说明书包括施工图设计依据、设计规模、面积、标高定位、用料说明等。

(2)建筑总平面图。建筑总平面图的比例可选用1∶500、1∶1 000、1∶2 000。应标明建筑用地范围，建筑物及室外工程(道路、围墙、大门、挡土墙等)位置、尺寸、标高、绿化及环境设施的布置，并附必要的说明、详图及技术经济指标，地形及工程复杂时应绘制竖向设计图。

(3)建筑物各层平面图、剖面图、立面图。建筑物各层平面图、剖面图、立面图的比例可选用1∶50、1∶100、1∶200。除表达初步设计或技术设计内容外，还应详细标出门窗洞口、墙段尺寸及必要的细部尺寸、详图索引。

(4)建筑构造详图。建筑构造详图包括平面节点、檐口、墙身、门窗、室内装修、立面装修等详图。应详细表示各部分构件关系、材料尺寸及做法、必要的文字说明。根据节点需要，比例可分别选用1∶20、1∶10、1∶5、1∶2、1∶1等。

(5)各专业相应配套的施工图纸，如基础平面图，结构布置图，水、暖、电平面图及系统图等。

(6)工程预算书。在施工图文件完成后，设计单位应将其经由建设单位报送有关施工图审查机构，进行强制性标准、规范执行情况等内容的审查。经审查单位认可或按照其意见修改并通过复审且提交规定的建设工程质量监督部门备案后，施工图设计阶段结束。若建设单位要求设计单位提供施工图预算，设计单位应给予配合。

1.3 建筑设计程序的依据

1.3.1 建筑空间尺度的要求

人体尺度及人体活动所需的空间尺度直接决定着建筑物中家具、设备的尺寸，踏步、阳台、栏杆的高度，门洞、走廊、楼梯的宽度和高度及各类房间的高度和面积大小，是确定建筑空间的基本依据之一。我国成年男子和成年女子的平均高度分别为167 cm和156 cm，人体尺度和人体活动所需的空间尺度如图1-1所示。

房间内家具设备的尺寸以及人们使用它们所需的活动空间是确定房间内部使用面积的重要依据，如图1-2所示。

1.3.2 自然条件的影响

建设地区的温度、湿度、日照、雨雪、风向、风速等对建筑物的设计有较大的影响，也是建筑设计的重要依据。例如，湿热地区的房屋设计要很好地考虑隔热、通风和遮阳等问题，建筑处理较为开敞；干冷地区则要考虑防寒保温，建筑处理较为紧凑、封闭；雨量较大的地区要特别注意屋顶形式、屋面排水方案的选择以及屋面防水构造的处理。另外，日照情况和主导风向通常是确定房屋朝向和间距的主要因素，风速是高层建筑、电视塔等高耸建筑物设计中考虑结构布置和建筑体型的重要因素。

在设计前，需收集当地有关的气象资料作为设计的依据。图1-3所示为我国部分城市的风向频率玫瑰图。图中粗实线表示全年风向频率，细实线表示冬季风向频率，虚线表示夏季风向频率。

1.3.3 地形、水文地质及地震烈度的影响

场地的地形、地质构造、土壤特性和地基承受力的大小，对建筑物的平面组合、结构布置、建筑构造处理和建筑体型都有明显的影响。坡度陡的地形，常使房屋结合地形采用错层、吊层或依山就势等较为自由的组合方式。复杂的地质条件，要求房屋的构成和基础的设置采取相应的结构与构造措施。

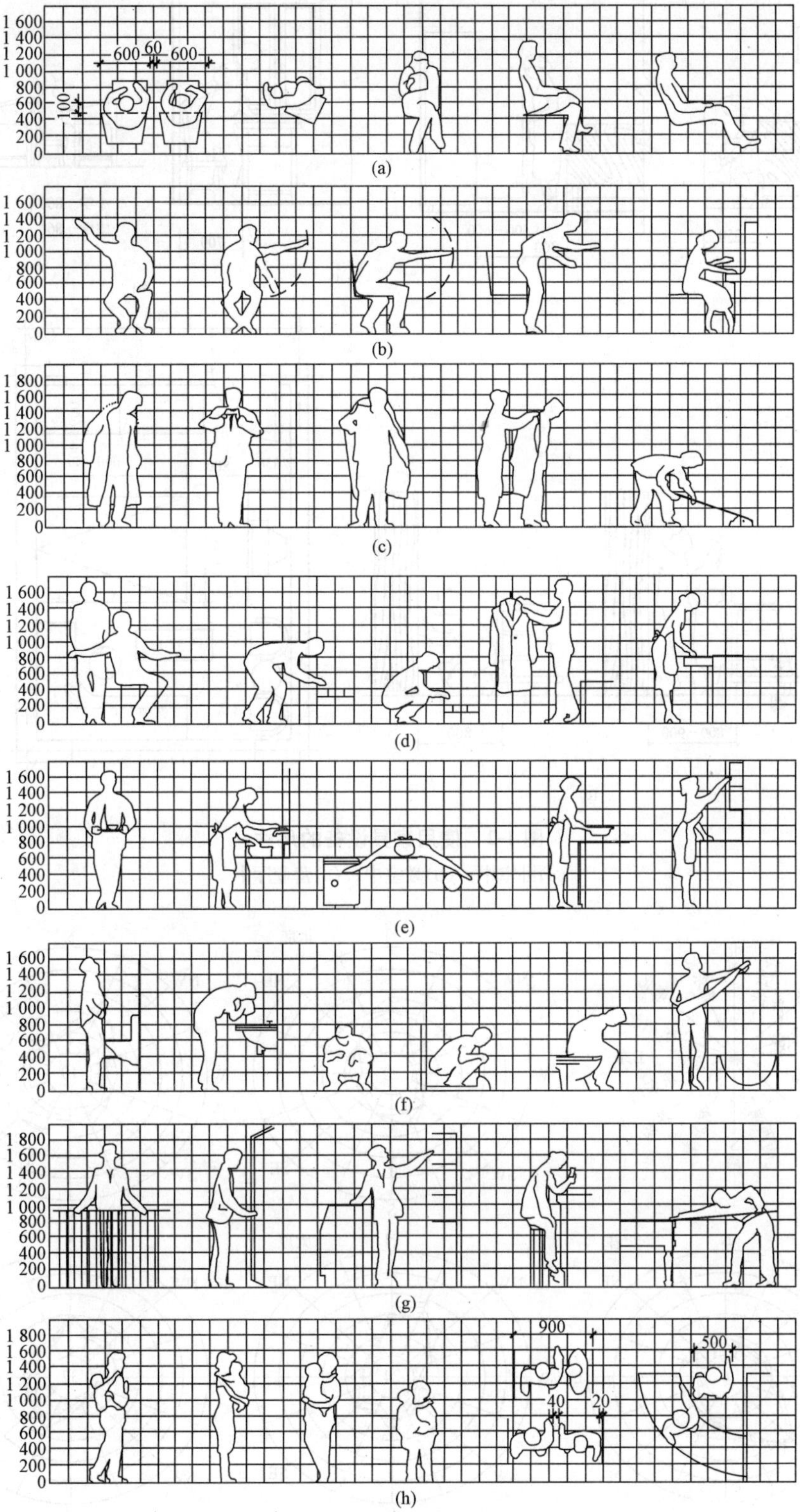

图 1-1　人体基本动作尺度

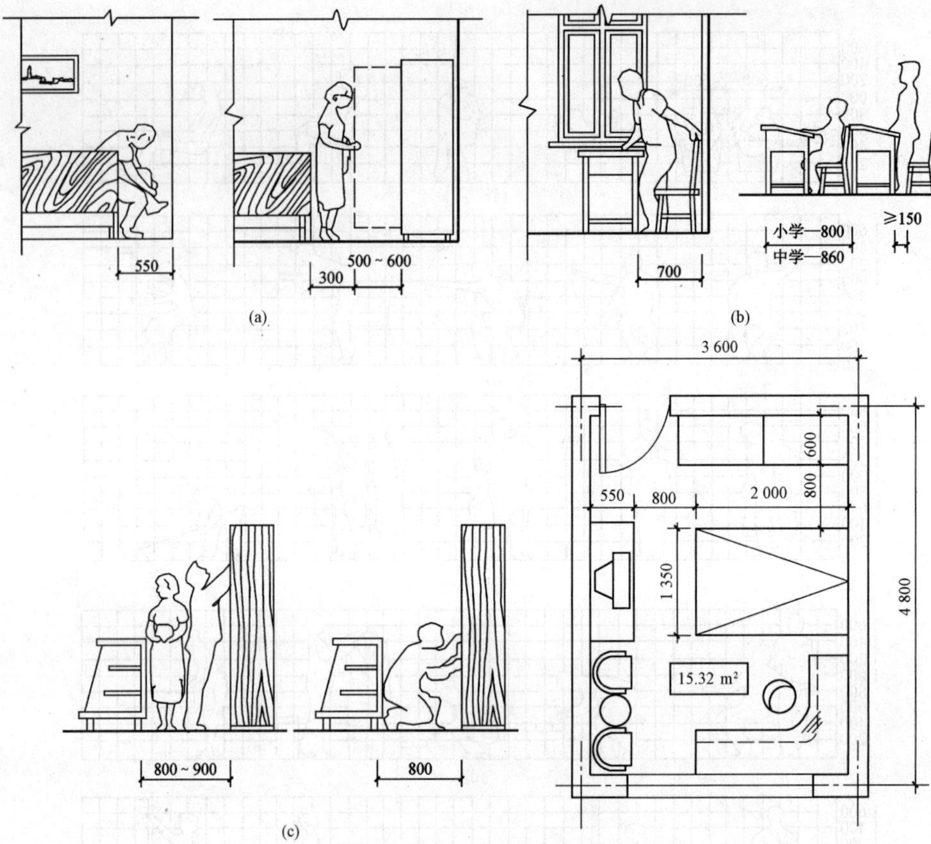

图 1-2　使用家具设备的尺寸

(a)卧室中；(b)教室中；(c)营业厅中

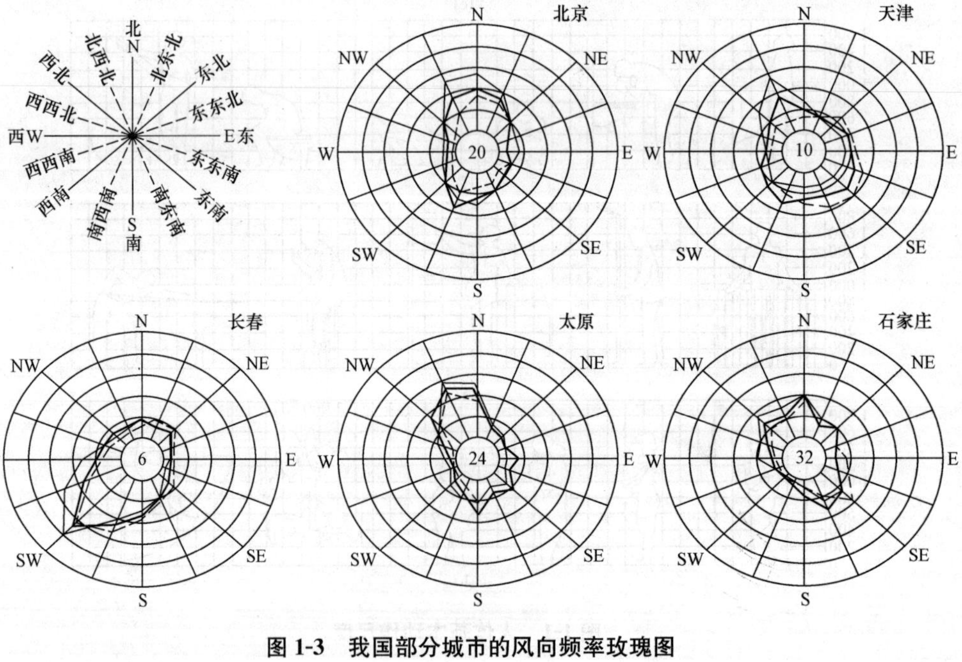

图 1-3　我国部分城市的风向频率玫瑰图

水文地质条件是指地下水水位的高低及地下水的性质，其直接影响到建筑物的基础及地下室。一般应根据地下水水位的高低及地下水的性质确定是否在该地区建造房屋或采用相应的防水和防腐蚀措施。

地震烈度表示当发生地震时，地面及建筑物遭受破坏的程度。烈度在 6 度及以下时，地震对建筑物影响较小，一般可不考虑抗震措施。烈度在 9 度以上的地区，地震破坏力很大，一般应尽量避免在该地区建筑房屋。房屋抗震设防的重点是 7～9 度地震烈度的地区。

模块小结

建筑工程设计是指设计一个建筑物或建筑群所要做的全部工作，包括建筑设计、结构设计、设备设计三个方面的内容。建筑设计的程序根据工程复杂程度、规模大小及审批要求，通常可分为初步设计和施工图设计两个阶段。对于技术复杂的大型工程，可增加技术设计阶段。建筑设计程序的依据主要有建筑空间尺度的要求和自然条件的影响。

思考与练习

1. 建筑设计的要求有哪些？
2. 建筑设计的依据是什么？
3. 建筑设计的内容有哪些？
4. 建筑空间尺度的依据有哪些？

模块 2　建筑平面设计

知识目标

（1）建筑平面组合设计与总平面的关系；

（2）建筑平面设计的过程、内容；

（3）建筑平面设计的基本原理和方法。

能力目标

（1）掌握建筑平面图的主要内容；

（2）掌握建筑主要使用房间和交通联系部分平面设计的基本原理。

建筑平面设计解决建筑物在水平方向各房间的具体设计，以及各房间之间的关系问题，是建筑设计的重要内容。进行平面设计时，根据功能要求确定房间合理的面积、形状和尺寸以及门窗的大小、位置；满足日照、采光、通风、保温、隔热、隔声、防潮、防水、防火、节能等方面的需要；考虑结构的可行性和施工的方便；保证平面组合合理、功能分区明确。

民用建筑类型繁多，各类建筑房间的使用性质和组成类型也不相同。无论是由几个房间组成的小型建筑物或由几十个甚至上百个房间组成的大型建筑物，均是由使用空间与交通联系空间组成，而使用空间又可以分为主要使用空间与辅助使用空间(图 2-1)。

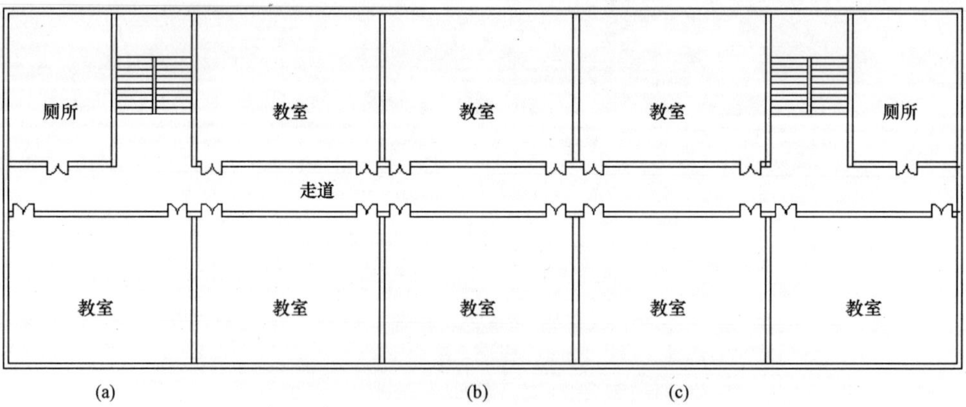

图 2-1　某中学教学楼平面空间构成

（1）主要使用空间是建筑物的核心，它决定了建筑物的性质，往往表现为数量多或空间大，如住宅中的起居室、卧室；教学楼中的教室、办公室；商业建筑中的营业厅；影剧院中的观众厅等都是各类建筑中的主要使用空间。

(2)辅助使用空间是为保证建筑物的主要使用要求而设置的，与主要使用空间相比，其属于建筑物的次要部分，如公共建筑中的卫生间、储藏室及其他服务性房间；住宅建筑中的厨房、厕所等。

(3)交通联系空间是建筑物中各房间之间、楼层之间和室内与室外之间联系的空间，如各类建筑物中的门厅、走道、楼梯间、电梯间等。

2.1 主要使用空间的平面设计

主要使用空间是各类建筑的主要部分，是供人们工作、学习、生活、娱乐等的房间。由于建筑类别不同，使用功能不同，因此对使用房间的要求也不同。如住宅中的卧室是满足人们休息、睡眠用的；教学楼中的教室是满足教学用的；电影院中的观众厅是满足人们观看电影和集会用的。虽然如此，总的来说，使用房间设计应考虑的基本因素仍然是一致的，即要求有适宜的尺度，足够的面积，恰当的形状，良好的朝向、采光和通风条件，方便的内外交通联系，能有效地利用建筑面积以及结构布局合理和便于施工等。

2.1.1 主要使用空间的平面设计介绍

各种不同的使用房间都是为了供一定数量的人在里面进行活动和布置所需的家具和设备，因此，必须有足够的面积。按照使用要求，房间的面积可以分为以下三部分：

(1)家具和设备所占用的面积。

(2)人们使用家具、设备及活动所需的面积。

(3)房间内部的交通面积。

1. 影响房间面积大小的因素

(1)容纳人数。根据房间的性质、家具、设备确定房间容纳人数的多少，确定房间的面积大小。教室室内使用面积分析示意如图 2-2 所示。居室、教室、实验室、电影院功能不同，其房间面积大小也不同(图 2-3)。

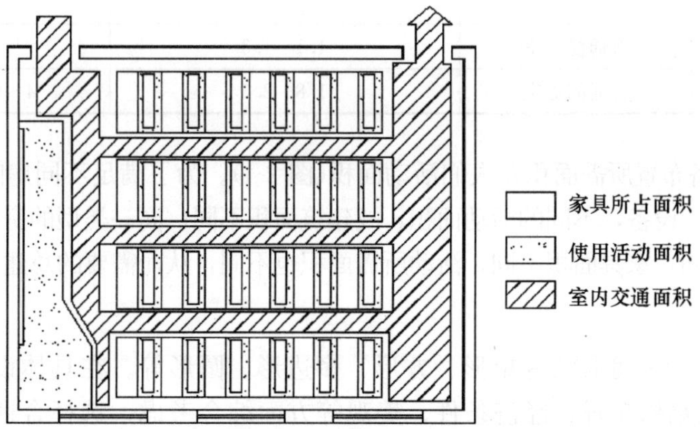

图 2-2 教室室内使用面积分析示意

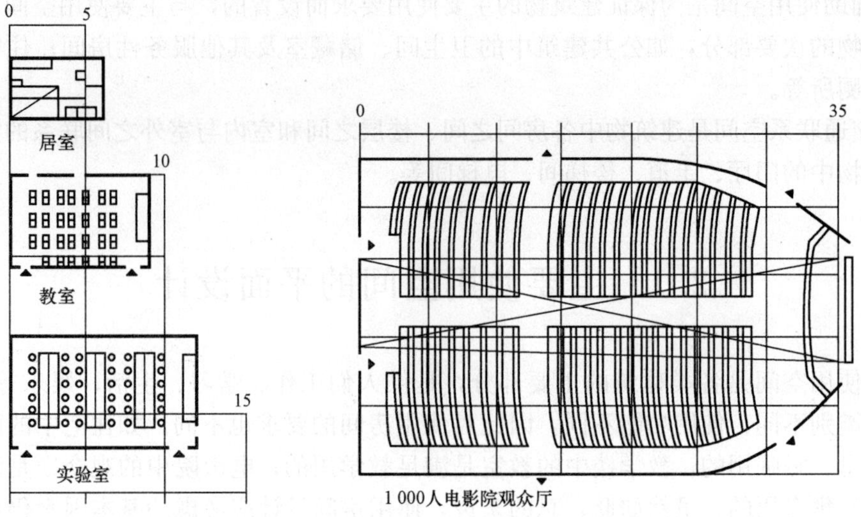

图 2-3　不同功能的房间的平面面积

在实际工作中，房间面积的确定主要是依据我国有关部门及各地区制订的面积定额指标。根据房间的容纳人数及面积定额指标就可以得出房间的总面积。应当指出，每人所需的面积除面积定额指标外，还需通过调查研究，并结合建筑物的标准综合考虑(表 2-1)。

有些建筑的房间面积指标未作规定，使用人数也不固定，如展览室、营业厅等。这就需要设计人员根据设计任务书的要求，对同类型、规模相近的建筑进行调查研究，充分掌握使用特点，结合经济条件，通过分析比较得出合理的房间面积。

表 2-1　部分民用建筑房间面积定额参考指标

项目	房间名称	面积定额/($m^2 \cdot 人^{-1}$)	备注
中小学	普通教室	1～1.2	小学取下限
办公室	一般办公室	3.5	不包括走道
	会议室	0.5	无会议桌
		2.3	有会议桌
铁路旅客站	普通候车室	1.1～1.3	—
图书馆	普通阅览室	1.8～2.5	4～6 座双面阅览桌

(2)家具、设备布置所需面积及人们活动面积(图 2-4)。为了满足不同房间的功能需求，需要布置不同的家具、设备，不同的活动面积，故建筑面积不同；同一类型的房间，同样的家具类型，家具的款式不同，家具面积不同，活动所需面积也不同，从而需要的总建筑面积也不同。

2. 房间形状

民用建筑常见的房间形状有矩形、方形、多边形、圆形等。在具体设计中，应从使用要求、结构形式与结构布置、经济条件、美观等方面综合考虑，选择合适的房间形状。一般功能要求的民用建筑房间形状常采用矩形，其主要原因如下：

(1)矩形平面体型简单，墙体平直，便于家具布置和设备的安排，在使用上能充分利用室内有效面积，有较大的灵活性。

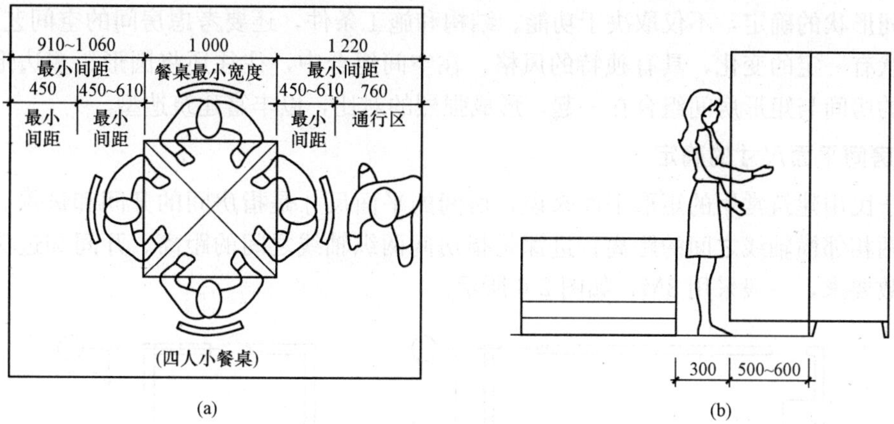

图 2-4　家具、设备布置所需面积及人们活动面积

(a)家具布置所需面积；(b)衣柜使用所需面积

(2)结构布置简单，便于施工。一般功能要求的民用建筑，常采用墙体承重的梁、板构件布置。

(3)矩形平面便于统一开间、进深，有利于平面及空间的组合。如学校、办公楼、旅馆等建筑常采用矩形房间沿走道一侧或两侧布置，统一的开间和进深使建筑平面布置紧凑，用地经济。当房间面积较大时，为保证良好的采光和通风，常采用沿外墙长向布置的组合方式。

对于一些有特殊功能和视听要求的房间，如音乐教室、杂技场、体育馆等房间，它们的形状首先应满足这类建筑的单个使用房间的功能要求。如杂技场常采用圆形平面以满足演马戏时动物跑弧线的需要；观众厅要满足良好的视听条件，使观众既能看得清也能听得清；而音乐教室的平面也是综合使用人数、使用方式以及各种其他因素，如视线、声学效果等所设计出来的成果(图 2-5)。

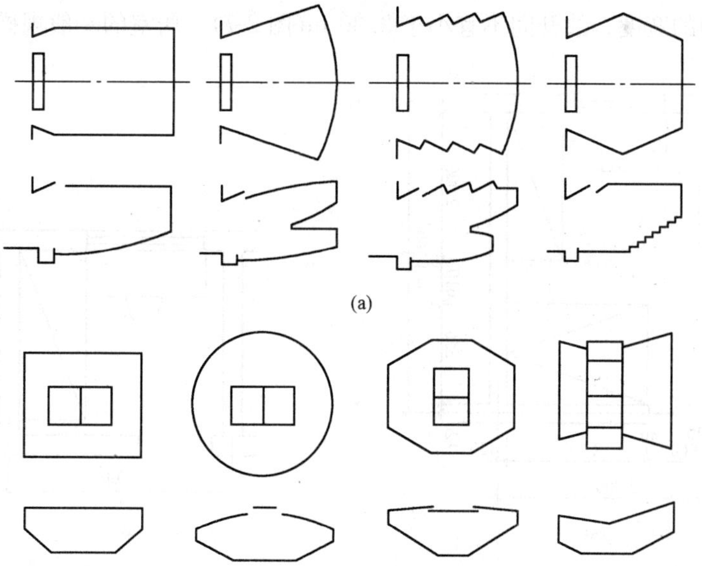

图 2-5　剧院观众厅和体育馆比赛厅的形状

(a)观众厅；(b)比赛厅

房间形状的确定，不仅取决于功能、结构和施工条件，还要考虑房间的空间艺术效果，使其形状有一定的变化，具有独特的风格。在空间组合中，往往还将圆形、多边形及不规则形状的房间与矩形房间组合在一起，形成强烈的对比，以丰富建筑造型。

3. 房间平面尺寸的确定

对于民用建筑常用的矩形平面来说，房间的平面尺寸是指房间的开间和进深。开间是指房间两相邻横轴线之间的距离；进深是指房间两纵轴线之间的距离。开间和进深应符合建筑模数要求，一般采用 3M，如图 2-6 所示。

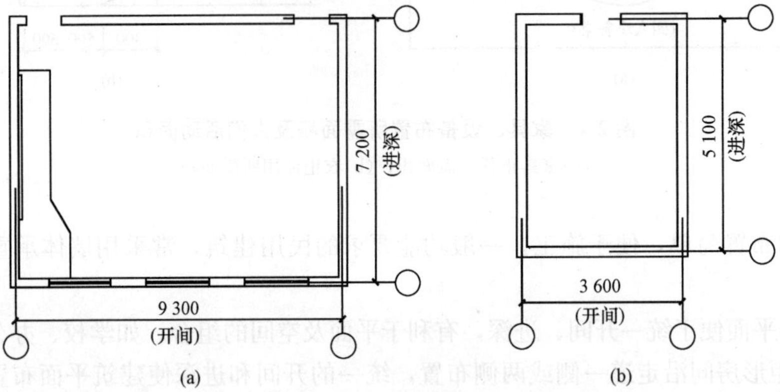

图 2-6　教室、宿舍开间进深示意

(a)教室；(b)宿舍

(1)房间的使用要求。根据房间的使用性质确定活动特点、房间家具布置。考虑到睡眠的特点，主卧室内应布置床、床头柜、衣柜等家具。确定主卧室时，首先要考虑床的布置。为了适应不同的床位布置方式，以及在纵、横两个方向都能安放床位，主卧室的净宽应大于床的长度加门的宽度，故开间不宜小于 3. 30 m(图 2-7)。居室的一般规模见表 2-2。

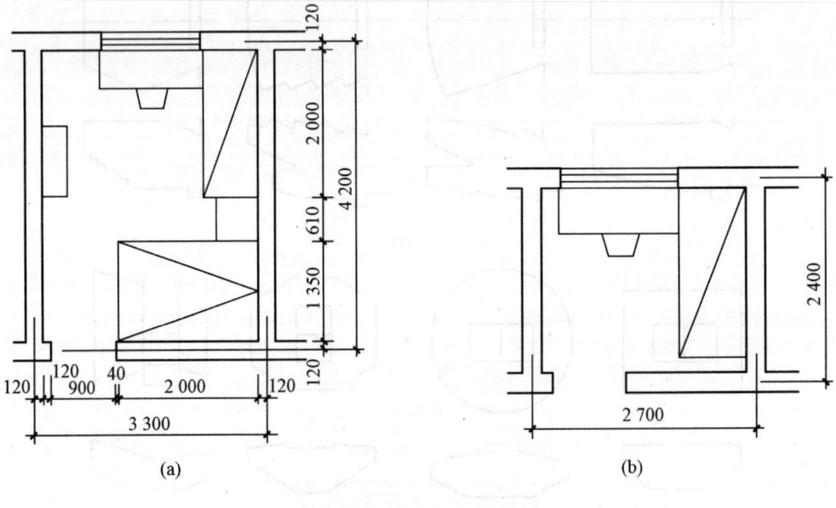

图 2-7　卧室平面布置图

(a)主卧室平面布置图；(b)次卧室平面布置图

表 2-2　居室的一般规模　　mm

空间	平面图	规模	说明
主卧室	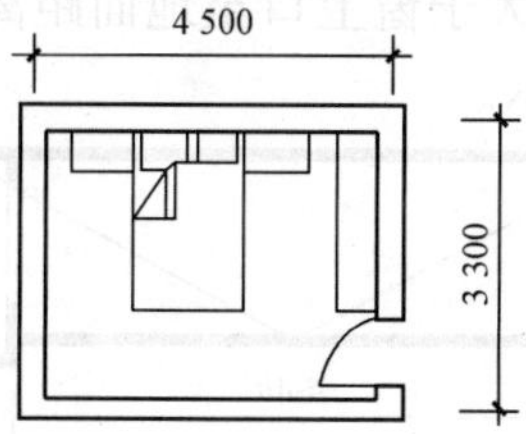	13.93 m^2	夫妇两人或夫妇加一婴儿用
次卧室	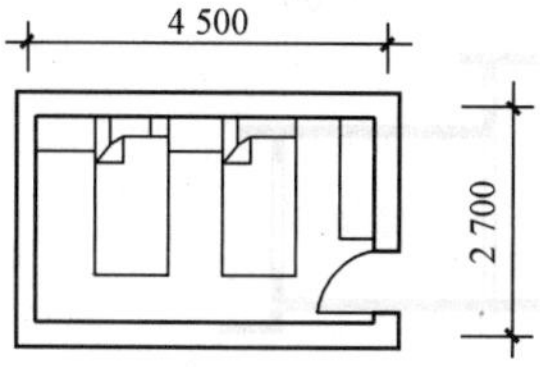	11.3 m^2	两人用卧室
次卧室	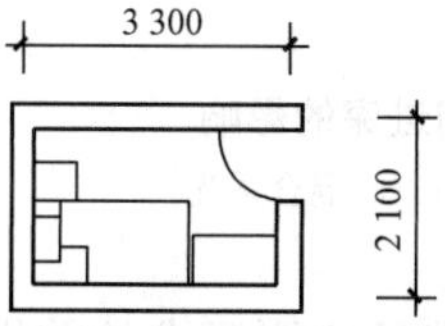	6.3 m^2	一人用卧室，成人或老人一人用

根据教室的使用活动特点，在确定平面尺寸时，必须满足学生的视听要求，课桌椅应布置在规定的视距和视角范围以内，如图 2-8 所示。

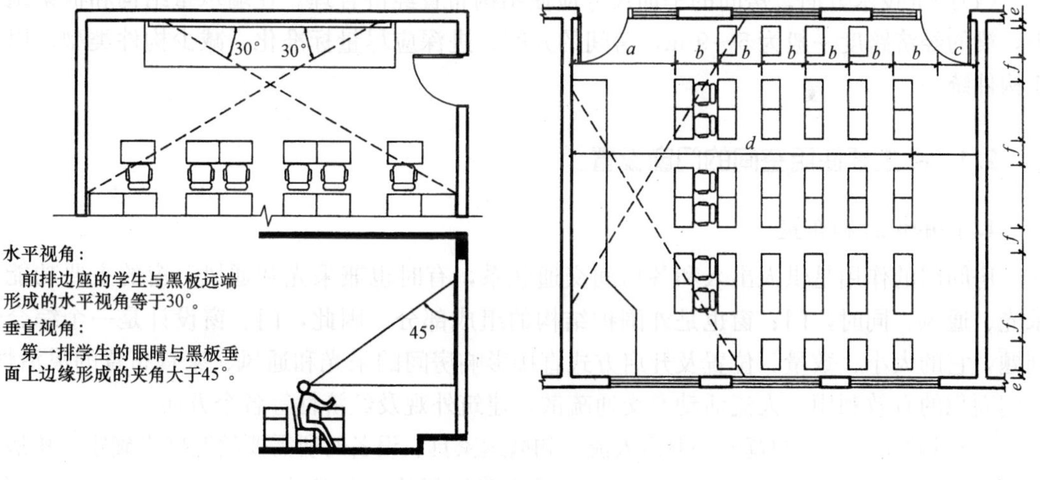

图 2-8　中学教室平面布置

1)为防止第一排座位距离黑板太近，垂直视角太小造成学生近视，第一排座位与黑板的距离必须≥2.00 m，且保证垂直视角大于 45°。

2)为防止最后一排座位距离黑板太远，影响学生的视觉和听觉，最后一排座位与黑板的距离不宜大于 8.5 m。

3)为避免学生过于斜视而影响视力和视觉效果，水平视角(前排边座与黑板远端的视线夹角)应≥30°。

(2)房间的采光限制。一般房间均要求有良好的天然采光，房间进深常受到采光的限制。为保证采光要求，一般单侧采光时，进深不大于窗上口至地面距离的 2 倍；双侧采光时，进深可较单侧采光时增大一倍，如图 2-9 所示。

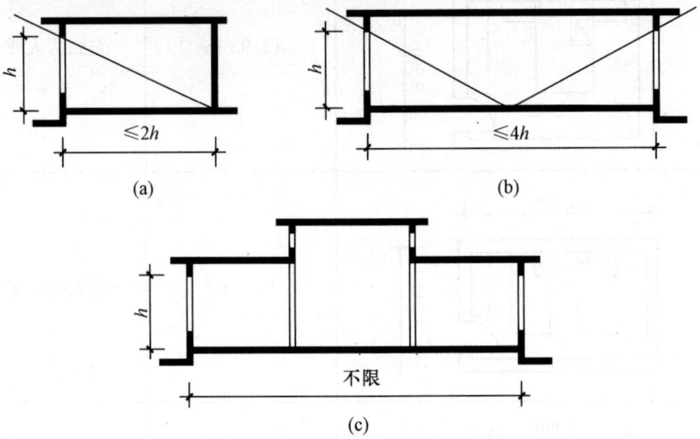

图 2-9　采光方式对房间进深的影响

(a)单侧采光；(b)双侧采光；(c)混合采光

(3)精神享受和审美要求。房间的平面尺寸在满足功能要求的前提下，还应考虑人们的精神享受和审美要求。房间的长宽比例不同，给人的视觉感受也不同。例如，窄而长的房间会使人产生向前的导向感，较为方正的房间会使人产生静止感。房间的长宽比一般以 1∶1～1∶1.5 为宜。

(4)经济技术方面。房间的平面尺寸应使结构布置经济合理。在墙承重结构和框架结构中，梁的经济跨度一般为 5～9 m，房间的开间、进深应尽量标准化，减少构件类型，以便于构件统一。

2.1.2　主要使用空间的门窗设置

1. 门的设计和布置

房间门的作用是供人出入和各房间交通联系，有时也兼采光和通风。窗的主要功能是采光、通风。同时，门、窗也是外围护结构的组成部分。因此，门、窗设计是一个综合性问题，它的大小、数量、位置及开启方式直接影响房间的采光和通风、家具布置的灵活性、房间面积的有效利用、人流活动及交通疏散、建筑外观及经济性等各个方面。

(1)门的宽度。门的宽度一般由人流量和搬运家具、设备时所需要的宽度来确定。单股人流通行最小宽度一般为 550～600 mm，一个人侧身通行的宽度需要 380 mm，所以，门的宽度为 900～1 000 mm。住宅中由于房间面积较小、人数较少，为了减少门占用的使用面积，分户门和主要使用房间门的宽度为 900 mm，阳台和厨房的门宽多为 800 mm；学校的教室由于使用人数较多可采用 1 000 mm 宽度的门。对面积较大、活动人数较多的房间，如会议室、大教室、观众厅等，可根据疏散要求设宽度为 1 200～1 800 mm 的双扇门。作为建筑的主要出入门，如大厅、过厅，也有采用四扇门或多扇门的，一扇门的宽度一般为 750～900 mm。对于有特殊要求的房间，如医院的病房可采用大小扇门的形式，正常通行时关闭小扇门，当通过病人用车时，保证门的宽度有 1 300 mm(图 2-10)。

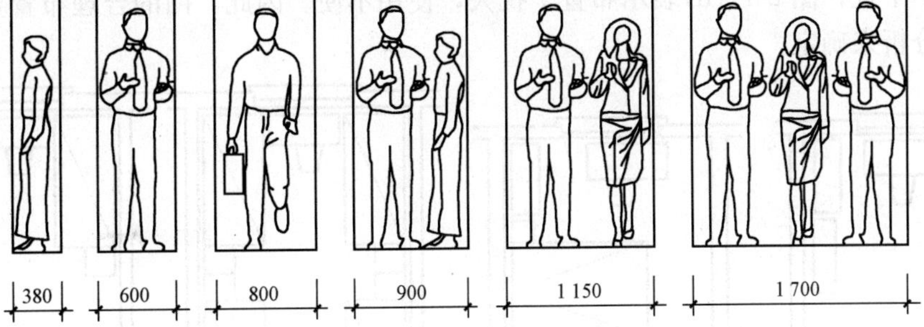

(a)

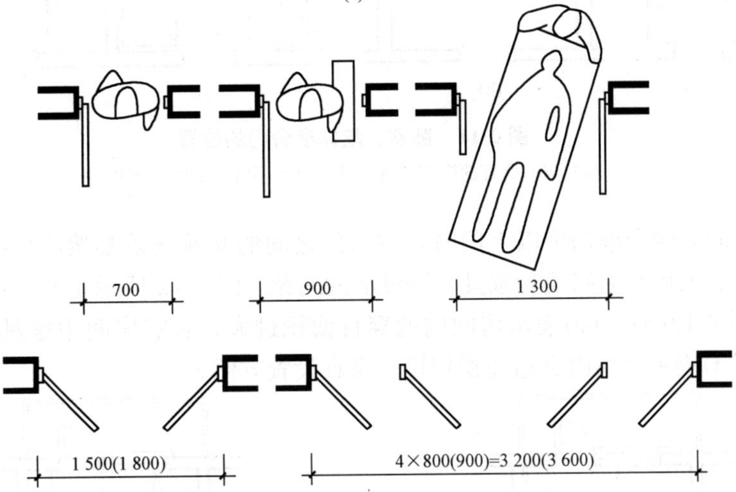

(b)

图 2-10　门的宽度

(a)不同宽度走道的通行人流示意；(b)医院病房门的宽度

有大量人流通过的房间，如剧院、电影院、礼堂、体育馆的观众厅，门的总宽度根据建筑性质确定，国家规范中规定按每 100 人不小于 0.6 m 计算。

(2)门的数量。门的数量根据房间人数的多少、面积的大小以及疏散方便程度等因素决定。《建筑设计防火规范》(GB 50016—2014)中规定，当房间位于两个安全出口之间，且建筑面积不大于 120 m^2 时，疏散门可设置 1 个，门的净宽度不小于 0.9 m；除托儿所、幼儿园、老年人建筑外，房间位于走道尽端，且房间内任一点到疏散门的直线距离不大于 15 m 时，可设置 1 个门，门的净宽度不小于 1.4 m。剧院、电影院、礼堂的观众厅，其疏散门的数量应经计算确定，且不应少于 2 个，每个疏散门的平均疏散人数不应超过 250 人，每扇门的净宽不应小于 1.4 m。

(3)门的位置。门的位置恰当与否直接影响到房间的使用，确定门的位置时要考虑室内人流活动的特点和家具布置的要求，尽量考虑缩短交通路线，使室内有较完整的使用空间和墙面，同时，还要考虑有利于组织采光和穿堂风。

图 2-11 所示是在同一面积情况下由于房间门的位置不同，出现了不同的使用效果。图 2-11(a)表示卧室的门布置在房间的一角，这使房间有较完整的使用空间和墙面，有利于家具的布置，房间利用率高；图 2-11(b)表示门布置在房间墙中间，使家具的布置受到了局

限；图 2-11(c)表示四人间集体宿舍，将门布置在墙的中间，这有利于床位的摆放，且活动方便，互不干扰；图 2-11(d)表示布置干扰大，使用不便。因此，门的合理布置要根据具体情况综合分析来确定。

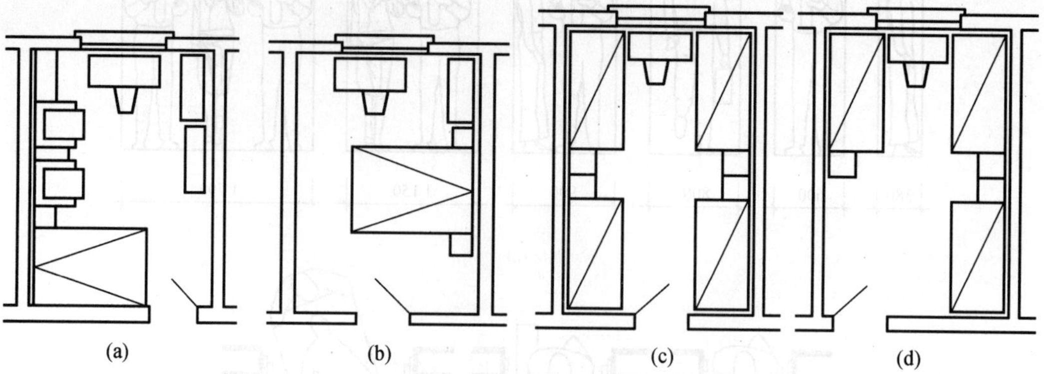

图 2-11　卧室、集体宿舍门的位置

(a)、(c)合理的卧室布置；(b)、(d)不合理的卧室布置

当一个房间有两个或两个以上门时，门与门之间的交通联系必然给房间的使用带来影响，这时要考虑缩短交通路线和家具布置灵活的问题。图 2-12 所示是套间门的位置设置比较，其中，图 2-12(a)、(c)表示房间内的穿行面积过大，影响房间中家具的摆设和使用；图 2-12(b)、(d)表示房间内交通面积较短，家具设置方便。

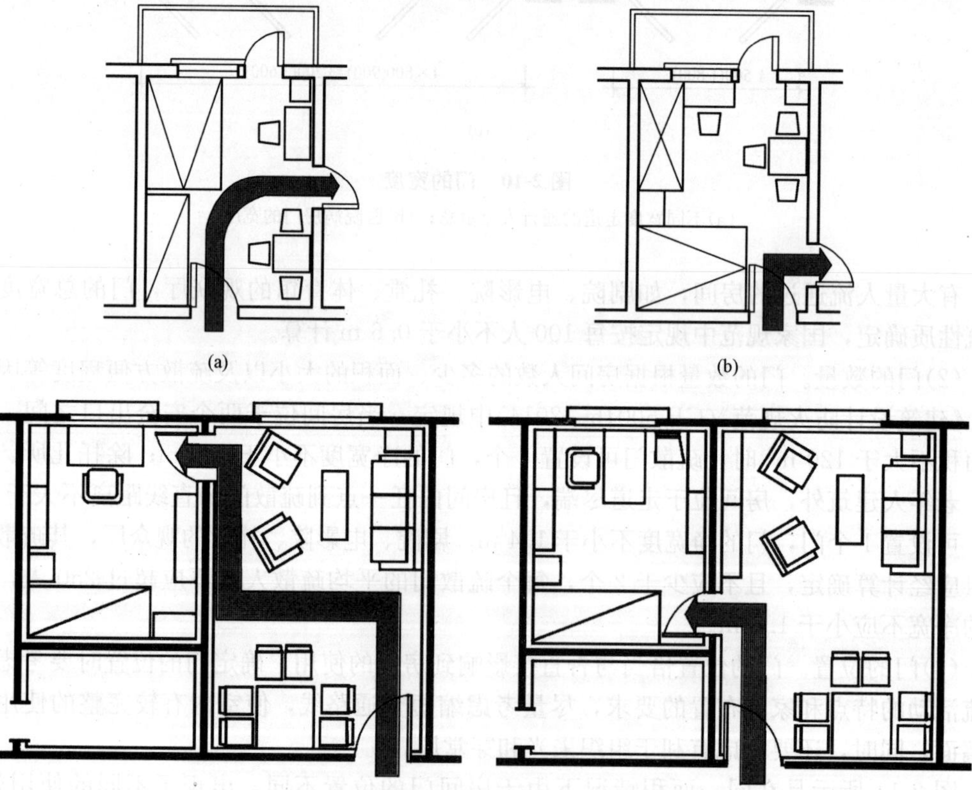

图 2-12　套间布置门的位置比较

(a)、(c)不合理的布置；(b)、(d)合理的布置

当房间人数较多时，门的设计除要满足数量的要求外，还要强调均匀布置，使疏散方便。图 2-13 所示为影剧院观众厅疏散门和实验室门的布置示意。

(a)　　　　　　　　(b)

图 2-13　观众厅及实验室门的布置示意

(a)观众厅；(b)实验室

(4)门的开启方式。门的开启方式类型很多，如普通平开门、弹簧门、推拉门等，在民用建筑中用得最普遍的是普通平开门。平开门分外开和内开两种。对于人数较少的房间，一般要求门向房间内开启，以免影响走廊的交通，如住宅、宿舍、办公室等；对于使用人数较多的房间，如会议室、礼堂、教室、观众厅以及住宅单元入口门，考虑疏散的安全，门应开向疏散方向。有防风沙、保温要求或人员出入频繁的房间，可以采用转门或弹簧门。我国规范规定，对于幼儿园建筑，为确保安全，不宜设弹簧门；影剧院建筑的观众厅疏散门严禁用推拉门、卷帘门、折叠门、转门等，应采用双肩外开门。

当房间门位置比较集中时，要在设计时协调好几个门的开启方向，防止门扇碰撞或交通不便，如图 2-14 所示。

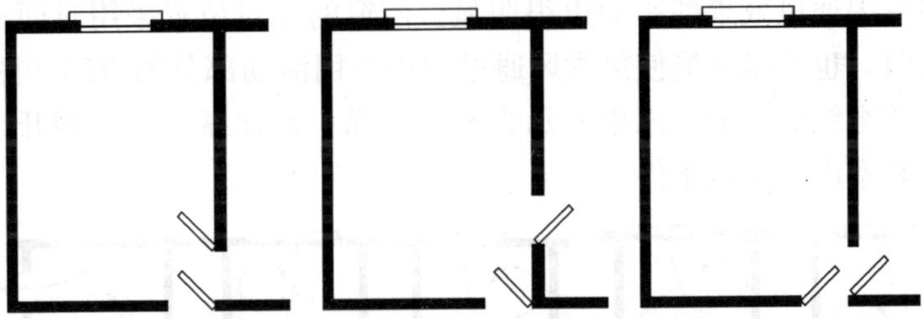

(a)　　　　(b)　　　　(c)

图 2-14　门的相互位置关系

(a)不好；(b)好；(c)较好

2. 窗的设计和布置

房屋中窗的大小和位置，主要根据室内采光、通风要求来考虑。

(1)窗的大小。影响室内照度强弱的因素主要是窗户面积的大小。通常用采光面积比来衡量采光的好坏。采光面积比是指窗的透光面积与房间地板面积之比，不同使用性质的房间的采光面积比见表 2-3。有特殊需要的房间，为取得好的通风效果，往往加大开窗面积。

表 2-3　民用建筑中房间使用性质的采光分级和采光面积比

采光等级	视觉活动特征		房间名称	采光面积比
	工作或活动要求精度	要求识别的最小尺寸/mm		
Ⅰ	极精密	＜0.2	绘图室、制图室、画廊、手术室	1/3～1/5
Ⅱ	精密	0.2～1	阅览室、医务室、健身房、专业实验室	1/4～1/6
Ⅲ	中精密	1～10	办公室、会议室、营业厅	1/6～1/8
Ⅳ	粗糙	＞10	观众厅、居室、盥洗室、厕所	1/8～1/10
Ⅴ	极粗糙	不作规定	储藏室、走道、楼梯	1/10 以下

(2)窗的位置。窗的位置应认真考虑采光、通风、室内家具布置和建筑立面效果，如教室为了保证学生的视觉要求，在一侧采光情况下，窗应该在学生左边，窗间墙宽度一般不应大于 80 cm，以保证室内光线均匀。同时为避免产生眩光，靠近黑板处最好不要开窗，一般距离黑板不应小于 80 cm，如靠近黑板处一定要开窗，应设窗帘或用不反光毛玻璃黑板(图 2-15)。

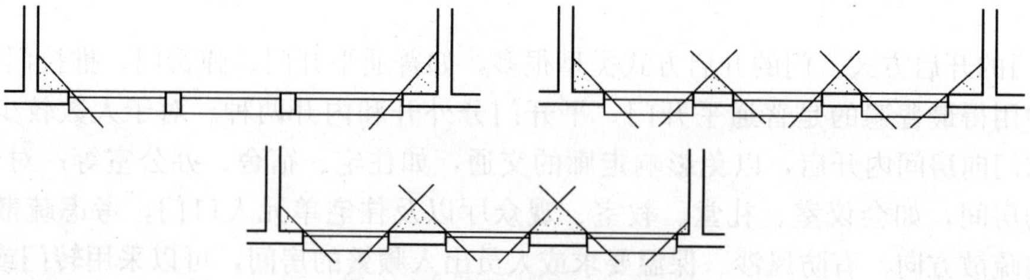

图 2-15　教室侧窗采光布置

为了使采光均匀，通常将窗居中布置于房间的外墙上，但这样的窗位有时会使两边的墙都小于摆放家具所需要的尺度，应灵活布置窗位，使其偏向一边。有时为避免眩光的产生，也会使窗偏向一边。

窗的位置对室内通风效果的影响也很明显。门窗的相对位置采用对面通直布置时，室内气流通畅，同时，也要尽可能使穿堂风通过室内使用活动部分的空间。图 2-16 所示为门窗平面位置对气流组织的影响。图中所示为教室平面，常在靠走廊一侧开设高窗，以调节出风通路，改善教室内的通风条件。

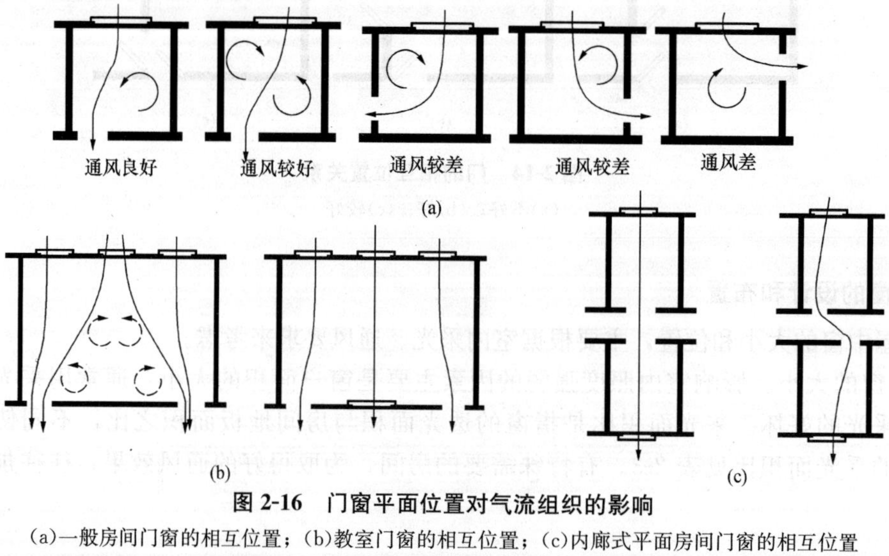

图 2-16　门窗平面位置对气流组织的影响

(a)一般房间门窗的相互位置；(b)教室门窗的相互位置；(c)内廊式平面房间门窗的相互位置

2.2　辅助使用空间的平面设计

辅助使用空间是指为使用房间提供服务的房间，如厕所、盥洗室、浴室、厨房、通风机房、配电房等。这些房间在整个建筑平面中虽然属于次要地位，但却是不可缺少的部分，直接关系到人们使用方便与否。

2.2.1　卫生间

1. 卫生间设计的一般要求

卫生间包括厕所、盥洗室、浴室等。卫生间的设计要求如下：

(1)在满足设备布置及人体活动要求的前提下，力求布置紧凑，节约面积。

(2)公共建筑使用人数较多，其卫生间应有良好的天然采光和自然通风，以便排除臭气。住宅、旅馆等少数人使用的卫生间允许间接采光，但必须有换气设施。

(3)为了节省管道，厕所、盥洗室宜左右相邻、上下相对。

(4)卫生间既要隐蔽，又要方便使用。

(5)要妥善解决卫生间的防水、排水问题。

2. 卫生间设计

(1)厕所设备及人体必要活动尺寸(图 2-17)。厕所设备主要有大便器、小便器、洗手盆、污水池等。

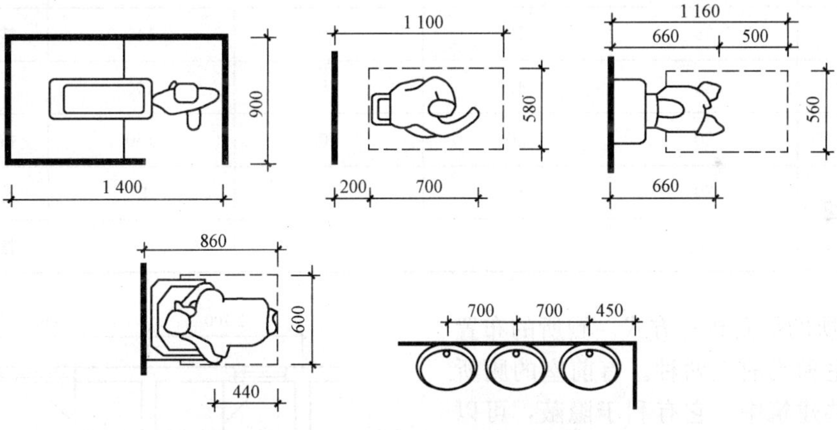

图 2-17　厕所设备及人体必要活动尺寸

(2)厕所单体平面尺寸(图 2-18)。根据人体活动所需空间的需要，单独设置一个大便器的厕所最小使用面积为 900 mm×1 200 mm，内开门时则最小使用面积为 900 mm×1 400 mm。

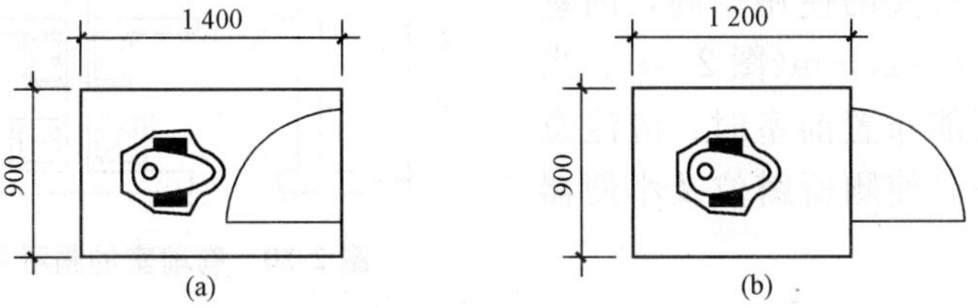

图 2-18　厕所单体平面尺寸

(a)内开门；(b)外开门

(3)厕所平面的组合方式。公共建筑中厕所内大便器的布置方式一般有单排式和双排式两种。其布置方式以及尺寸要求如图 2-19 所示。

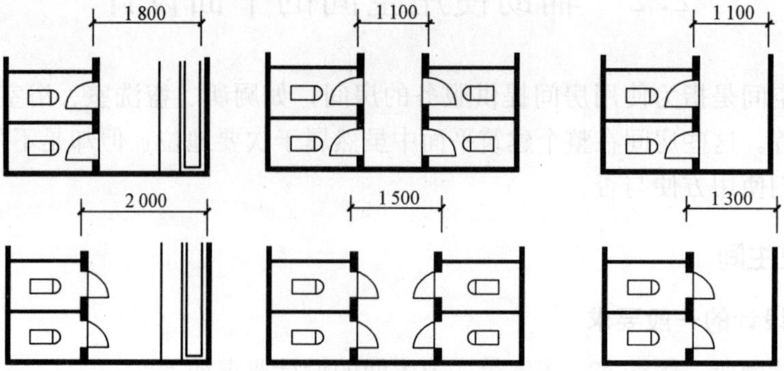

图 2-19　厕所平面的组合方式

(4)厕所设备参考指标。厕所设备的数量主要取决于使用人数、使用对象、使用特点。如中、小学一般是下课后集中使用厕所设备，因此，厕所设备的数量应适当多一些，以免造成拥挤。一般民用建筑每一个卫生器具可供使用的人数见表 2-4。具体设计中可参考各种类型建筑设计规范。

表 2-4　厕所设备参考指标

建筑类型	男小便器/(人/个)	男大便器/(人/个)	女大便器/(人/个)	洗手盆/(人/个)	男女比例
体育馆	80	250	100	150	2∶1
影剧院	35	75	50	140	按实际情况
中、小学	40	40	25	100	1∶1
火车站	80	80	50	150	按实际情况
宿舍	20	20	15	15	按实际情况
旅馆	20	20	12	—	按设计情况

(5)厕所的平面布置方式。厕所的布置分为有前室和无前室两种。有前室的厕所常用于公共建筑中，它有利于隐蔽，可以改善通往厕所的走道和过厅的卫生条件。前室设双重门，通往厕所的门可设弹簧门，以便于随时关闭。前室内一般设有洗手盆及污水池，为保证必要的使用空间，前室的深度应不小于 1.5～2.0 m(图 2-20)。当厕所面积小，不可能布置前室时，应注意门的开启方向，务必使厕所蹲位及小便器处于隐蔽位置。

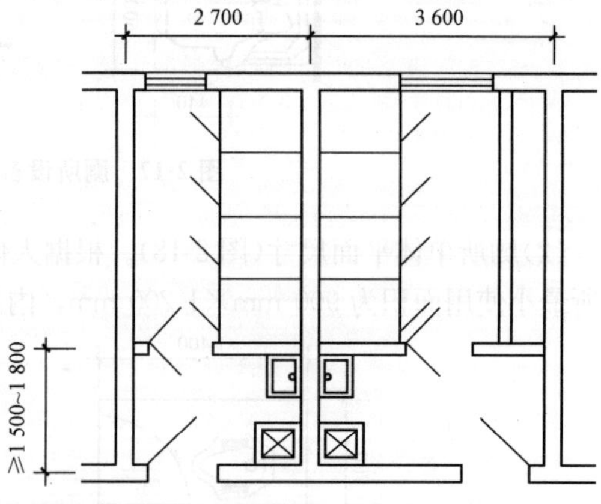

图 2-20　有前室的厕所平面布置图

2.2.2 厨房

厨房设计应保持良好的采光和通风条件。厨房的墙面、地面应考虑防水、便于清洁；室内布置应符合操作流程，并保证必要的操作空间和储藏空间。

一般住宅的厨房布置形式有单排、双排、L形、U形等几种，如图2-21所示。

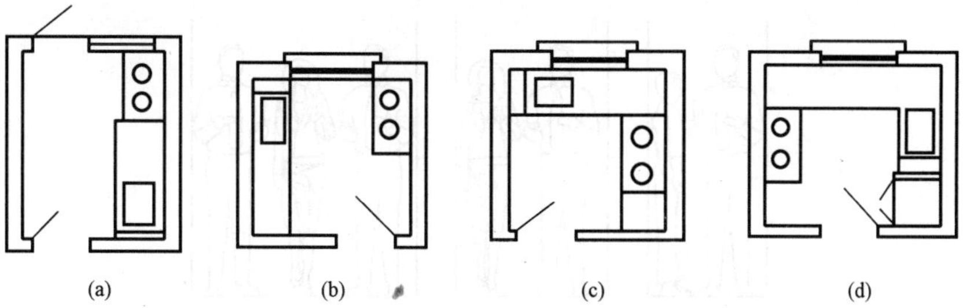

图2-21 厨房布置形式示意

(a)单排；(b)双排；(c)L形；(d)U形

2.3 交通联系空间的平面设计

建筑物是由若干使用房间组成的，但使用房间之间在水平方向和垂直方向的联系及其与室外的联系，是通过走道、楼梯、电梯和门厅来实现的，因此，将走道、楼梯、电梯、门厅等称为建筑物的交通联系部分。它们设计得是否合理直接影响到建筑物的使用。

2.3.1 走道

走道也称为走廊，是水平交通空间，起着联系各个房间的作用。

1. 走道的分类

走道按使用性质的不同可分为以下两种类型：

(1)交通型走道。交通型走道完全是为交通而设置的走道，这类走道内不允许再有其他使用要求，如办公楼、旅馆等建筑的走道。

(2)综合型走道。综合型走道是在满足正常的交通情况下，根据建筑的性质，在走道内安排其他的使用功能，如学校建筑的走道，要考虑到学生课间休息；医院门诊部的走道，要考虑到两侧或一侧兼作候诊之用(图2-22)；展览馆的展廊则应考虑布置陈列橱窗、展柜，满足人们边走边看的要求。

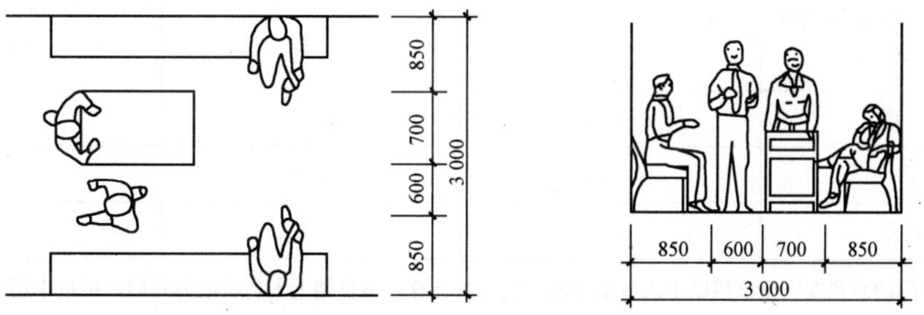

图2-22 医院门诊部走道基本宽度的确定

2. 走道的设计

(1)走道的宽度。一般情况下，根据人体尺度及人体活动所需空间尺寸确定走道的宽度，单股人流走道宽度尺寸为 900 mm，两股人流走道宽度尺寸为 1 100～1 200 mm，三股人流走道宽度尺寸为 1 500～1 800 mm(图 2-23)。对于考虑车辆通行和走道内有固定设备，以及房间门向走道一侧开启的情况，走道视具体情况加宽(图 2-24)。

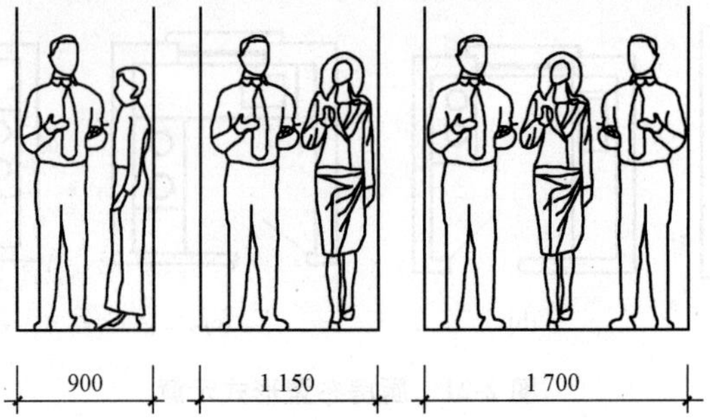

图 2-23　不同宽度走道的通行人流示意

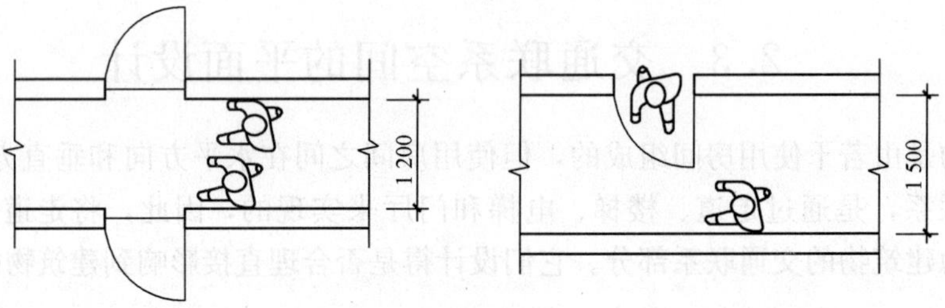

图 2-24　走道的宽度

一般民用建筑的走道宽度，有关规范中作了规定，如中、小学学校教学楼走道的净宽度，当两侧布置房间时，不应小于 2 100 mm，当一侧布置房间时不应小于 1 800 mm，行政及教职工办公用房不应小于 1 500 mm；办公楼走道长度小于 40 m 且单侧布置房间时，走道净宽不应小于1 300 mm，双侧布置房间时不应小于 1 400 mm，当长度大于 40 m 且单侧布置房间时走道净宽不应小于1 500 mm，双侧布置房间时不应小于 1 800 mm；医院建筑需利用走道单侧候诊，走道净宽不应小于 2 100 mm，两侧候诊时，净宽不应小于 3 000 mm。

走道的宽度除满足上述要求外，从安全疏散的角度，《建筑设计防火规范》(GB 50016—2014)对走道的宽度作了明确的规定(表 2-5)。

表 2-5　楼梯门和走道的宽度指标

建筑层数 \ 建筑的耐火等级	一、二级	三级	四级
1～2 层	0.65	0.75	1.00
3 层	0.75	1.00	—
≥4 层	1.00	1.25	—
注：底层外门的总宽度应按该层以上人数最多的一层人数计算，不供楼上人员疏散的外门，可按本层人数计算。			

(2)走道的长度。走道的长度是根据建筑平面房间组合的实际需要来确定的，应符合防火疏散的安全要求。房间门到疏散口(楼梯、门厅等)的疏散方向有双向和单向之分。双向疏散的走道称为普通走道；单向疏散的走道称为袋形走道(图 2-25)。这两种走道的长度根据建筑物的性质和耐火等级确定，《建筑设计防火规范》(GB 50016—2014)中作了规定(表 2-6)。

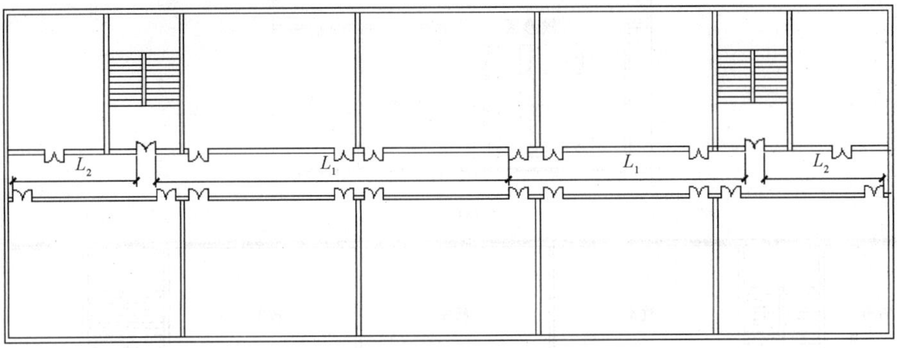

图 2-25　普通走道、袋形走道示意

表 2-6　直通疏散走道的房间疏散门至最近安全出口的直线距离　　m

名称			位于两个安全出口之间的疏散门			位于袋形走道两侧或尽端的疏散门		
			耐火等级			耐火等级		
			一、二级	三级	四级	一、二级	三级	四级
托儿所、幼儿园、老年人建筑			25	20	15	20	15	10
歌舞娱乐放映游艺场所			25	20	15	9	—	—
医疗建筑	单、多层		35	30	25	20	15	10
	高层	病房部分	24	—	—	12	—	—
		其他部分	30	—	—	15	—	—
教学建筑	单、多层		35	30	25	22	20	10
	高层		30	—	—	15	—	—
高层旅馆、展览建筑			30	—	—	15	—	—
其他建筑	单、多层		40	35	25	22	20	15
	高层		40	—	—	20	—	—

注：1. 建筑内开向敞开式外廊的房间疏散门至最近安全出口的直线距离可按本表的规定增加 5 m。

2. 直通疏散走道的房间疏散门至最近敞开楼梯间的直线距离，当房间位于两个楼梯间之间时，应按本表的规定减少 5 m；当房间位于袋形走道两侧或尽端时，应按本表的规定减少 2 m。

3. 建筑物内全部设置自动喷水灭火系统时，其安全疏散距离可按本表的规定增加 25%。

(3)走道采光。为了使用安全、方便和减少走道的空间封闭感，除某些公共建筑走道可用人工照明外，一般走道应有直接的天然采光，采光面积比不应低于 1/10。

对于两侧布置房间的走道，常用的采光方式有：在走道尽端开窗直接采光；利用门厅、过厅、开敞式楼梯间直接采光；在办公楼、学校建筑中常利用房间两侧高窗或门上亮窗采光；在医院建筑中常利用开敞的候诊室和隔断分隔的护士站直接或间接采光(图 2-26)。

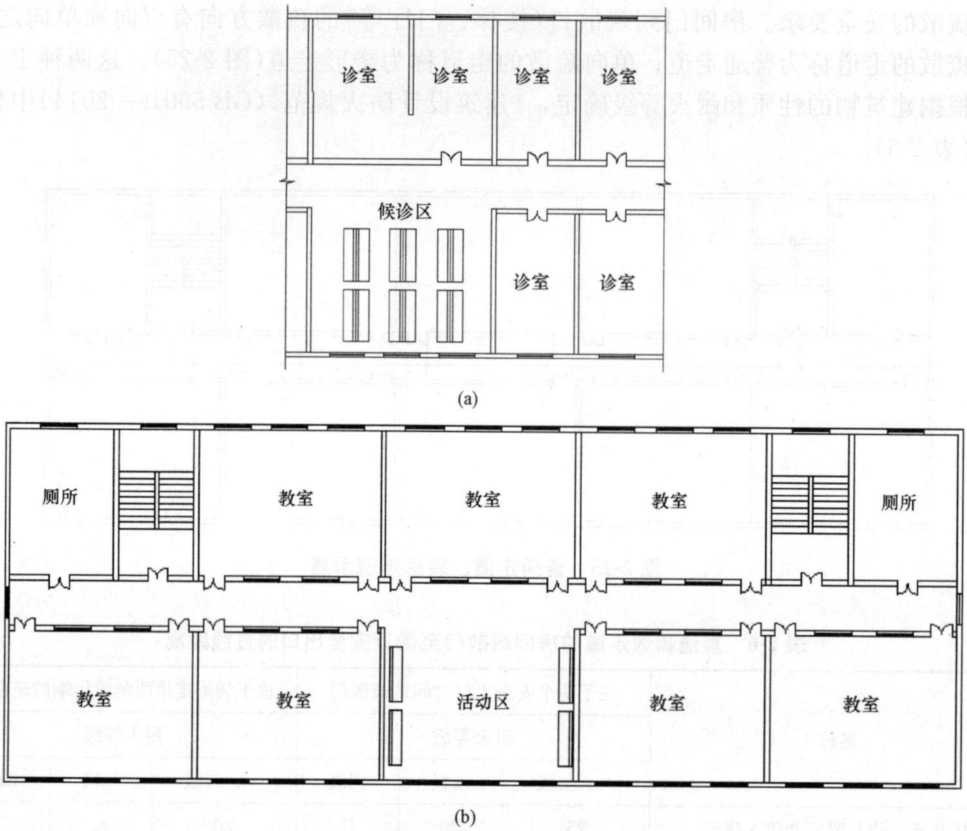

图 2-26　改善走道采光通风措施示意

(a)门诊部；(b)教学楼

2.3.2　门厅

门厅是公共建筑的主要出入口，其主要作用是接纳人流、疏导人流。门厅在水平方向连接走道，在垂直方向与电梯、楼梯直接相连，是建筑物内部的主要交通枢纽。

门厅根据建筑性质的不同还具有其他功能，如医院中的门厅常设挂号、收费、取药、咨询服务等空间；旅馆门厅有总服务台、小卖部、电话间，并有休息、会客等区域。另外，门厅作为人们进入建筑首先到达和经过的地方，它的空间处理如何，将给人们留下很深的印象。因此，在空间处理上，办公、会堂建筑门厅要强调庄重大方，旅馆建筑门厅则要创造出温馨、亲切的气氛。

1. 门厅的形式与面积

门厅的形式从布局上可以分为对称式和非对称式两类。对称式布置强调的是轴线的方向感，如用于学校、办公楼等建筑的门厅；非对称式布置灵活多样，没有明显的轴线关系，常用于旅馆、医院、电影院等建筑，如图 2-27 所示。

门厅的面积应根据建筑物的使用性质、规模和标准等因素来综合考虑，设计时要通过调研和参考同类面积定额指标来确定(表 2-7)。

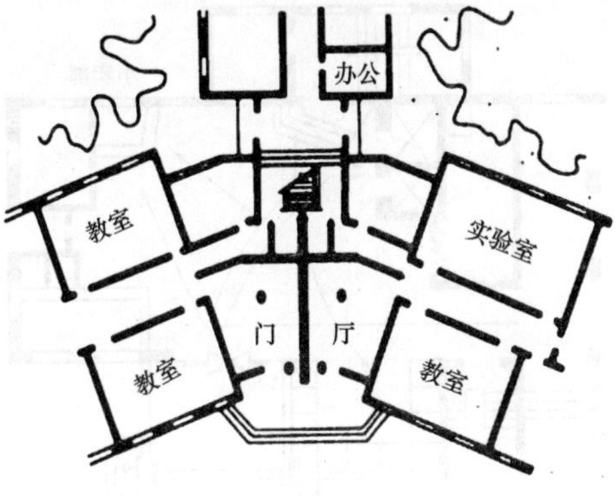

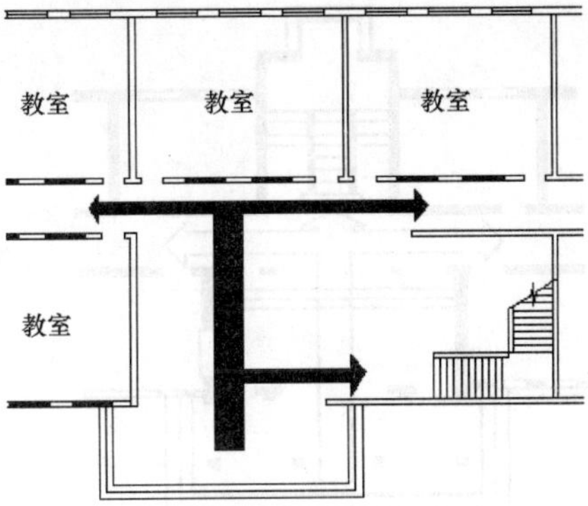

图 2-27　门厅的布局形式

(a)对称式；(b)非对称式

表 2-7　部分建筑厅面积设计参考指标

建筑名称	面积定额	备注
中、小学校	0.06～0.08 m^2/人	—
食堂	0.08～0.18 m^2/座	包括洗手间
城市综合医院	11 m^2/日百人次	包括询问台
旅馆	0.2～0.5 m^2/床	—
电影院	0.13 m^2/观众	—

2. 门厅的设计要求

(1)明显的位置。在建筑设计时要考虑使门厅处于明显而突出的位置上，使其具有较强的醒目性、明确的流线关系，使人流出入方便，如图 2-28 所示。

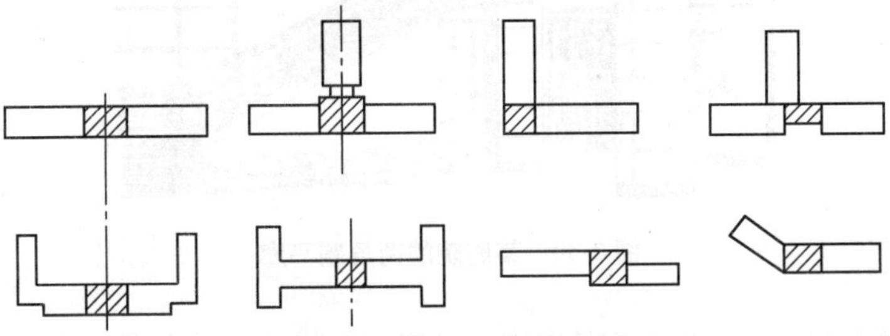

图 2-28　门厅在平面中的位置

(2)良好的导向性。门厅是一个交通枢纽，同时也兼有其他功能，这就要求门厅的交通组织便捷，空间的处理要有良好的导向性，即妥善解决好水平交通、垂直交通和各部分功能之间的关系。图 2-29(a)所示是某学校教学楼门厅内楼梯位置与形式的设计，宽敞的楼梯将主要人流直接引导到楼层，次要人流则通过走道连接到底层房间；图 2-29(b)所示为某旅馆交通示意。

(3)适宜的空间尺度。由于门厅较大、人流集中、功能较复杂等原因，所以门厅设计时要根据具体情况，解决好门厅面积与层高之间的比例关系，创造出适宜的空间尺度，避免

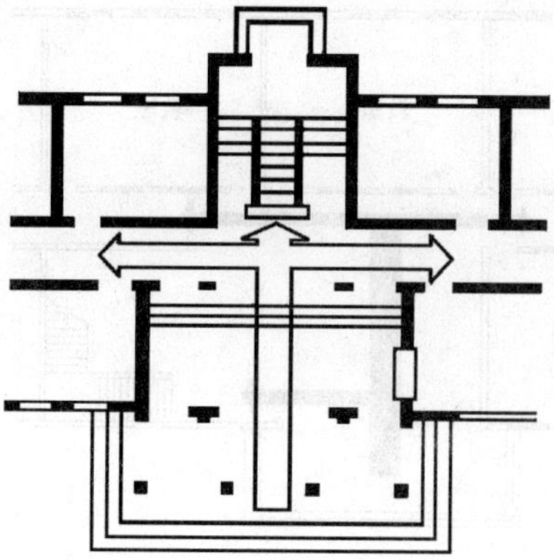
(a)

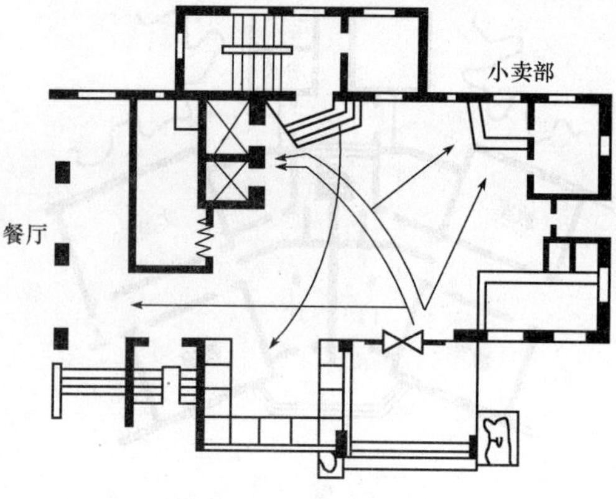

(b)

图 2-29　门厅交通组织

(a)某教学楼门厅交通示意；(b)某旅馆交通示意

空间的压抑感和保证大厅有良好的通风与采光。图 2-30 所示是某剧院建筑利用两层层高，加大门厅净高，以保证大厅内使用人员有良好的精神享受。

门厅空间设计和建筑造型，应按各种建筑的不同要求，对顶棚、地面及墙面进行处理。同时，还要处理门厅的采光和人工照明等问题。

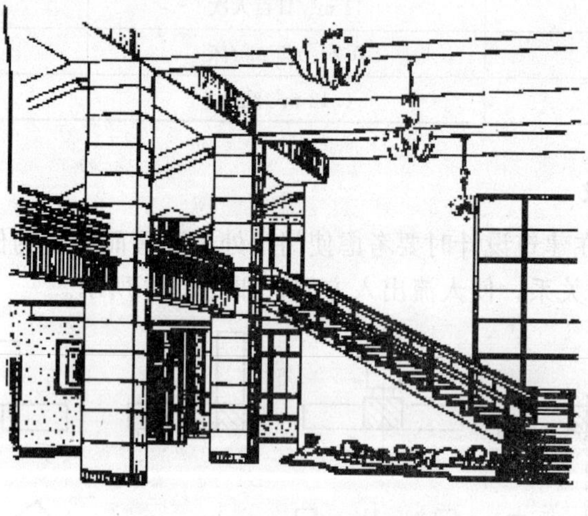

图 2-30　某剧院的两层跑马廊

(4)内外过渡空间。门厅作为室外向室内过渡的空间，一般在入口处应设门廊等，供人们出入时暂时停留及在雨雪天张收雨具等之用，并可防止雨雪飘入室内，同时，也能达到遮阳及建筑观感上的要求。对于一些大型公共建筑，门廊的大型雨篷下的区域常用来作为上、下汽车的地方，如图 2-31 所示。

另外，门厅的设计要考虑到室内外的过渡，防止雨雪飘入室内，一般在入口处设雨篷。考虑到严寒地区保温、防寒、防风的需要，门厅入口设大于 1.5 m 的门斗(图 2-32)。

(5)其他。门厅对外出口的宽度数量应满足防火疏散要求。一个防火分区总出入口数量应不少于两个，人流较集中时按经验估算。

(a)

(b)

图 2-31　公共建筑门廊

(a)门厅内外空间过渡；(b)门厅坡道

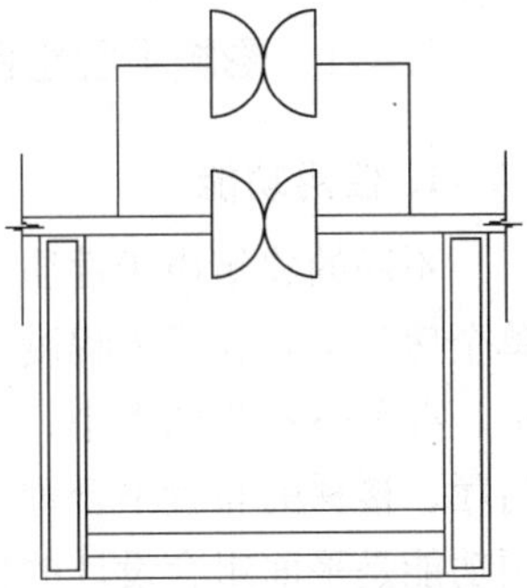

图 2-32　门斗示意

2.3.3　过厅

为了避免人流过于拥挤，常在公共建筑的走廊与楼梯间、走廊的转折处或走廊与人数较多的房间的衔接处，将交通面积扩大而成为过厅，起人流的转折与缓冲的作用，如图 2-33 所示。设计过厅时，应注意结合楼梯间、走廊、采光口来改善其采光条件。

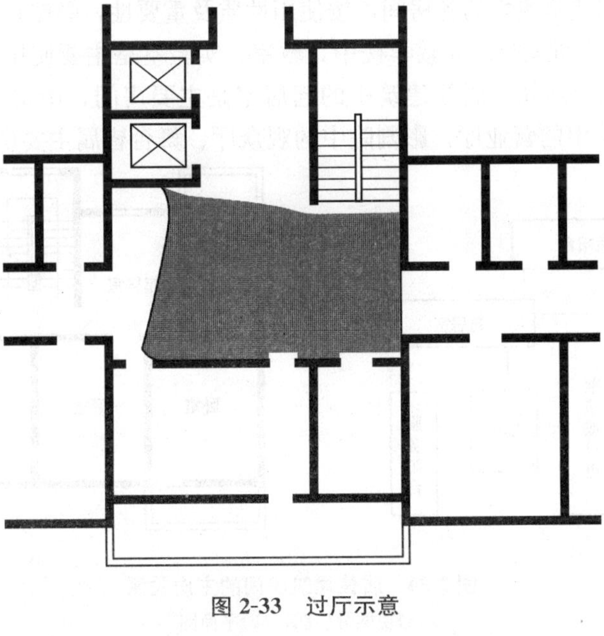

图 2-33　过厅示意

2.4 建筑平面组合设计

每一幢建筑物都是由若干房间组合而成的。前面已经着重分析了组成建筑物的各种单个房间与交通联系空间的使用要求和平面设计。如何将这些单个房间与交通联系空间组合起来，使之成为一幢使用方便、结构合理、体型简洁、构图完整、造价经济及与环境协调的建筑物，这就是平面组合设计的任务。

2.4.1 影响平面组合的因素

1. 使用功能

不同的建筑由于性质不同，也就有不同的功能要求。一幢建筑物的合理性不仅体现在单个房间上，在很大程度上取决于各种房间按功能要求的组合。如教学楼设计中，虽然教室、办公室本身的大小、形状、门窗布置均满足使用要求，但它们之间的相互关系及走廊、门厅、楼梯的布置不合理，就会造成不同程度的干扰，如人流交叉、使用不便，因此，使用功能是平面组合设计的核心。

平面组合的优劣主要体现在合理的功能分区及明确的流线组织两个方面。当然，采光、通风、朝向等要求也应予以充分重视。

(1)合理的功能分区。合理的功能分区是将建筑物的若干部分按不同的功能要求进行分类，并根据它们之间的密切程度加以划分，使之分区明确、联系方便。在分析功能关系时，常借助功能分析图来形象地表示各类建筑的功能关系及联系顺序。按照功能分析图将性质相同、联系密切的房间邻近布置或组合在一起，将使用中有干扰的部分适当分隔。这样，既满足了联系密切的要求，又能创造相对独立的使用环境。

具体设计时，可根据建筑物的不同功能特征，从以下几个方面进行分析：

1)主次关系。组成建筑物的各房间，按使用性质及重要性，必然存在主次之分。在平面组合时应分清主次、合理安排。如教学楼中，教室、实验室是主要使用房间；办公室、管理室、厕所等则属于次要房间。居住建筑中的起居室是主要房间，厨房、储藏室是次要房间(图 2-34)。商业建筑中的营业厅，影剧院中的观众厅、舞台皆属主要房间(图 2-35)。

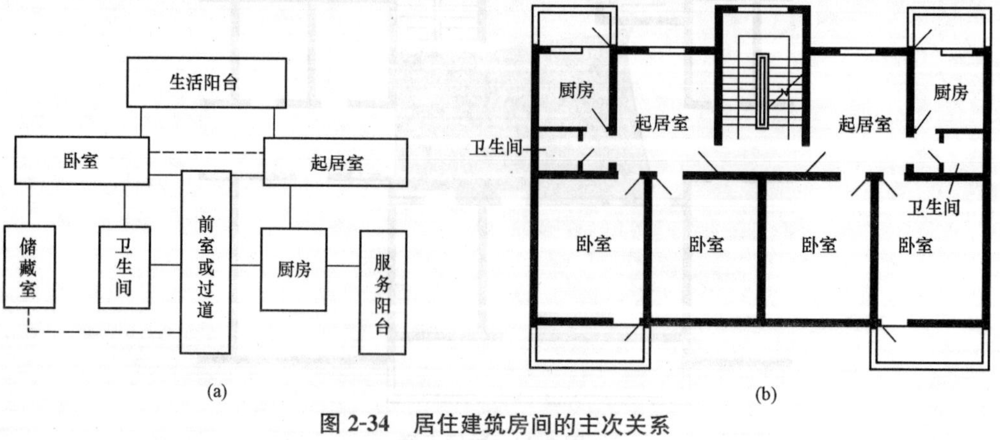

图 2-34　居住建筑房间的主次关系

(a)功能分析图；(b)平面图

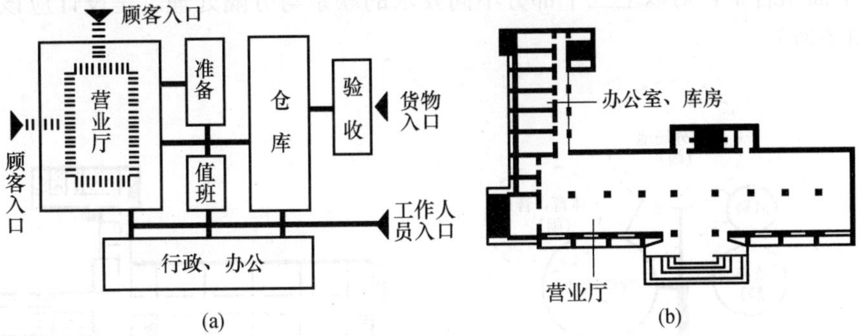

图 2-35　商业建筑房间的主次关系

(a)功能分析图；(b)平面图

平面组合中，次要房间可布置在条件较差的位置。一般是将主要使用房间布置在朝向较好的位置，靠近主要出入口，并有良好的采光通风条件。

2)内外关系。各类建筑的组成房间中，有的对外联系密切，直接为公众服务；有的对内关系密切，供内部使用，如办公楼中的接待室、传达室是对外的，而各种办公室是对内的。又如影剧院的观众厅、售票房、休息厅、公共厕所是对外的，而办公室、管理室、储藏室是对内的。平面组合时应妥善处理功能分区的内外关系，一般是将对外联系密切的房间布置在交通枢纽附近，位置明显以便于直接对外，而将对内联系较多的房间布置在较隐蔽的位置。图 2-36 所示为食堂房间的内外关系。对于食堂建筑，餐厅是对外的，人流量大，应布置在交通方便、位置明显处。而对内性强的厨房等部分则布置在后部，货物入口面向内院较隐蔽的场所。

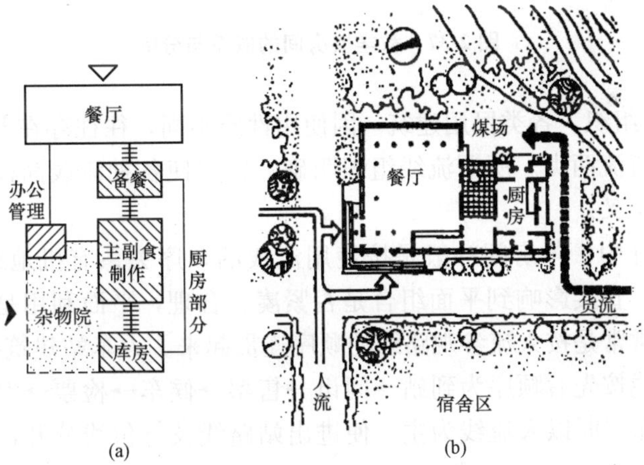

图 2-36　食堂房间的内外关系

(a)功能分析图；(b)平面图

3)联系与分隔。在分析功能关系时，常根据房间的使用性质，如"闹"与"静"、"清"与"污"等方面所反映的特性进行功能分区，使其既有分隔，又有适当的联系。如教学楼中的普通教室和音乐教室同属教室，它们之间联系密切，但为了防止声音干扰，必须适当隔开。教室与办公室之间要求方便联系，但为了避免学生影响教师的工作，需适当隔开。因此，在教学楼平面组合中，对以上三个部分不同要求的联系与分隔处理，是设计应该考虑的重要因素(图 2-37)。

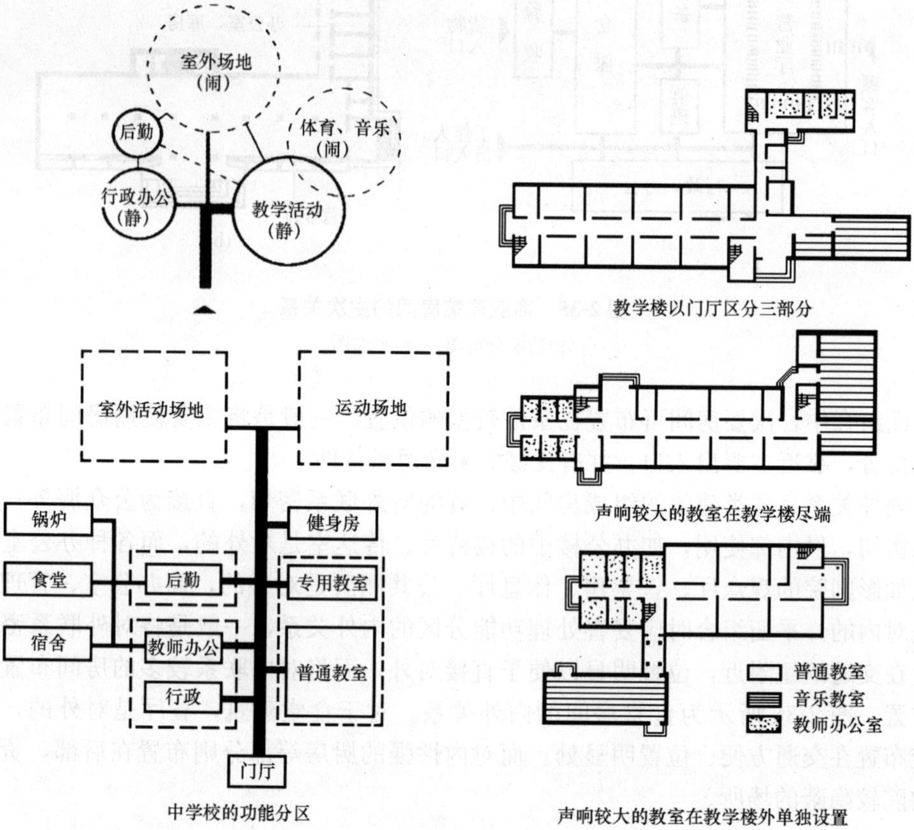

图 2-37　教学楼房间的联系与分隔

(2)明确的流线组织。各类民用建筑，因使用性质不同，往往存在着多种流线，归纳起来，可分为人流及货流两类。所谓流线组织明确，即要使各种流线简捷、通畅，不迂回逆行，尽量避免相互交叉。

在建筑平面设计中，各房间一般是按使用流线的顺序关系有机地组合起来的。因此，流线组织合理与否，直接影响到平面组合是否紧凑、合理，平面利用是否经济等。如展览馆建筑中，各展室常常是按人流参观路线的顺序连贯起来。火车站建筑有旅客进出站路线、行包路线，人流路线按先后顺序为到站→问讯→售票→候车→检票→上车，出站时经由站台验票出站。平面布置时以人流线为主，使进出站路线及行包线分开，并尽量缩短各种流线的长度(图 2-38)。

2. 结构类型

平面组合在考虑满足使用功能要求的前提下，应选择经济合理的结构方案，并使平面组合与结构布置协调一致。目前，民用建筑常用的结构类型主要有三种，即混合结构、框架结构、空间结构。

(1)混合结构。建筑物的主要承重构件有墙、柱、梁、板、基础等，以砖墙和钢筋混凝土梁、板的混合结构为最普遍。这种结构形式的优点是构造简单、造价较低；其缺点是房间尺

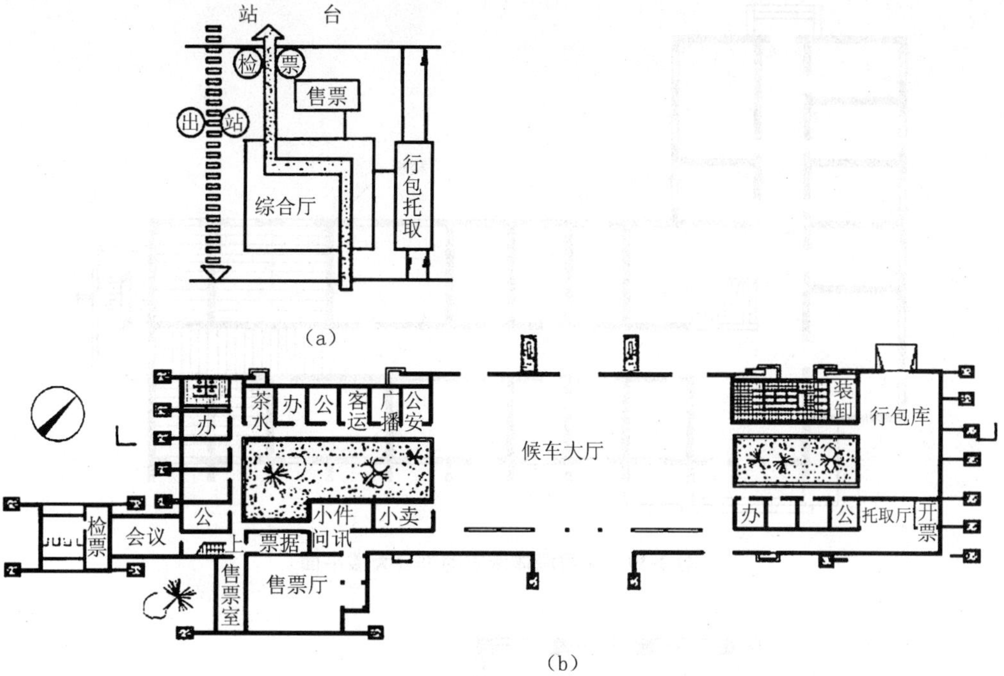

图 2-38　小型火车站流线关系平面图

(a)小型火车站流线；(b)某火车站流线关系平面图

寸受钢筋混凝土梁、板经济跨度的限制，室内空间小，开窗也受到限制，仅适用于房间开间和进深尺寸较小、层数不多的中小型民用建筑，如住宅，中、小学校，医院及办公楼等。

从混合结构的经济和安全性进行平面组合时应注意以下几点：

1)房间开间和进深尺寸应尽量统一，以利于楼板的合理布置，减少楼板类型，并符合钢筋混凝土楼板的经济跨度。

2)上、下承重墙对齐，尽量避免在大房间上重叠布置小房间。一般情况下，可将大房间布置在顶层或附建于大楼旁。

3)为保证建筑物有足够的刚度，承重墙应尽量做到均匀，门窗洞口大小要符合墙体受力的特点。

(2)框架结构。框架结构的主要特点是：承重系统与非承重系统有明确的分工，支承建筑空间的骨架是承重系统，而分割室内外空间的围护结构和轻质隔墙是非承重系统。这种结构形式强度高，整体性好，刚度大，抗震性好，平面布局灵活性大，开窗较自由，但钢材、水泥用量大，造价较高。其适用于开间、进深较大的商店，教学楼，图书馆等公共建筑以及多、高层住宅，旅馆等，如图 2-39 和图 2-40 所示。

(3)空间结构。随着建筑技术、建筑材料和结构理论的进步，新型高效能的结构有了突出的发展，出现了各种大跨度的新型空间结构，如薄壳结构、网架结构、悬索结构等。这类结构用材经济、受力合理，并为解决大跨度的公共建筑提供了有利条件。

1)薄壳结构是一种新型薄壁空间结构，可充分利用钢筋混凝土的可塑性形成各种形状，这种结构的特点是壁薄、自重轻，能充分发挥材料的最大效能。当平面形状适合时，可获得较大的刚度，如图 2-41(a)所示。

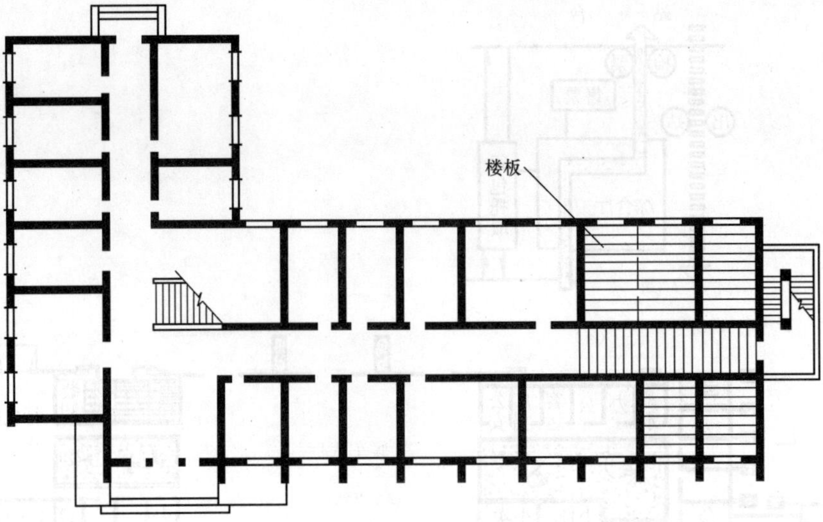

图 2-39　采用墙体承重的办公大楼平面

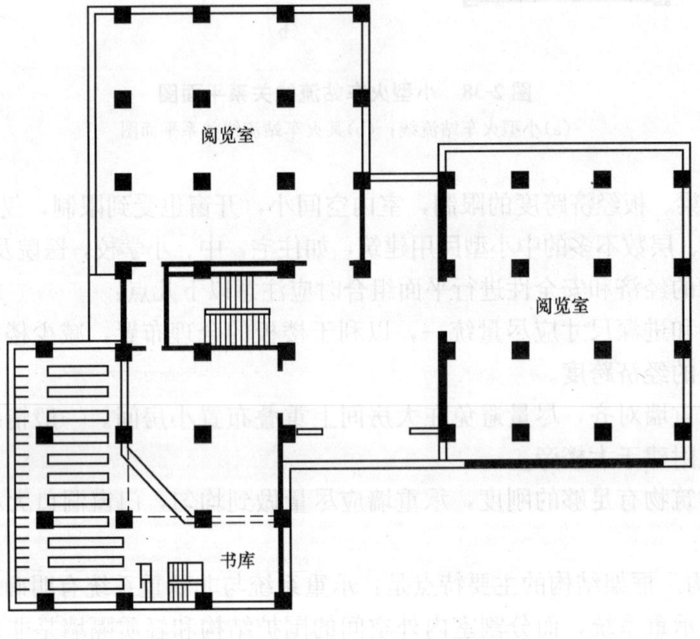

图 2-40　采用框架结构的图书馆平面

2)网架结构多采用钢管组合而成，能承受较大的纵向弯曲力，整体性好，刚度大，自重轻，适用于多种平面形式。从发展来看，对于大跨度公共建筑，采用网架结构具有很大的现实性和经济意义。目前，我国一些大跨度的体育馆多采用网架结构，如南京五台山体育馆、首都体育馆、上海体育馆等，如图 2-41(b)所示。

3)悬索结构是充分利用高强钢丝组合而成的，利用钢索的耐拉特性来承受拉力，因而可较大幅度地节省材料，减轻结构自重，并获得更大跨度的空间。悬索结构造型灵活，可以适应任何形状的平面，如图 2-41(c)、(d)所示。

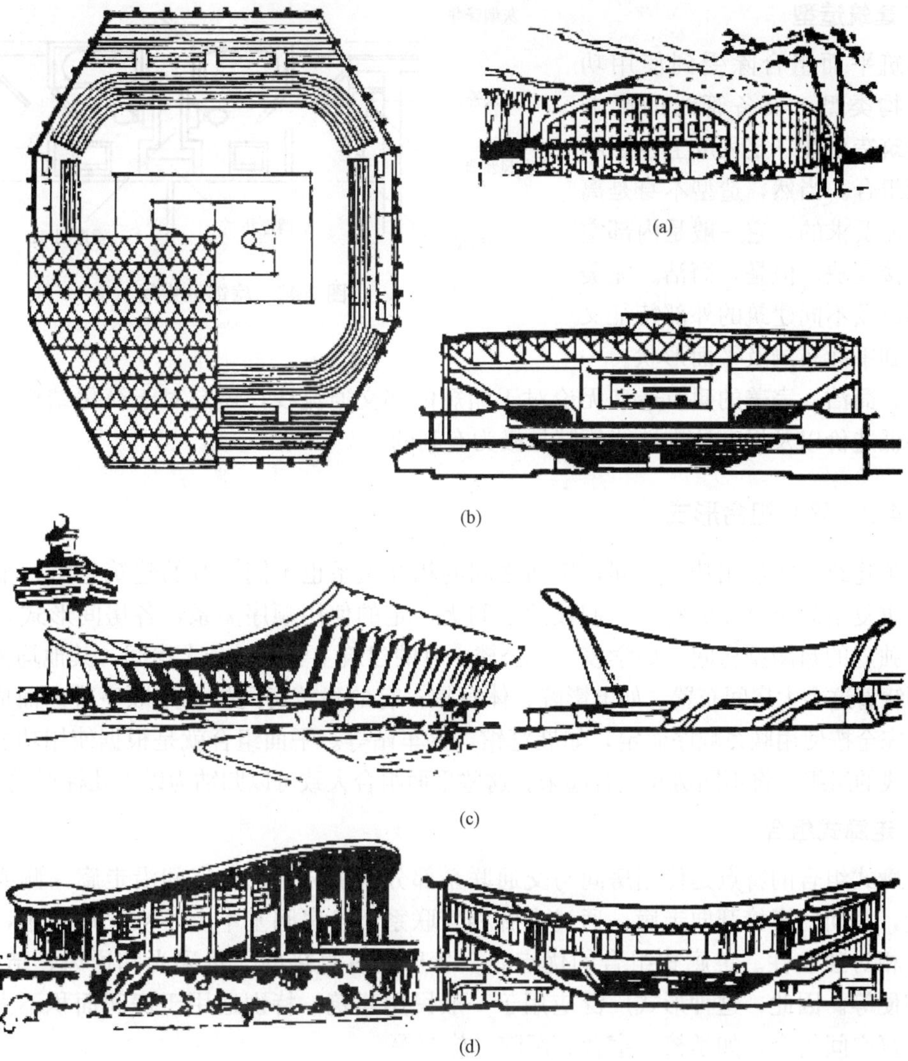

图 2-41　空间结构

(a)北京网球馆(薄壳结构)；(b)五台山体育馆(网架结构)；
(c)杜勒斯国际航空站(悬索结构)；(d)浙江人民体育馆(悬索结构)

3. 设备管线

民用建筑中的设备管线主要包括给水排水、空气调节、采暖以及电气照明等所需的设备管线，它们都占有一定的空间。在进行平面组合时，除应考虑一定的设备位置，恰当地布置相应的房间，如厕所、盥洗室、配电室、空调机房、水泵房等外，对于设备管线较多的房间，如住宅中的厨房、厕所；学校、办公楼中的厕所、盥洗室；旅馆中的客房卫生间、公共卫生间等，在满足使用要求的同时，应尽量将设备管线集中布置，上下对齐，以方便使用，同时有利于施工和节约管线。如图 2-42 所示，旅馆卫生间成组布置，利用两个卫生间中间的竖井作为管道垂直方向布置的空间——管道间。管道间上下叠合，管线布置集中。

4. 建筑造型

建筑平面组合除受到使用功能、结构类型、设备管线的影响外，建筑造型在一定程度上也影响到平面组合。当然，造型本身是离不开功能要求的，它一般是内部空间的直接反映。但是，简洁、完美的造型以及不同建筑的外部特征又会影响到平面布局及平面形状。一般来说，简洁、完美的建筑造型无论对于缩短内部交通流线，还是对于简化结构、节约用地、降低造价以及提高抗震性能等都是极为有利的。

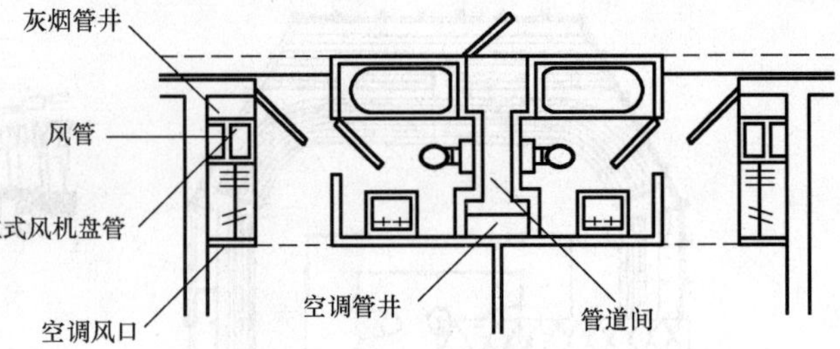

图 2-42　旅馆卫生间

2.4.2　平面组合形式

各类建筑由于使用功能不同，房间之间的相互关系也不同。有的建筑是由一个个大小相同的重复空间组合而成的，它们彼此之间无一定的使用顺序关系，各房间形式是既联系又相对独立的封闭型房间，如学校、办公楼；有的建筑主要有一个大房间，其他均为附属房间，围绕着这个大房间布置，如电影院、体育馆；有的建筑房间按一定顺序排列而成，即排列顺序完全按使用联系顺序而定，如展览馆、火车站等。平面组合就是根据使用功能特点及交通路线的组织，将不同房间组合起来。这些平面组合大致可以归纳为以下几种形式。

1. 走廊式组合

走廊式组合的特点是使用房间与交通联系部分明确分开，各房间沿走廊一侧或两侧并列布置，房间门直接开向走廊，通过走廊相互联系；各房间基本上不被交通穿越，能较好地保持相对独立性。走廊式组合的优点是：各房间有直接的天然采光和通风、结构简单、施工方便等。因此，这种形式广泛应用于一般民用建筑，特别适用于房间面积不大、数量多的重复空间组合，如学校、宿舍、医院、旅馆等。

根据房间与走廊布置关系的不同，走廊式又可分为内走廊式与外走廊式两种。内走廊式各房间沿走廊两侧布置，平面紧凑，占地面积小，节约用地，外墙长度较短，对建筑节能有利。但这种布局难免出现一部分使用房间布置在朝向较差的一面的情况，且走廊采光通风较差，房间之间相互干扰较大。外走廊式基本上可保证主要房间有好的朝向，并可获得良好的采光通风条件，因此，南方地区的建筑多采用单侧外走廊的布置形式。但这种布局有走廊过长、交通面积大、房屋进深小、占地面积大和造价不够经济等缺点。个别建筑由于特殊要求，也采用双侧外走廊形式(图 2-43)。

2. 套间式组合

套间式组合的特点是用穿套的方式按一定的序列组织房间。房间与房间之间相互穿套，不再通过走廊联系。因此，其平面布置紧凑，面积利用率高，房间之间联系方便。其缺点是各房间使用不灵活，相互干扰大。

套间式组合按其空间序列的不同又可分为串联式(图 2-44)和放射式(图 2-45)两种。串联式是按照一定的顺序关系将房间连接起来；放射式是将各房间围绕交通枢纽呈放射状布置。

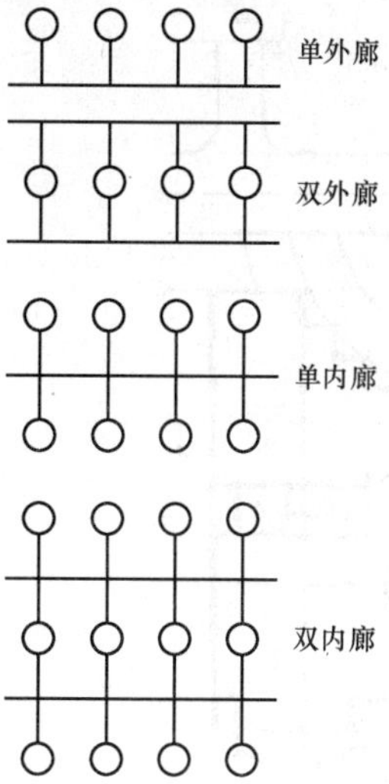

(a)

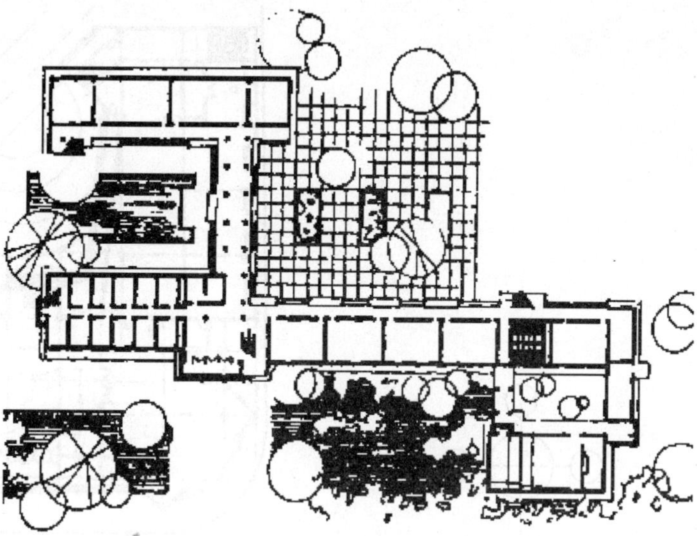

(b)

图 2-43　走廊式平面布置实例

(a)走廊的布置形式；(b)某中学平面布置图

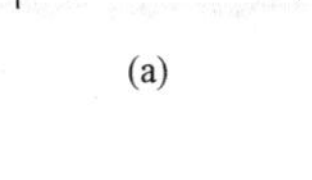

(a)

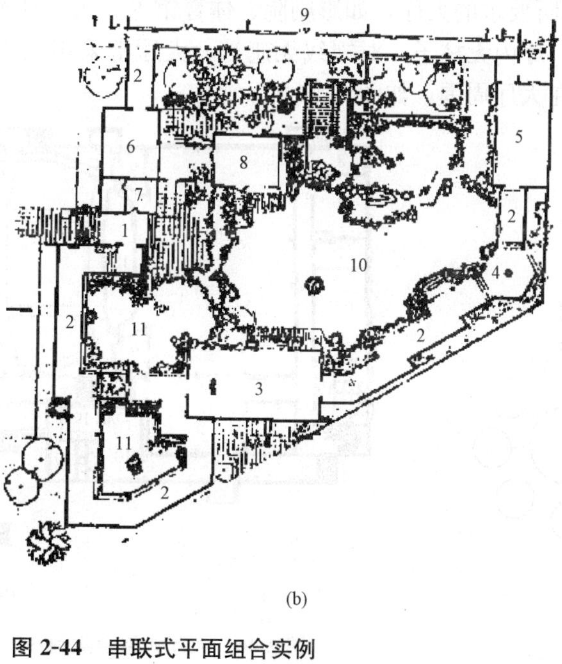

(b)

图 2-44　串联式平面组合实例

(a)串联式组合示意；(b)某博物馆平面

3. 大厅式组合

大厅式组合是以公共活动的大厅为主穿插布置辅助房间。这种组合的特点是主体房间使用人数多、面积大、层高大；辅助房间与大厅相比，尺寸大小悬殊，常布置在大厅周围，并与主体房间保持一定的联系。按功能要求的不同，大厅式组合又可分为以下两大类：

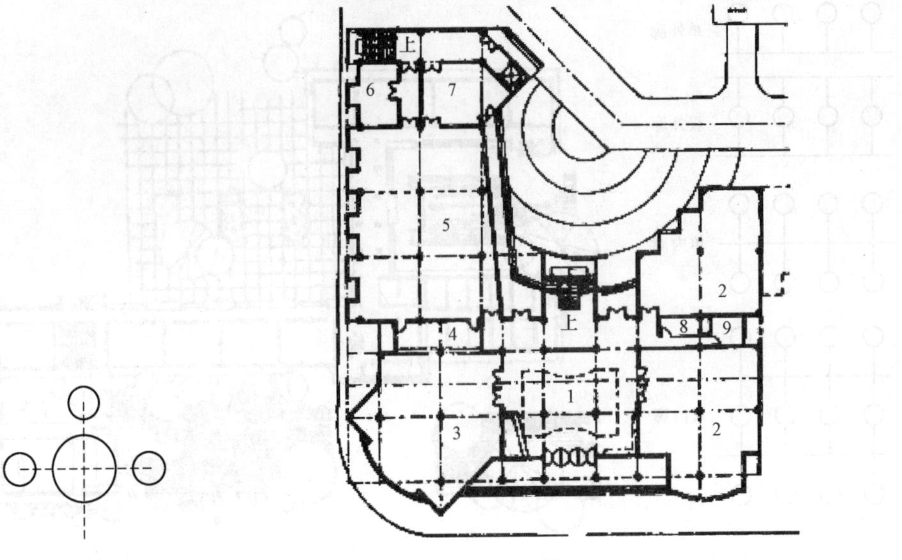

图 2-45　放射式平面组合实例

(a)放射式组合示意；(b)某图书馆平面

(1)有视听要求的大厅，如影剧院、体育馆等。大厅基本上是封闭的，采用人工照明甚至机械通风。厅内无柱子，对视线无遮挡，大厅常采用大跨度的空间结构或桁架结构，辅助房间布置在大厅周围，如图 2-46 所示。

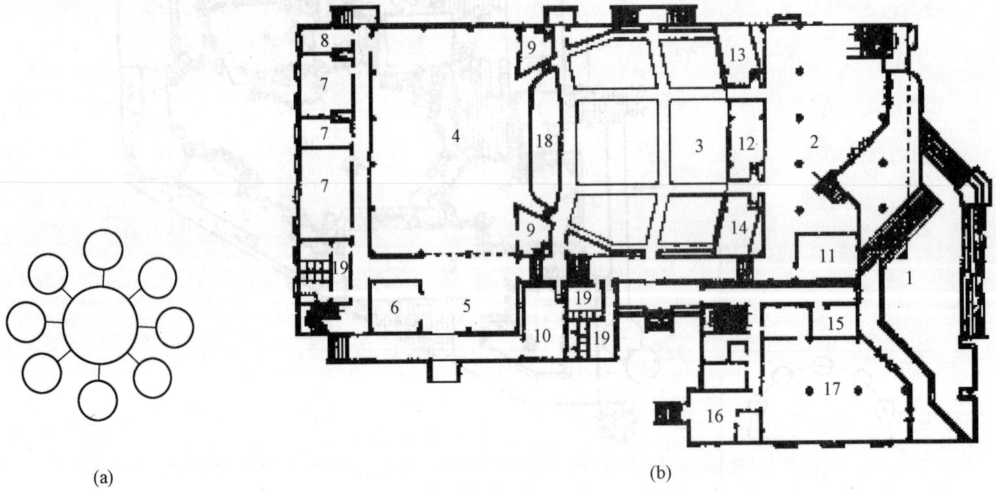

图 2-46　大厅式组合实例一

(a)大厅式组合示意；(b)某剧院平面

(2)供人流聚集或进行商业活动的大厅，如火车站、航空港、大型商场、食堂等。这类建筑大厅平面尺寸也很大，在满足使用要求的前提下，大厅内允许布置柱子，因此可形成多层大厅，如图 2-47 所示。

大厅式组合除应满足使用要求外，还要特别注意交通路线的组织，以满足人流畅通、导向明确、疏散安全等要求。

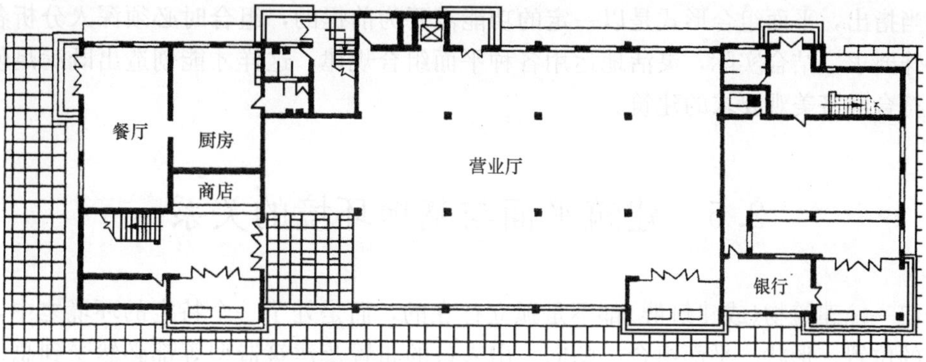

图 2-47 大厅式组合实例二

4. 单元式组合

将关系密切的房间组合在一起成为一个相对独立的整体，称为单元。将一种或多种单元按地形和环境情况在水平或垂直的方向重复组合起来成为一幢建筑，这种组合方式称为单元式组合。

单元式组合的优点是：能提高建筑标准化，节省设计工作量，简化施工，同时功能分区明确，平面布置紧凑，单元与单元之间相对独立，互不干扰。除此之外，单元式组合布局灵活，能适应不同的地形，形成多种不同的组合形式。因此，单元式组合广泛应用于大量性民用建筑中，如住宅、学校、医院、幼儿园等，如图 2-48 所示。

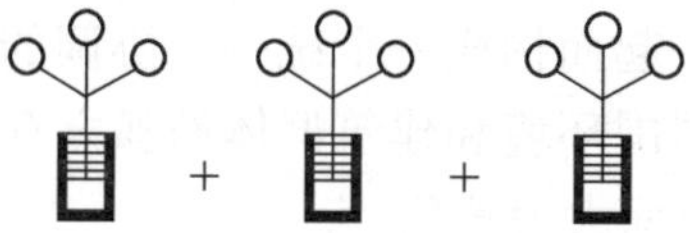

(a)

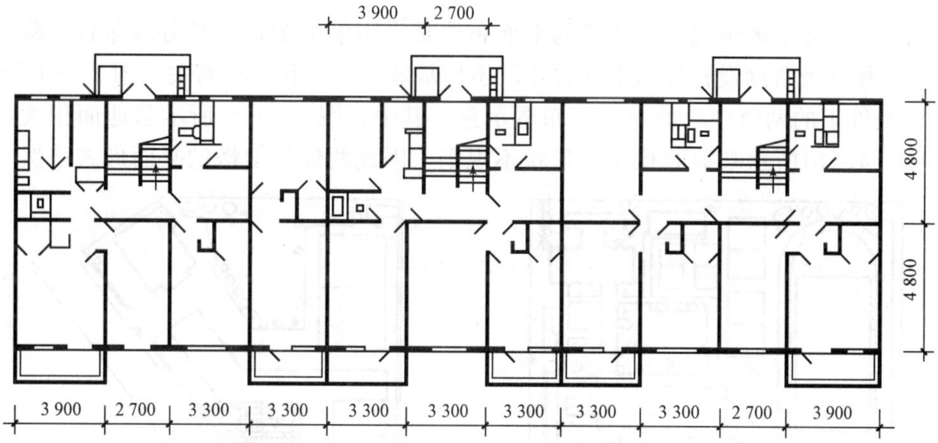

(b)

图 2-48 单元式组合形式

(a)组合示意图；(b)某住宅平面图

5. 混合式组合

某些民用建筑，由于功能关系复杂，往往不能局限于某一种组合形式，而必须采用多种形式综合地加以解决，这样的组合形式称为混合式组合。

应当指出，平面组合形式是以一定的功能需要为前提的，组合时必须深入分析各类建筑的特殊要求，结合实际，灵活地运用各种平面组合规律，这样才能创造出既满足使用功能，又符合经济美观要求的建筑。

2.5 建筑平面与基地环境的关系

任何一幢建筑物(或建筑群)都不是孤立存在的，而是处于一个特定的环境之中，它在基地上的位置、形状、平面组合、朝向、出入口的布置及建筑造型等都必然受到总体规划及基地条件的制约。由于基地条件不同，相同类型和规模的建筑会有不同的组合形式，即使基地条件相同，由于周围环境不同，其组合也不会相同。为使建筑既满足使用要求，又能与基地环境协调一致，首先必须做好总平面布置。根据使用功能要求，结合城市规划的要求，场地的地形地质条件、朝向、绿化以及周围建筑等因地制宜地进行总体布置，确定主要出入口的位置，进行总平面功能分区。在功能分区的基础上进一步确定单体建筑的布置。

建筑平面组合与总体规划、周围环境、基地条件的关系，涉及的范围很广，这里仅就基地条件、建筑物间距和朝向等方面作简要分析。

2.5.1 基地条件

建筑物的平面组合和平面形式的选择与建筑基地的大小、形状和地形条件有关。任何建筑，只有当它和周围环境融合在一起而构成一个统一、协调的整体时，才能充分地显示出它的价值和表现力；如果脱离了周围环境和建筑群体而孤立存在，即使建筑物本身尽善尽美，也不可避免地会因为失去烘托而大为减色。

1. 基地的大小和形状

在满足使用要求的情况下，建筑的平面布局是采用集中布置还是分散布置，除与气候条件、节约用地及管网设施等因素有关外，还与基地的大小和形状有关。图 2-49 所示是在不同基地条件下的两所中学的总平面布置示意。其中，图 2-49(a)所示基地面积大，形状规则；图 2-49(b)所示基地面积小，形状不规则，因此两幢教学楼的平面形式截然不同。

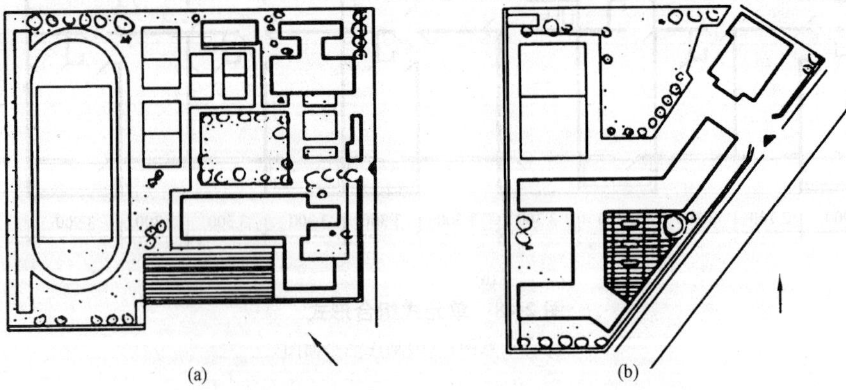

图 2-49 在不同基地条件下的中学总平面布置示意

(a)基地面积大，形状规则；(b)基地面积小，形状不规则基地状况又直接影响着建筑平面形式。一般来说，当场地规整、平坦时，对于规模小、性质单一的建筑，常采用简洁、规整的矩形平面，以使结构简单，施工方便。对于建筑规模大、功能关系复杂、房间数量较多的公共建筑，根据功能要求，结合地段状况，考虑室外场地(包括集散场地、活动场地、停车场地和堆放场地等)的设置，可采用“L”形、“Ⅱ”形、“I”形、“口”形、“Ⅲ”形以及由此派生出来的其他平面形式。当建筑场地狭窄时，应考虑建筑的性质和使用要求，结合场地的具体情况，设计为圆形、三角形、梯形、“Y”形、扇形或其他不规则的平面形状(图 2-50)。

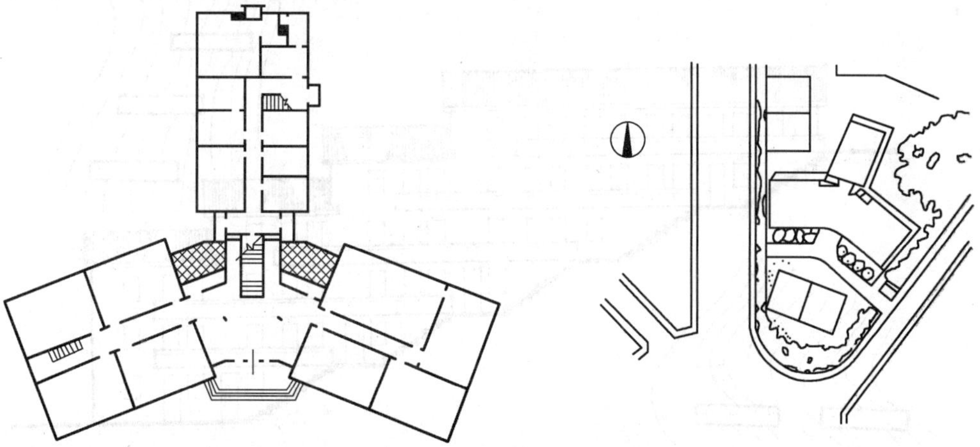

图 2-50　基地状况对平面布置的影响

另外，城市沿街建筑，要考虑城市交通和沿街景观的要求，在平面组合时采取相应的措施。当建筑物位于城市干道的交叉口处时，为了避免建筑物的出入人流与街道转角处来往行人的相互干扰，常把建筑作做成尺形，并后退一定距离，形成一个开阔场地，这样也有利于车辆转弯时，避免视线遮挡。

2. 基地的地形条件

建筑基地的地形条件，对建筑平面组合的影响也十分明显。在地势平坦、地形有利的条件下，建筑布局有较大的回旋余地，可以有多种布局形式；在地势起伏变化、地形比较特殊的条件下，平面组合必然要受到多方面的限制和约束。如果能够巧妙地利用地形条件，不仅可以获得良好的经济效果，而且还可以赋予设计方案以鲜明的特点。

坡地建筑的平面设计，应依山就势，顺应地势的起伏变化，按照坡度大小、朝向以及通风要求，使建筑布局、平面组合、剖面关系与地形条件紧密结合。对坡地上房屋位置的选择，应进行详细勘测调查，注意滑坡、地下水的分布情况；地震区应尽量避免在陡坡及断层上建造房屋。根据建筑物与等高线位置的相互关系，坡地建筑物主要有平行于等高线和垂直或斜交于等高线两种布置方式，如图 2-51 所示。

2.5.2　建筑物间距

建筑物间距的确定主要考虑以下因素：

(1)房屋的室外使用要求，如行人、车辆通行的道路，房屋之间的噪声、视线干扰等。

(2)日照、通风等卫生要求。

(3)防火安全要求应符合《建筑设计防火规范》(GB 50016—2014)的规定。

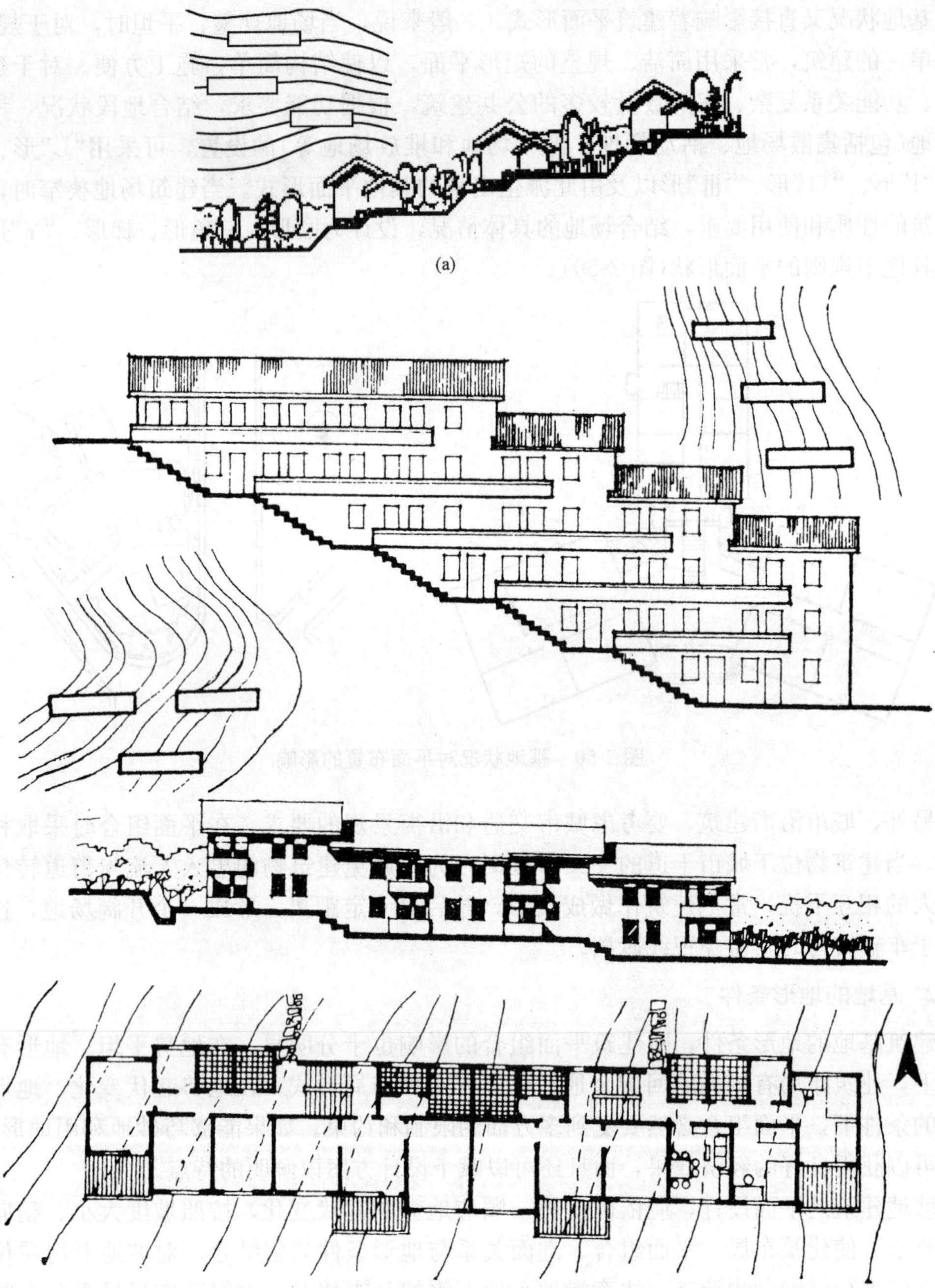

(a)

(b)

图 2-51 建筑物与等高线位置的相互关系

(a)平行于等高线布置；(b)垂直或斜交于等高线布置

(4)建筑观瞻、室外活动空间及绿化用地的要求。

(5)建筑施工的要求。

(6)节约用地等。

对于住宅、宿舍等成排布置的建筑，日照要求通常是确定房屋间距的主要因素。在一般情况下，日照间距应满足使后排房屋在底层窗台高度以上部分，冬季能有一定日照时间的要求。如图 2-52 所示，通常计算时，以当地冬至日(12 月 22 日左右)正午 12 时的高度角作为确定房屋日照间距的依据。当建筑物朝向为正南时，日照间距由下式计算：

$$L=(H-H_1)/\tan\alpha$$

式中 L——日照间距；

H——遮挡建筑物总高度；

H_1——被遮挡建筑物日照计算高度，通常取底层窗台高度；

α——冬至日正午12时太阳高度角。

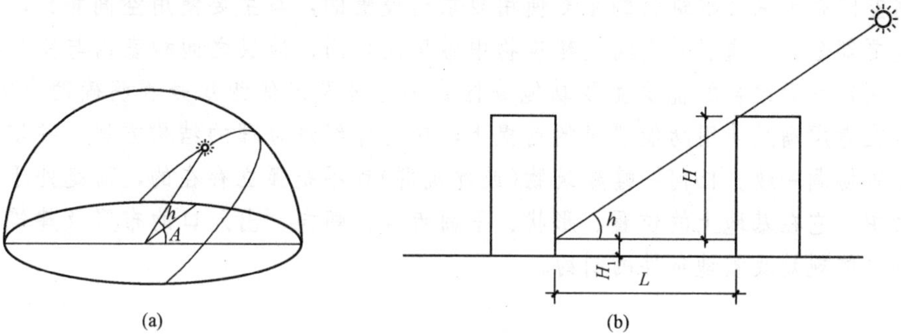

图 2-52　日照和建筑物的间距

(a)太阳高度角和方位角；(b)建筑物日照间距

2.5.3　建筑物的朝向

建筑物的朝向，要综合考虑建筑日照、主导风向、基地地形、道路走向及周围环境等因素。在一般情况下，建筑物的朝向应有利于在冬季获得较多的阳光直射、紫外线和太阳辐射热；在夏季应避免过多的日照，以减少太阳辐射热。根据我国所处的地理纬度，建筑物的朝向以南向或南偏东(西)一定的角度为好。在南方炎热地区，为了改善夏季室内的气候状况，确定建筑朝向时，应兼顾到夏季主导风向。当条件允许时，建筑物长轴与夏季主导风向的夹角应不小于45°。在多风沙地区，建筑朝向还应考虑到尽可能避开风沙出现季节的主导风向。

一些人流比较集中的公共建筑，其主要朝向通常和街道位置、人流走向、周围环境有关；风景区的建筑，一般又以山河景色、绿化条件作为确定建筑朝向的主要因素。

沿街建筑物的朝向，还应考虑道路的走向。一般常将建筑物的长轴与道路平行布置。当街道为南北走向时，为使街道两侧建筑物获得好的朝向，常把建筑的主体部分沿南北向布置，将辅助用房或商业服务性建筑沿街布置，两者连成一个整体，这样既照顾了城市街景要求，又使主体建筑处于好的朝向(图2-53)。

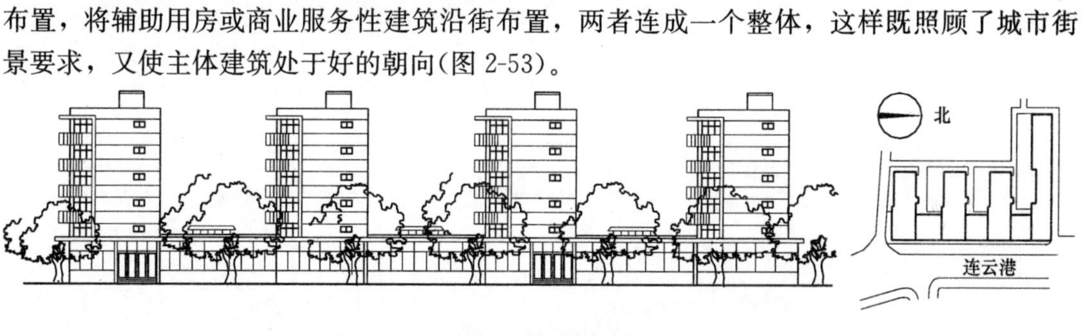

图 2-53　沿街建筑布置

模块小结

建筑平面设计解决建筑物在水平方向各房间的具体设计问题，以及各房间之间的关系问题，是建筑设计的重要内容。主要使用空间是建筑物的核心，它决定了建筑物的性质。辅助使用空间是为保证建筑物的主要使用要求而设置的，与主要使用空间相比，其属于建筑物的次要部分。交通联系空间是建筑物中各房间之间、楼层之间和室内与室外之间联系的空间。判定平面组合的优劣主要功能分区是否合理及流线组织是否明确两个方面考虑。平面组合在考虑满足使用功能要求的前提下，应选择经济合理的结构方案，并使平面组合与结构布置协调一致。任何一幢建筑物(或建筑群)都不是孤立存在的，而是处于一个特定的环境之中，它在基地上的位置、形状、平面组合、朝向、出入口的布置及建筑造型等都必然受到总体规划及基地条件的制约。

思考与练习

1. 影响房间面积大小的因素有哪些?
2. 房间的门窗设置对建筑的影响有哪些?
3. 房间平面尺寸指的是什么？试判定房间的开间和进深。
4. 平面交通联系空间包括哪些内容？其尺寸如何设计?
5. 走廊式、套间式、大厅式、单元式等各种平面组合形式的特点和适用范围是什么？
6. 建筑平面面积由哪几部分构成?
7. 辅助使用空间与主要使用空间在设计时的区别是什么?
8. 影响平面组合的因素有哪些?

模块3 建筑剖面设计

知识目标

(1)建筑剖面设计的影响因素；
(2)建筑层数的确定因素；
(3)房屋各部分高度及层高的确定；
(4)建筑空间的组合与利用。

能力目标

(1)了解建筑层数的确定因素及方法；
(2)熟悉建筑空间的组合与利用；
(3)掌握建筑层高、剖面形状的确定方法。

剖面设计是根据建筑功能的要求、物质技术条件及基地环境等因素来确定建筑各组成部分在垂直方向上的布置，其与平面、立面相互联系、相互制约。剖面设计主要分析建筑物的剖面形状、各部分应有的高度、建筑竖向空间的组合和利用以及建筑剖面中的结构、构造关系。

3.1 剖面形状的确定

剖面形状大体可分为矩形和非矩形两类，绝大多数民用建筑采用矩形，如住宅、学校、办公楼、旅馆、商店等。矩形剖面简单、规整，便于竖向空间的组合，容易获得简洁而完整的体型，同时结构简单、施工方便。

房间剖面形状主要是根据房间的使用要求和特点来确定的，同时，要结合物质技术条件、经济条件及艺术构思等因素综合考虑。

3.1.1 使用要求

对一般功能要求的建筑，如住宅、办公楼、教学楼、旅馆、商店等，剖面形状采用矩形，即能满足这类建筑的使用要求；而对某些有特殊功能要求(主要体现在视线和音质两个方面)的建筑空间则需根据需要选择合适的剖面形状。

1. 视线要求

有视线要求的主要有影剧院的观众厅、体育馆的比赛大厅、教学楼中的阶梯教室等，这类房间为满足视线设计要求需升起地面，地面的升起坡度与设计视点的选择、座位排列方式(前排与后排对位或错位排列)、排距、视线升高值 C(后排与前排的视线升高差)等因素有关。

设计视点是指按设计要求所能看到的极限位置，以此作为视线设计的主要依据。各类建筑由于功能不同、观看对象性质不同，设计视点的选取也不一致。例如，电影院将设计视点定在银幕底边的中点，这样可保证观众看清楚银幕的全部；体育馆将设计视点定在篮球场边线或边线上空 300～500 mm 处等，如图 3-1 所示。设计视点的选择是否合理，是衡量视觉质量好坏的重要标准，直接影响到地面升起的坡度和经济性。设计视点越低，视觉范围越大，但房间地面升起坡度就越陡；设计视点越高，视觉范围越小，地面升起坡度就越平缓。通常，当观察对象低于人的眼睛时，地面起坡大，反之则起坡小，如图 3-2 所示。

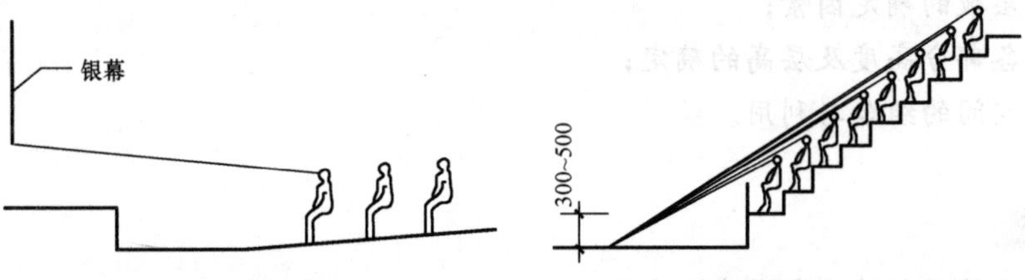

图 3-1　设计视点的选取

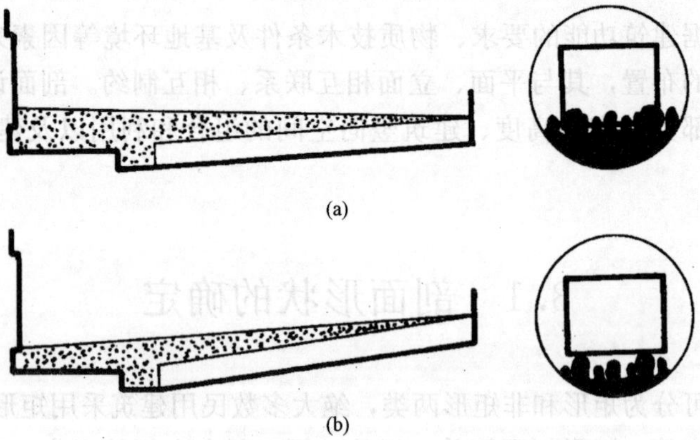

图 3-2　设计视点与地面坡度的关系

(a)不正确(设计视点位置较高，地面升起不够)；

(b)正确(设计视点在银幕下沿，地面升起恰当)

视线升高值的确定与人眼到头顶的高度和视觉标准有关，座位对位排列时通常定为 120 mm；座位错位排列时取 60 mm，这样可以保证视线无遮挡，如图 3-3 所示。

图 3-4 所示为中学阶梯教室的地面升高示意。座位对位排列时，每排升高，地面起坡大；座位错位排列时，每两排升高一级，地面起坡小。

2. 音质要求

音质要求对剧院、电影院、会堂等建筑大厅的剖面形状影响较大。为保证室内声场分布均匀，防止出现空白区、回声和聚焦等现象，要注意顶棚、场面和地面的处理，如图 3-5 所示。

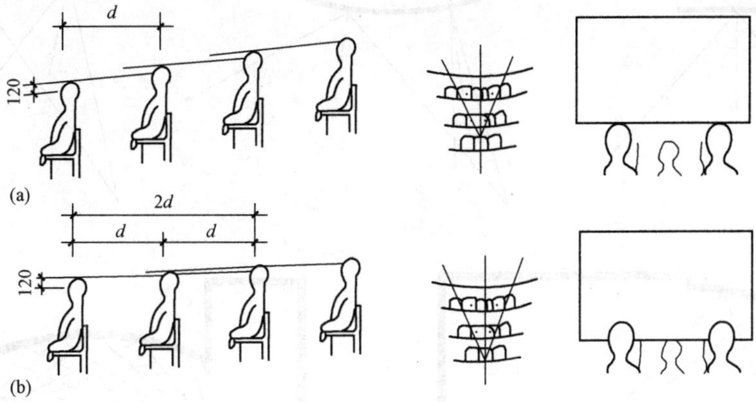

图 3-3　视线与地面(座位)升起的关系

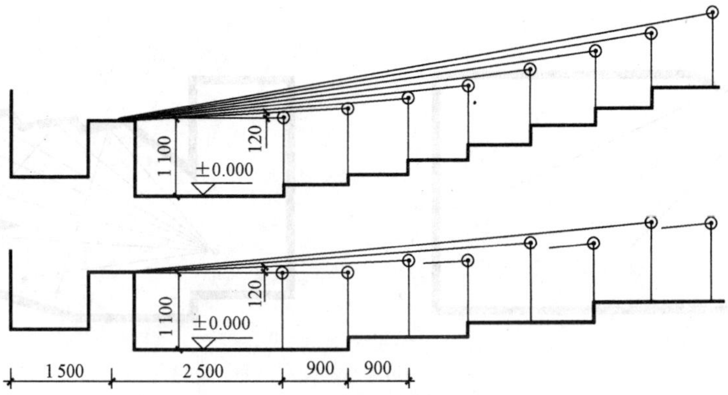

图 3-4　阶梯教室的地面升高示意

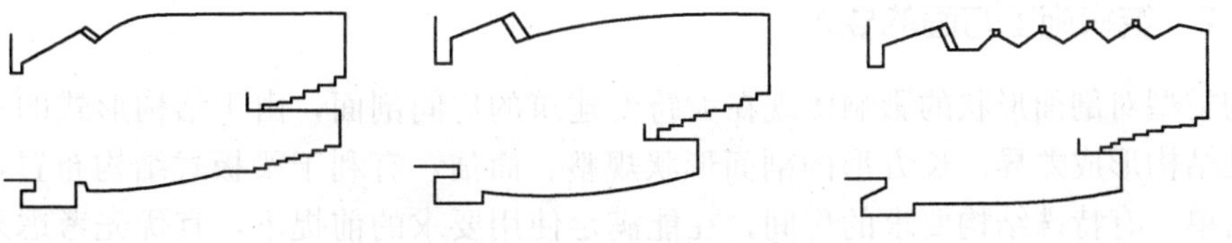

图 3-5　观众厅的几种剖面示意

为有效利用声能，加强各处直达声，必须使大厅地面逐渐升高，声学上的要求和视线上的要求可以合二为一，按照视线要求设计的地面一般能满足声学要求。另外，顶棚的高度和形状也是保证音质的一个重要因素。它的形状应使大厅中各座位都能获得均匀的反射声，同时能加强声压不足的部位。通常，凹面易产生聚焦，声场分布不均匀；凸面是声音扩散面，不产生聚焦，声场分布均匀。因此，大厅顶棚应尽量避免采用凹曲面或拱顶，如图 3-6 所示。

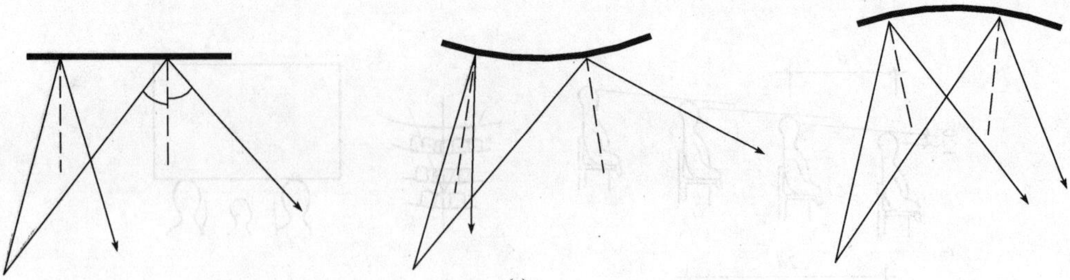

(a)

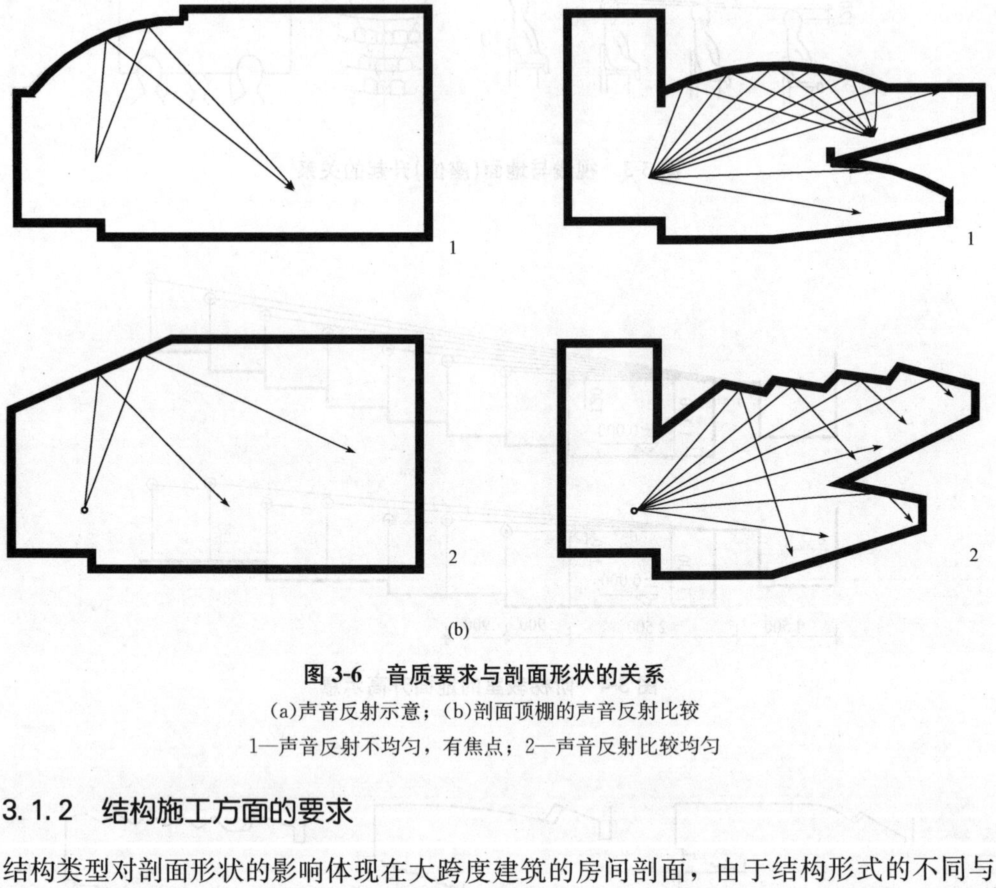

(b)

图 3-6　音质要求与剖面形状的关系

(a)声音反射示意；(b)剖面顶棚的声音反射比较

1—声音反射不均匀，有焦点；2—声音反射比较均匀

3.1.2　结构施工方面的要求

结构类型对剖面形状的影响体现在大跨度建筑的房间剖面，由于结构形式的不同与砖混等常见结构形成差异。长方形的剖面形状规整、简洁，有利于梁板式结构布置，同时施工也较简单。有特殊结构要求的房间，在能满足使用要求的前提下，宜优先考虑采用矩形剖面。有些大跨度建筑的房间，由于受结构形式的影响，常形成具有结构特点的剖面形状。体育馆比赛厅所形成的剖面形状就常常受到不同结构形式(桁架、悬索等)的影响，如图 3-7 所示。

图 3-7　结构形式对剖面形状的影响

3.1.3 采光、通风的要求

在常见的进深不大的房间中，采光和通风采用侧窗和矩形剖面形状可以实现，侧窗的高低决定了房间光线照射的深度，决定了房间进深的大小。靠天窗采光的房间，不同的天窗形式和位置，室内的照度分布不同，房间的剖面形状也不同，如图 3-8 所示。

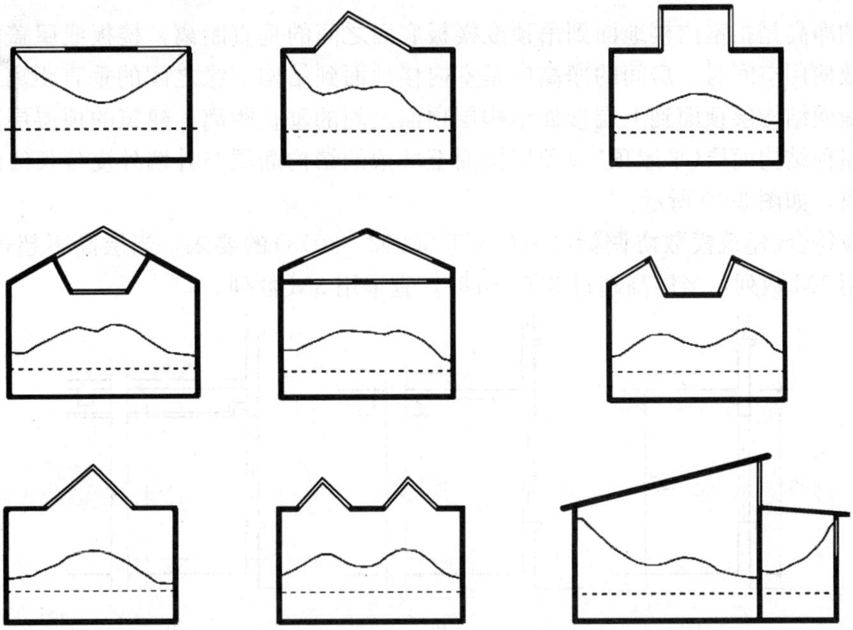

图 3-8　各种采光窗对室内的照度分布与房间的剖面形状的影响

对于厨房等在人们的活动过程中会散发出大量蒸汽、油烟的房间，可在顶部设置排气窗以加速排除有害气体，如图 3-9 所示。

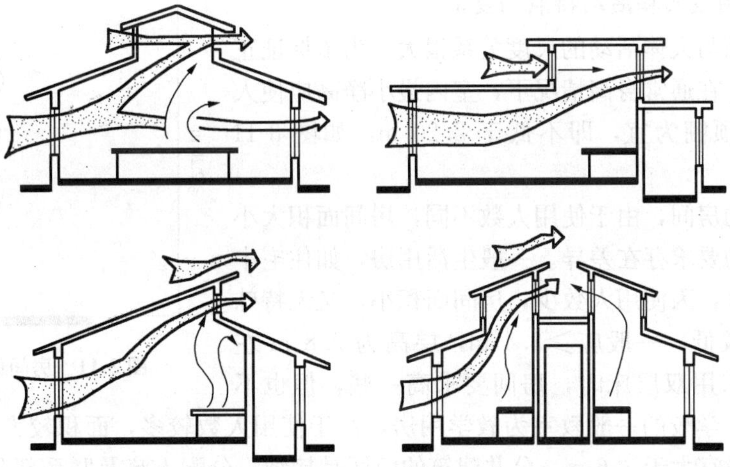

图 3-9　各种排气窗对房间剖面形状的影响

3.2 房屋各部分高度及建筑层数的确定

3.2.1 房间净高和建筑层高的确定

房间的净高是指室内楼地面到吊顶或楼板底面之间的垂直距离，楼板或屋盖的下悬构件影响有效使用空间时，房间的净高应是室内楼地面到结构下缘之间的垂直距离。层高是指该层楼地面结构层顶面到上层楼面结构层顶面之间的垂直距离。建筑的顶层层高是指顶层楼面至屋顶结构面层（平屋顶）或顶层楼面至坡顶的结构面层与外墙外皮延长线的交点处的垂直距离，如图 3-10 所示。

层高应符合《建筑模数协调标准》（GB/T 50002—2013）的要求，当层高不超过 3.60 m 时，应采用 1M 数列，当层高超过 3.60 m 时，宜采用 3M 数列。

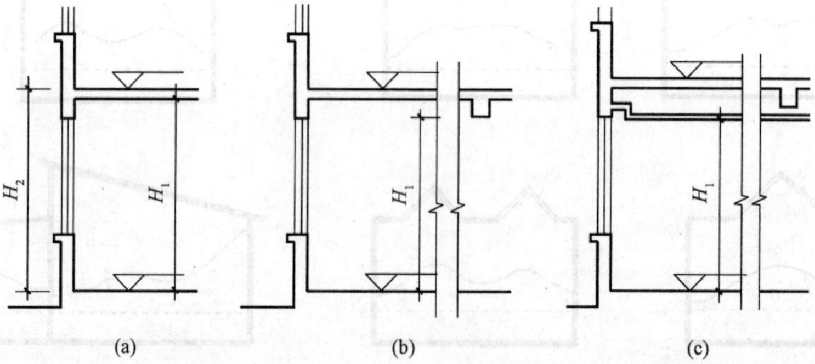

图 3-10　净高与层高

建筑层高与房间净高随着建筑物功能类型的不同而在规范要求上出现差异，房间高度的确定主要考虑以下几个方面。

1. 室内使用性质和活动特点的要求

房间的净高与人体活动的尺度关系很大。为了保证正常的工作生活，在通常身高情况下，室内最小净高应使人举手接触不到顶棚为宜，即不低于 2.20 m，如图 3-11 所示。

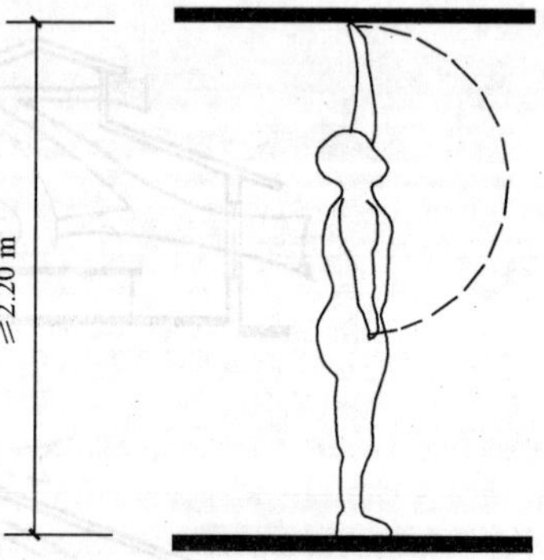

图 3-11　房间最小净高

不同类型的房间，由于使用人数不同，房间面积大小不同，对净高的要求存在差异。一般生活用房，如住宅中的卧室、起居室，因使用人数少，房间面积小，又无特殊要求，故净高较低，一般应≥2.4 m，层高为 2.8 m 左右。集体宿舍采用双层床时，房间要求高一些，但也不应高于 3.3 m。学校的一般教室为教学用房，由于使用人数较多，面积较大，需要空气的容量较大，层高宜大于 3.6 m。公共建筑的门厅是接纳、分配人流及联系部分的交通枢纽，也是人们活动的集散地，人流较大，高度可较其他房间适当提高。大型商场为公共建筑，使用人数很多，房间面积很大，层高一般为 4.2～4.5 m。

房间内的家具设备和人们使用时所需的必要空间也直接影响着房间的净高与层高，如图 3-12 所示。

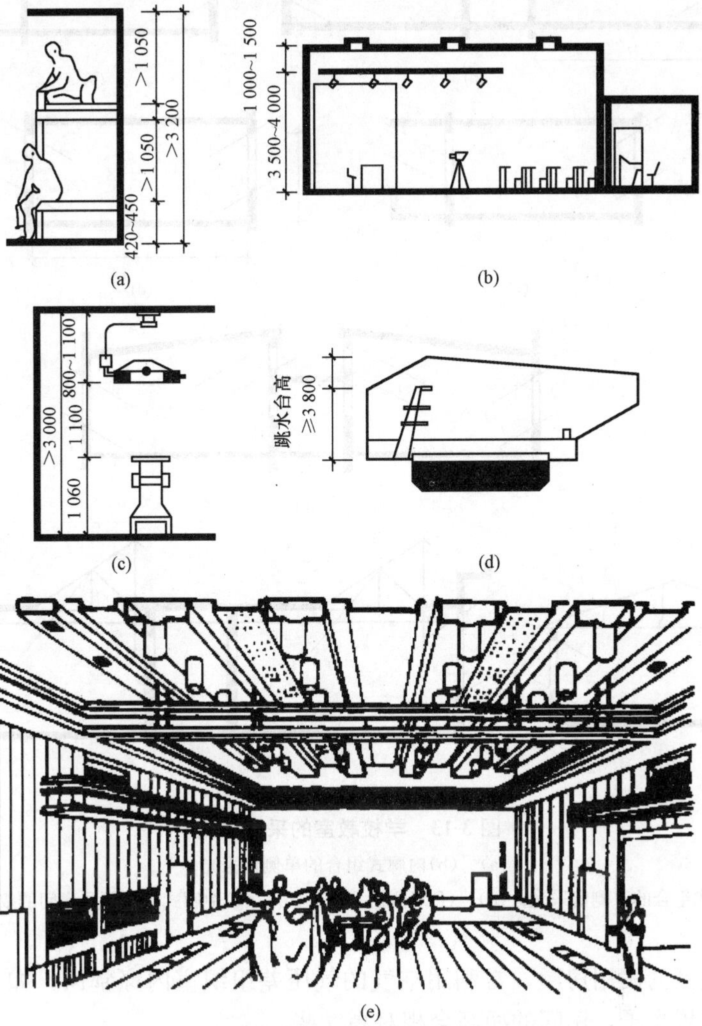

图 3-12　家具设备及使用功能要求对房间高度的影响

(a)宿舍；(b)中学演播室；(c)手术室；(d)游泳馆；(e)电视演播室

2. 采光、通风、空气容量等要求

房间的高度应满足天然采光和自然通风的需要，这样才能保证房间必要的学习、生活条件和正常的卫生条件。室内光线的强弱和照度是否均匀，除与平面中窗户的宽度和位置有关外，还和窗户在剖面中的高低有关。房间里光线的照射深度主要靠侧窗的高度来解决。侧窗上沿越高，光线照射深度越大；上沿越低，则光线照射深度越小。为此，进深大的房间或要求自然照明度较高的房间在不开设天窗时，常加大窗的高度，相应房间的高度也应加大。当房间采用单侧光时，通常窗户离地面的高度应大于房间进深长度的一半，如图 3-13(a)所示；当房间允许两侧开窗时，房间的净高应不小于总进深的 1/4，如图 3-13(d)所示。

房间的通风要求、室内进出风口在剖面上的高低位置等对房间的净高有一定的影响。

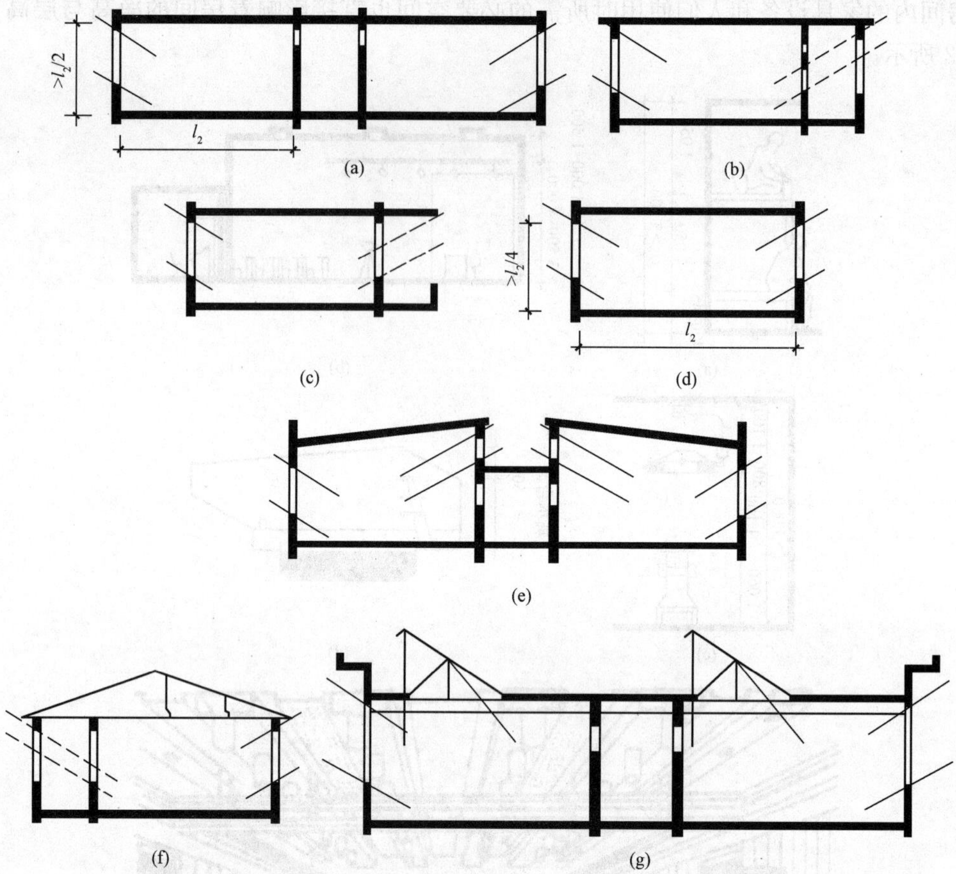

图 3-13　学校教室的采光方式

(a)、(b)内廊式组合的单侧窗采光；
(c)外廊式组合的双侧窗采光；(d)、(f)双侧窗采光；(e)、(g)中廊式组合顶层房间的双侧窗采光

如潮湿和炎热地区的民用房屋，常利用空气的气压差组织室内穿堂风，如在内墙上开设高窗，或在门上设置亮子，房间的净高会相对高一些。

另外，容纳人数较多的公共建筑，应考虑房间内正常的空气容量，保证必要的卫生标准。空气容量的取值与房间用途有关，如中小学教室为 3～5 m^2/人，电影院观众厅为 4～5 m^2/座。根据房间容纳人数、面积大小及空气容量标准，确定符合国家卫生标准要求的房间净高。一般使用人数较多、空气容量标准要求高的房间，要求房间的净高也就较大。

3. 结构高度及其布置要求

建筑层高与房间净高和建筑的结构形式紧密相关，因为结构本身具有一定的空间高度，选取不同的结构形式，建筑层高也随之出现变化。结构层高度主要包括楼板、屋面板、梁和各种屋架所占的高度。在满足房间净高的要求下，其层高尺寸随着结构层的变化而变化。结构层越高，则层高越大。砖混结构中，楼板的高度是 100～200 mm，而框架结构中梁的高度则可达 600～800 mm，甚至在 1 m 以上，平板网架结构空间则更大。

4. 经济性要求

层高和楼层的竖向组合是影响建筑造价的一个很重要的因素。进行剖面设计时，在满足使用要求及采光、通风、室内观感等要求的前提下，应尽可能降低层高和室内外地面高差。降低层高，首先减少了建筑材料的用量和施工量，同时减少了墙体自身的荷载，所以又减小了基础的宽度，减少了围护结构，从而节约材料、降低能耗；其次，降低层高，导致建筑物的总高度降低，这从日照间距的意义上来讲，又能缩小建筑的间距，节约建筑用地。一般砖混结构的建筑，层高每减小 100 mm，可节省投资 1%。

5. 室内空间比例的要求

空间的尺度对人的心理行为影响很大，在确定房间高度时，还要考虑房间的高度与宽度、长度的合适比例，给人以正常的空间感觉。不同的比例尺度给人的心理感觉是不相同的。例如，高而窄的空间易使人产生兴奋、激昂向上的情绪，具有严肃感，但过高则会令人感到空旷、冷清、迷茫；宽而低的房间，使人感到宁静、开阔、亲切，但过低会使人感到压抑、沉闷。不同的建筑，需要不同的空间比例。纪念性建筑要求利用高大的空间形成严肃、庄重的气氛；大型公共建筑的休息厅、门厅要求具有开阔、明朗的气氛。因此，在确定房间净高时，应根据空间的使用功能要求，利用各种空间比例和空间限定，创造出给人不同心理感受的优良空间环境。一般民用建筑的空间尺度，以高宽比在 1∶1.5～1∶3 范围内较为适宜，如图 3-14 所示。

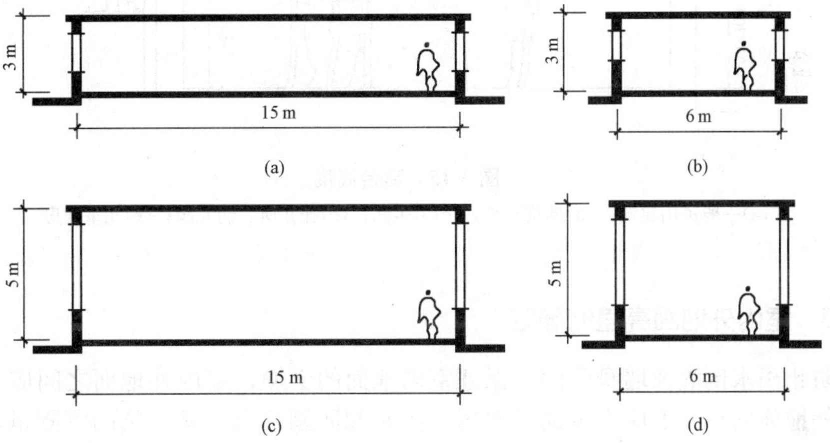

图 3-14　空间比例不同给人以不同的感受

(a)较压抑(1∶5)；(b)较合适(1∶2)；(c)较合适(1∶3)；(d)较空旷(1∶1.2)

3.2.2　窗台高度的确定

窗台高度主要根据室内的使用要求、人体尺度和靠窗家具或设备的高度来确定。窗台高度的主要考虑方面之一是方便人们的工作、学习，保证书桌上有充足的光线，同时窗台不能过高，以免产生阴影。合理的窗台高度应高于桌面高度 100～150 mm，所以，一般民用建筑的窗台高度为 900～1 000 mm，如图 3-15(a)所示。有些有特殊要求的房间，如展览建筑中的展室、陈列室，因为沿墙布置展板，为消除和减少眩光，人站立的视点高度一般不设窗，而在视点高度以上开设高侧窗，如图 3-15(b)所示，窗台到陈列品的距离要有一定的保护角(角度应>14°)，或开设天窗，所以窗台被设得更高一些。为方便洗浴，卫生间的窗台要在人的站立视点以上，厕所、浴室的窗台通常应提高到 1 800 mm，如图 3-15(c)所示。托儿所、幼儿园建筑要结合儿童尺度，由于儿童身高较低，窗台高度也相应降低，一般为 650～700 mm，如图 3-15(d)所示。当窗台高度小于 800 mm 时，必须设安全防护措施，如图 3-15(e)所示。

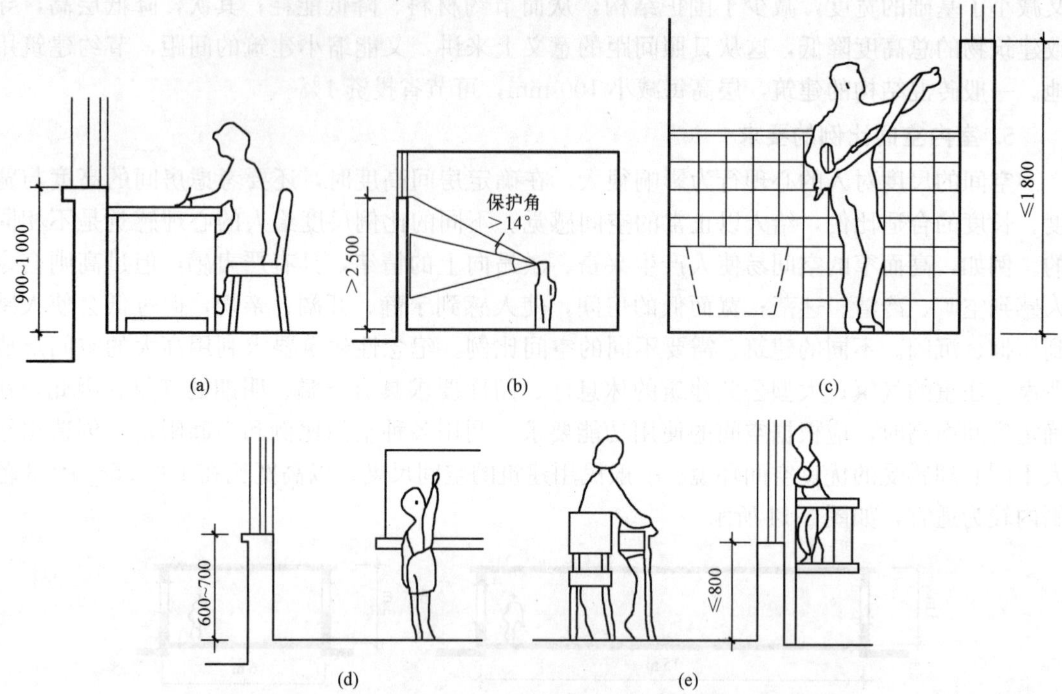

图 3-15　窗台高度

(a)一般民用建筑；(b)展览建筑；(c)卫生间；(d)托儿所、幼儿园；(e)儿童病房

3.2.3　室内外地面高差的确定

为了防止雨水倒灌及墙身受潮，保证室内地面的干燥，室内外地面之间应有一定的高差。室内外地面的高差值应根据通行要求、防水和防潮要求、建筑物的沉降量、建筑物的使用性质和建筑标准、地形条件等因素确定，一般为 300～600 mm。纪念性建筑或一些建筑标准较高的公共建筑，常加大室内外地面高差，采用较高的台基和较多的踏步处理，以增强建筑物庄重、宏伟的气氛。位于山地和坡地的建筑物，应结合地形起伏变化和室外道路布置等因素确定室内外地面高差。

建筑设计中，一般取底层室内地坪相对标高为±0.000。建筑其他部位及室外设计地坪的标高均以此为标准，高于底层室内地坪为正值，低者为负值。

3.2.4　建筑层数的确定

确定建筑层数，首先要服从城市规划中的强制性条文，当城市规划对建筑层数无特殊要求时，应以使用要求为主选择建筑层数。通常，办公楼、住宅、宿舍等大量性建筑，应以五层、六层为主，在经济条件允许或受基地限制需向高空发展时可以考虑高层，另外需考虑材料、结构技术条件及防火要求。相关因素包括以下几项。

1. 环境与城市规划要求

任何建筑都要处在一定的环境之中，建筑物的层数也必然受到基地环境的影响，特别是位于城市主干道两侧、广场周围、风景区和历史建筑保护区的建筑。确定建筑物的层数时，应考虑基地大小、地形、地貌、地质等条件，并使之与周围的建筑物、道路交通等环境协调一致。另外，城市规划部门从城市面貌、城市用地等方面考虑，对不同地段上的建筑物层数会提出具体要求，确定建筑物的层数时，应符合这些要求。如在建筑面积相同的条件下，基地范围小，底层占地面积也小，相应层数应多一些；若地形变化陡，建筑物的长度、进深不宜过大，从而建筑物的层数也可相应增加。又如风景园林区显然与街道的环境特点不同，应以自然环境为主，充分借助大自然的美来丰富建筑空间，并通过建筑处理使风景更加增色，因此宜采用小巧、低层的建筑群，避免采用多层和高层形成喧宾夺主的效果。

2. 建筑使用要求

幼儿园、疗养院、养老院等建筑物，考虑到使用者活动不便，为了便于使用者与户外联系，建筑层数不应太多，一般以 1～3 层为宜。影剧院、体育馆、车站等建筑物，由于使用人数多、人流量大，考虑到人流集散的安全与方便，也应以单层或低层为主；学校公共食堂，为了就餐方便，单独建造时，也宜建成低层；中小学建筑为便于少年儿童参加户外活动，层数不宜超过 4 层。

3. 基地条件

日照间距、建筑基地的面积、基地的容积率、建筑密度允许情况等都会影响建筑的层数和高度。针对不同地段和不同的基地条件，建筑的高度和层数要求也不尽相同。

4. 材料、结构、设备、施工等技术条件

砖混结构一般以 6 层及 6 层以下为宜，钢筋混凝土框架结构不宜超过 15 层，钢框架结构不宜超过 30 层。如在地震区，建筑物允许建造的层数，根据结构形式和地震烈度的不同，还要受抗震规范的限制。另外，建筑设备(如电梯)、施工机械设备也对建筑层数产生很大影响，高层建筑的层数更加受制于结构、材料设备、施工等技术方面的条件，如图 3-16 所示。

5. 防火要求

当建筑物耐火等级为一、二级时，建筑层数不限；当为三级时，最多允许建造 5 层；当为四级时，仅允许建造 2 层。在进行公共建筑设计时，当总高度超过 24 m 时，还要遵循《建筑设计防火规范》(GB 50016—2014)的规定。

6. 经济条件

建筑层数与造价的关系十分密切，对于砖混结构的住宅，如以 6 层时的直接造价作为 100%，5 层则为 101%，4 层为 102%，3 层为 106%，2 层为 110%，原因是 5 层、6 层建筑的基础及屋面工程量相对均小。如果多层建筑与高层建筑相比，因为高层建筑的结构费用和电梯、供水加压等设备费用均比多层砖混结构房屋高很多，12 层中等标准的住宅建筑，单方造价约比 5 层、6 层高出 1 倍，钢材、水泥用量增加 1～5 倍。从建筑综合经济效益来讲，多层建筑较经济，其次是低层建筑，高层建筑的造价较高。

7. 节约土地的要求

层数多的建筑比层数少的建筑节约用地，如图 3-17 所示。为提高土地利用率，在日照间距不变的情况下，建筑顶层北侧采用退台的方法，也能达到增加建筑层数和建筑面积的效果，从而节约更多土地。

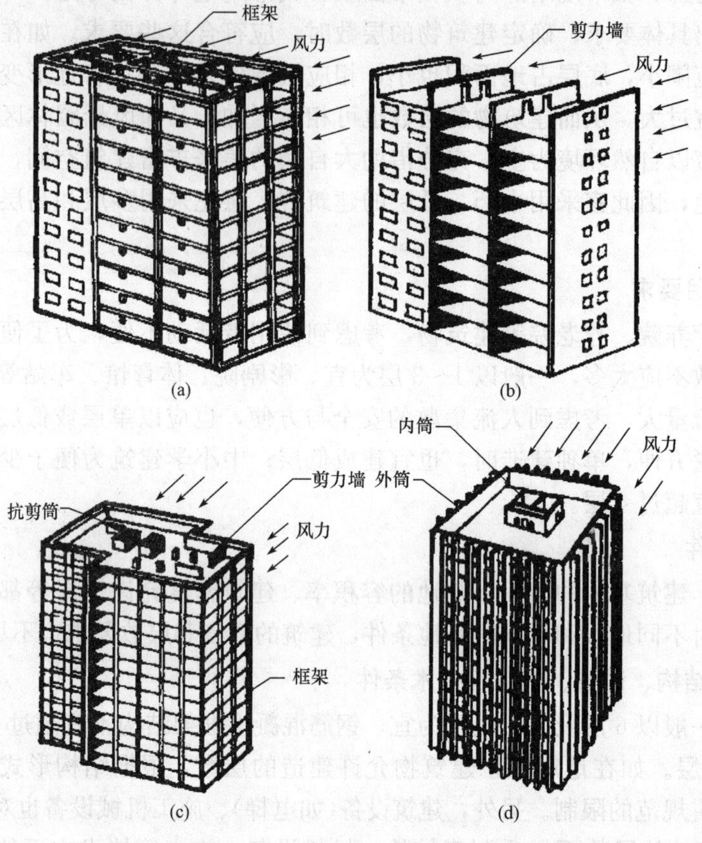

图 3-16　高层建筑结构体系

(a)框架结构；(b)剪力墙结构；(c)框架-剪力墙结构；(d)筒体结构

图 3-17　单层与多层房屋用地比较

3.3 建筑空间的组合和利用

3.3.1 建筑空间的组合

建筑空间的组合除要考虑水平方向的功能关系外，还必须同时考虑垂直方向上的功能关系，在实际工作中，建筑剖面组合设计是与平面组合设计一起考虑的。例如，平面中房间的分层安排和剖面中房屋层数的通盘考虑，大厅式平面中不同高度房间竖向组合的平、剖面关系，以及垂直交通联系部分楼梯间的位置和进深尺寸的确定等，都是需要平、剖面密切结合，同时考虑的。

建筑剖面空间组合，主要是分析建筑物各部分应有的高度、建筑层数、建筑空间在垂直方向上的组合和利用以及建筑剖面和结构、构造的关系等问题。

建筑空间在垂直方向上的组合方式，主要由建筑物中各类房间的高度、剖面形状、房屋的使用要求、结构特点等因素决定，大体可分为以下几种。

1. 单层

在一些建筑中，人流或物流进出较多，为方便室内外的直接联系，多采用单层的组合形式，如车站、剧院、展览厅等；要求顶部自然采光和通风的，也常采用单层的组合形式，如车间、食堂、展览馆大厅等；农村、郊区或用地不紧张的地方，也可采用单层的组合形式。单层剖面组合方式，在剖面空间组合上比较简单灵活，各种房间可根据实际使用要求所需高度设置不同的屋顶。其主要缺点是用地很不经济。

根据各房间的高度及剖面形状不同，单层建筑的剖面组合形式主要有以下几种：

(1)等高组合。单层建筑各房间的高度相同时，自然形成等高的剖面形式。当各房间所需高度相近时，通常为简化结构、构造及方便施工，按主要房间所需高度来统一建筑物高度，从而形成等高的剖面形式。

(2)不等高组合。当各房间所需高度相差较大时，为避免等高处理后造成浪费，可按各房间实际使用所需高度进行组合，形成不等高的剖面形式。

(3)夹层组合。当各房间所需高度相差很大时，可将高度小的辅助房间毗连在高度大的主要房间周围，采用多层布置，形成夹层。例如，体育馆中的比赛大厅和办公、休息等辅助房间的高度相差悬殊，通常结合大厅看台升起的剖面特点，在看台下面和大厅四周布置各种辅助房间，形成夹层，如图 3-18 所示。

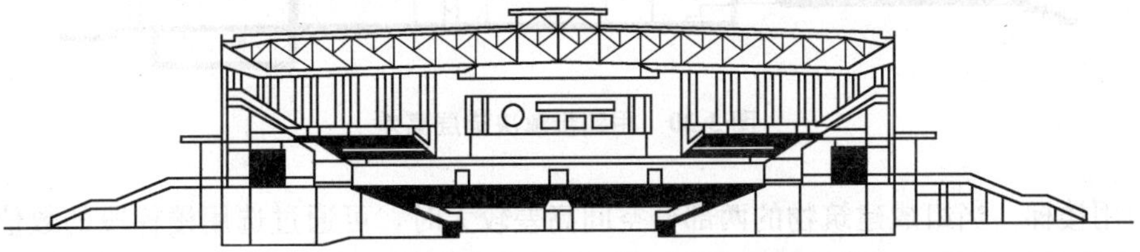

图 3-18 体育馆夹层组合

2. 多层和高层

根据建筑物的使用要求、节约用地和城市规划等要求，民用建筑大多采用多层和高层。

多层和高层建筑的剖面组合必须与平面组合结合进行。通常应尽量将同一层平面中所有房间的高度调整一致，采用统一的层高。对高度相差不大的房间，可按该层主要房间所需高度调整一致；高度相差较大的房间，应尽可能安排在不同的楼层上，各层之间采用不同的层高，若必须设在同一层而层高又难以调整到同一高度时，可采用不同的层高，局部作错层处理。对少量高度较大的房间，可将其布置在顶层，或附设于主体建筑的端部，也可单独设置，用廊子与主体建筑连接，如图 3-19 所示。

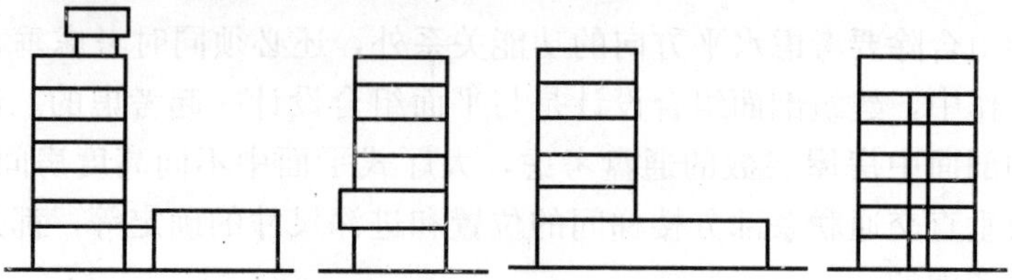

图 3-19　多层、高层剖面组合

高层剖面组合方式，在占地面积较小的情况下可建造较大面积的房屋，有利于室外辅助设施、绿化等的布置。但高层建筑的垂直交通需用电梯联系，管道设备等设施也较复杂，建造与维护费用较高。

3. 错层

当建筑内部出现高低差，或因地形条件的限制建筑空间内部楼地面出现标高不等现象时，可采用错层方式进行组合。其高差有以下处理方式：

(1)用踏步。对于层间高差小、层数少的建筑，可采用在较低标高的走廊上设踏步的方法来解决。例如，教学楼中教室与办公部分之间因层高不一，多设踏步连接，如图 3-20 所示。

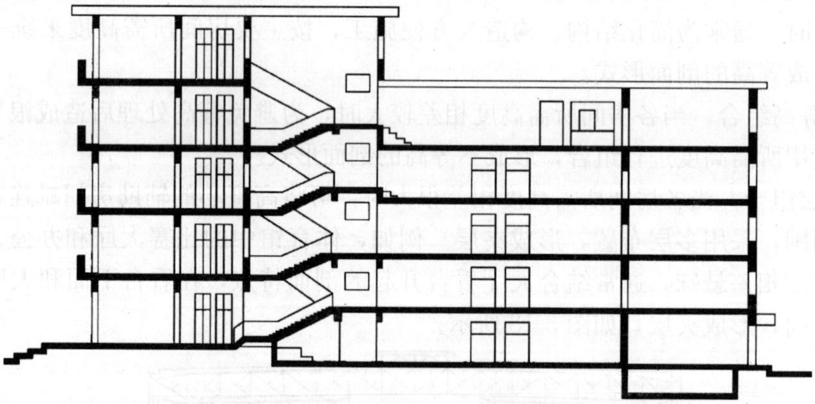

图 3-20　用踏步解决错层高差

(2)用楼梯。当组成建筑物的两部分空间高差较大时，可通过选用楼梯段的数值和调整梯段踏步数量及尺度，使楼梯平台的标高与错层楼地面的标高一致，如图 3-21 所示。

(3)用室外台阶。这种错层方式较自由，可以依山就势，适应地形标高变化，比较灵活地进行随意错落布置，如图 3-22 所示。

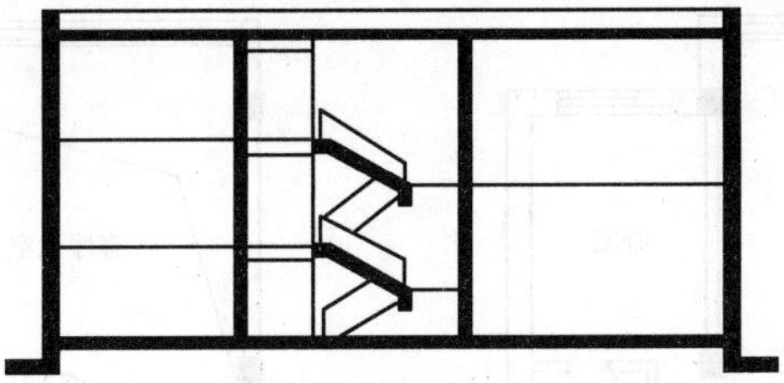

图 3-21　用楼梯解决错层高差

图 3-22　用室外台阶解决错层高差

4. 跃层

跃层组合主要用于住宅建筑中，并成为住宅的一种类型。跃层组合的住宅，其走廊每隔一两层设置一条，每个住户可有前后相通且带高差的一层，或是上、下层相通的房间。同层的高差以踏步相接，上、下层房间以住户内部的小楼梯相连。跃层住宅的特点是节约公共交通面积，各住户之间干扰少，而户内的小楼梯又增添了居住建筑的趣味，但跃层组合往往使结构布置和施工趋于复杂，平均每户的建筑面积较大，居住标准较高，如图 3-23 所示。

3.3.2　建筑空间的利用

充分利用建筑物的内部空间，实际上是在建筑占地面积和平面布置基本不变的情况下，起到了扩大使用面积、丰富室内空间艺术效果的作用，充分发挥了房屋的投资效益。

1. 走廊、门厅的空间利用

走廊的高度一般和房间相同，由于走道一般较窄并主要用作交通，其净高可以比其他房间低。走廊上部空间可以作为设置通风、照明设备和铺设管线的空间；一些公共建筑的门厅和大厅，由于人流集散和空间处理的要求，当厅内净高较高时，也可在厅内的部分空间设置夹层或走廊，如图 3-24 所示。

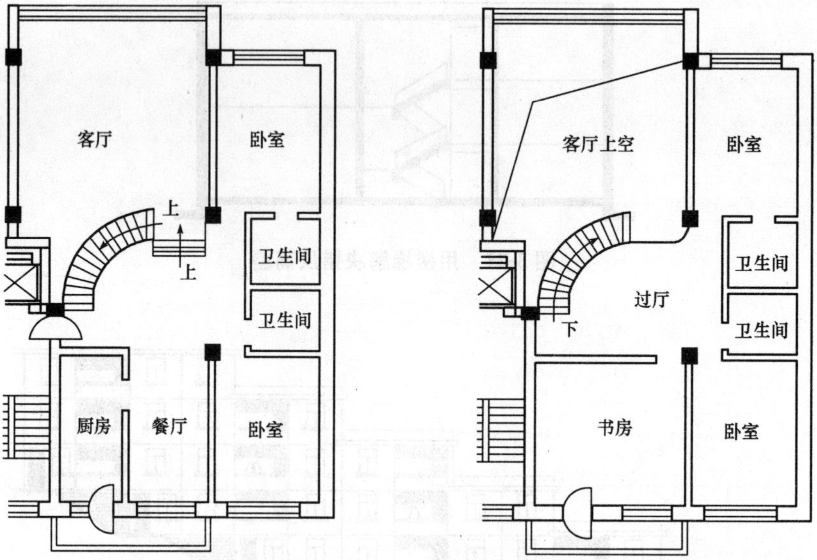

图 3-23　跃层组合

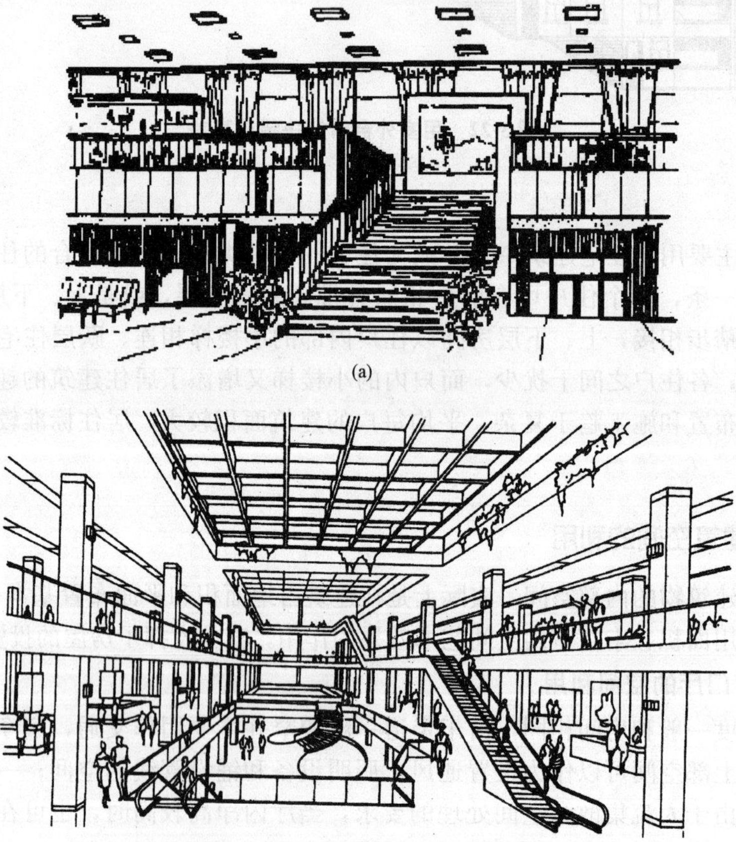

(a)

(b)

图 3-24　走廊、门厅的空间利用

2. 楼梯间的利用

底层楼梯间的休息平台下的空间或顶层楼梯间上部的空间，通常可以用作贮藏空间。利用顶层上部空间时，应注意楼梯段与贮藏室的净高应大于 2.2 m，以保证人们通过楼梯间时不会发生碰撞，如图 3-25 所示。

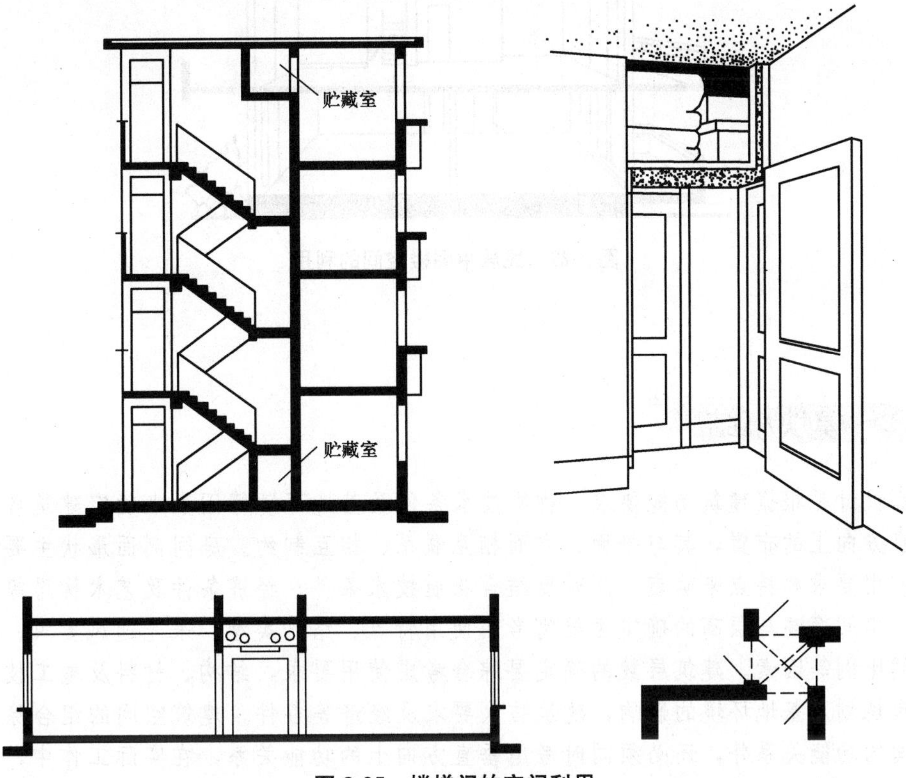

图 3-25　楼梯间的空间利用

3. 房间内空间的利用

在人们室内活动和家具设备布置等必需的空间范围之外，可以充分利用房间内剩余部分的空间，如在住宅卧室上部的空间设置吊柜，如图 3-26(a)所示；在厨房中设置搁板、壁龛和储物柜，如图 3-26(b)所示；对地方民居中的阁楼空间加以利用，如图 3-27 所示。

图 3-26　吊柜、搁板的设置

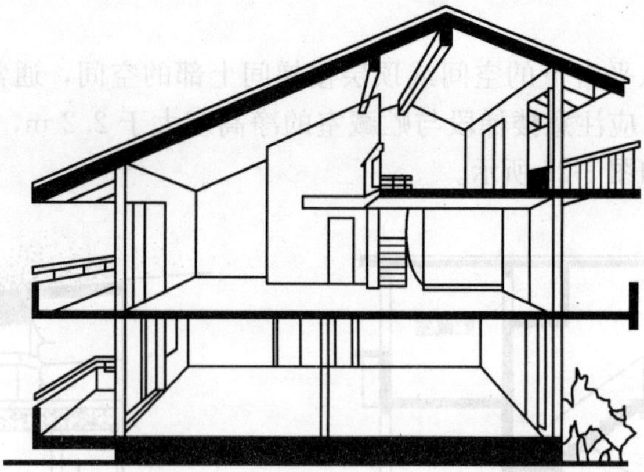

图 3-27　民居中阁楼空间的利用

模块小结

剖面设计是根据建筑功能要求、物质技术条件及基地环境等因素来确定建筑各组成部分在垂直方向上的布置，其与平面、立面相互联系、相互制约。房间剖面形状主要是根据房间的使用要求和特点来确定，同时要结合物质技术条件、经济条件及艺术构思等因素综合考虑。房间净高与层高的确定主要需考虑使用特点、结构类型、采光通风要求、经济要求及空间比例等因素。建筑层数的确定要综合考虑使用要求，结构、材料及施工技术的影响，城市规划及基地环境的影响，建筑防火要求及经济等条件。建筑空间的组合除要考虑水平方向的功能关系外，还必须同时考虑垂直方向上的功能关系，在实际工作中，建筑剖面组合设计是与平面组合设计一起考虑的。

思考与练习

1. 房间的剖面形状如何确定？试举例说明。
2. 确定建筑层数时应考虑哪些因素？试举例说明。
3. 什么是层高、净高？确定净高时应考虑哪些因素？试举例说明。
4. 确定室内外高差时应考虑哪些因素？
5. 建筑空间组合形式有哪些？各有什么特点？

模块4　建筑体型与立面设计

知识目标

(1)建筑体型和立面设计的要求；
(2)建筑构图原理和规律；
(3)建筑立面设计的要求。

能力目标

(1)了解建筑体型设计要求；
(2)掌握建筑体型与功能的关系；
(3)掌握建筑构图规律。

4.1　建筑体型与立面设计的要求

建筑在满足人们生产、生活等使用功能需求的同时，它的体型立面及内外空间组合还应满足人们对建筑物的审美要求，并在一定程度上反映社会经济和文化基础。建筑的设计宗旨是在满足使用功能需求的同时，运用制图原理创造出给人以美和感染力的建筑形象。建筑体型与立面设计是在内部空间及功能合理的基础上，在物质技术条件的制约下，考虑到建筑所处的地理位置及环境的协调，对外部形象从总的体型到各个立面及细部，按照一定的美学规律加以处理，以求得完美的建筑形象的过程。建筑物体型与立面设计的要求如下。

1. 符合环境和总体规划的要求

建筑的体型、风格、形式等都应该顾及周围的建筑环境和自然环境，不能脱离环境而孤立存在，应与周围环境协调一致。在自然环境中，对建筑应因地制宜，结合地形变化进行处理，如遇到古旧且具有历史渊源及人文关系的建筑，应当尊重历史和现实，妥善处理新、旧建筑之间的关系。

2. 反映建筑功能和性格特征

各类建筑物由于使用功能千差万别，室内空间和组合特点全然不同，因而在很大程度上必然导致不同的外部体型和立面特征。建筑的体型和立面设计应顾及其所属类型的文化内涵。

3. 合理运用构图规律和美学原则

建筑体型和立面既然要给人以美的享受，就应该讲究构图的章法，遵循某些视觉规律和美学原则。其中美学原则便是指建筑构图的一些基本规律。因此，在建筑体型和立面设计中常常会用到诸如讲究建筑层次、突出建筑主体、重复运用母题、形成节奏和韵律、掌握合适的尺度比例等手段。这一原则适用于单体建筑外部、建筑内部空间处理及建筑总体布局。

4. 考虑材料条件特点

建筑不同于一般的艺术品，它必须运用建筑技术如结构类型、材料特质、施工手段等才能完成。在现代建筑中，一般中小型民用建筑多采用砖混结构，由于受到墙体承重及梁板经济跨度的局限，开窗面积受到限制，这类建筑的立面处理可通过外立面的色彩、材料质感、水平与垂直线条及门窗的合理组织等来表现建筑简洁、朴素、稳重的外观特征。

5. 掌握建筑标准，反映建筑经济要求

建筑活动往往需要大量投资，建筑物从总体规划、建筑空间组合、材料选择、结构形式、施工组织直到维护管理等都包含着经济因素。建筑外形设计应本着节约的原则，严格遵守质量标准。建筑中心须遵循“经济、适用、美观”的方针，处理好三者的关系，严格掌握国家规定的建筑标准和相应的经济指标。

在建筑标准、建筑用材料、造型要求和装饰等方面，要区别不同级别的工程要求，防止滥用高档材料，但也要避免由于盲目节约、追求低成本而影响建筑形象并造成修理费用的增加。设计人员应掌握适度设计的原则，运用自身的智慧和创造力，设计出适用、安全、经济、美观的建筑物。

图 4-1～图 4-8 所示为建筑体型和立面设计实例。

图 4-1　悉尼歌剧院

图 4-2　高层住宅

图 4-3　现代高层建筑群

图 4-4　现代高层建筑

图 4-5　迪拜大厦

图 4-6　迪拜钻戒旅馆

图 4-7　迪拜小站

图 4-8　上海金茂大厦(右)与环球金融中心

4.2　建筑构图原理和规律

建筑艺术是指按照美的规律，运用独特的艺术语言，使建筑形象具有文化价值和审美价值，具有象征性和形式美，体现出民族性和时代感。建筑艺术是一种立体艺术形式，是实用性与审美性相结合的艺术。建筑造型是有其内在规律的，人们要创造出美的建筑，就必须遵循建筑美的法则，如统一与变化、均衡与稳定、对比、韵律、比例与尺度等。“在统一中求变化，在变化中求统一”，运用这一规律进行建筑设计时，为取得多样统一的艺术效果，通常采用以下几种手法。

1. 均衡与稳定

均衡主要是研究建筑物各部分前、后、左、右的轻重关系，并使其建筑形象给人以安定、平衡的感觉。在建筑构图中，均衡与力学的杠杆原理是有联系的。建筑设计中根据均衡中心位置的不同，又可将均衡分为对称式均衡和非对称式均衡。

对称的建筑是绝对均衡的，它以中轴线为中心并加以重点强调，两侧对称容易取得完整统一的效果，给人以雄伟、端庄、肃穆等心理感受，适用于办公、纪念性等建筑；非对称式均衡的建筑体型处理是不对称的，它的均衡中心是利用建筑体量的错落、建筑形体的虚实变化、建筑立面材质和色彩的不同实现的。

稳定是指建筑物上、下之间的轻重关系，一般来说，由底部向上逐渐缩小的建筑易获得稳定感。随着科技的进步和人们审美观点的发展变化，利用新材料、新结构，上大下小的体型经过合理的设计同样可以达到稳定的效果。

均衡与稳定实例如图 4-9 和图 4-10 所示。

图 4-9　对称式均衡与稳定

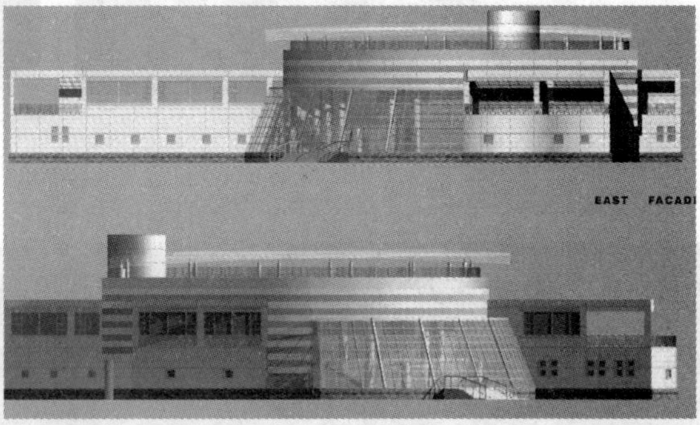

图 4-10　非对称式均衡与稳定

2. 对比

建筑造型中的对比具体表现在体量的大小、高低、形状、方向、线条曲直、横竖、虚实、色彩、质地、光影等，如图 4-11 和图 4-12 所示。在同一因素之间通过对比，相互衬托，就能产生不同的形象效果。在建筑设计中恰当地运用对比的强弱是取得统一与变化的有效手段。

图 4-11　凹凸与明暗对比

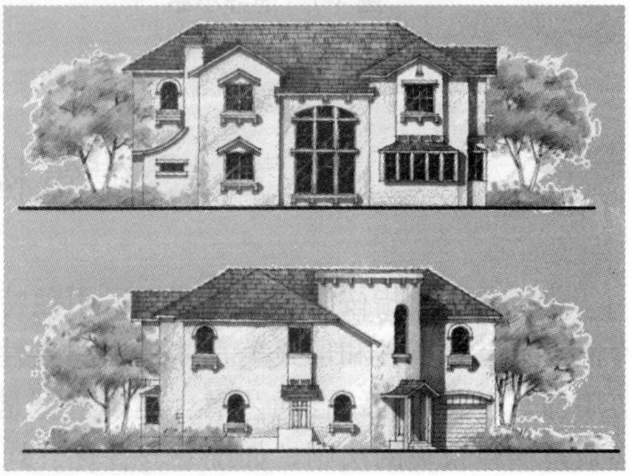

图 4-12　虚实对比

3. 韵律

韵律是指建筑构图中有组织的变化和有规律的重复，这种重复能够形成优美的节奏感和韵律感，给人以美的享受。建筑物由于功能的要求和结构技术的影响，存在着许多重复的因素，如建筑形体、空间、构件乃至门窗、阳台、凹廊、雨篷等，这就为建筑造型提供了很多有规律性的依据来体现韵律，如图 4-13 所示。

4. 比例与尺度

建筑物的比例和尺度能反映出建筑物的真实大小。尺度所研究的是建筑物整体或局部与人体尺度在度量上的比较关系。建筑物尺度失调则会产生不真实的感觉。良好的比例能带给人和谐美好的感受；反之，比例失调则无法让人产生美感，如图 4-14 所示。

图 4-13　节奏与韵律

图 4-14　比例与尺度

5. 主从分明、重点突出

造型设计中应有主体部分和从属部分之分，处理好主体与从属的关系可使建筑主从分明，从而增强建筑的表现力，取得和谐统一的效果，如图 4-15 和图 4-16 所示。

图 4-15　主次关系

图 4-16　统一与变化

4.3　建筑体型设计

建筑的体型即建筑物的轮廓形状，它反映了建筑物总体的体量大小、组合方式以及比例尺度等。建筑物内部的功能组合是形成建筑体型的内在因素和主要依据。

1. 建筑体型的组合方式

建筑体型的组合方式有简单的几何体体型组合、单一体型组合、单元式体型组合、复杂体型组合等。其中，单一体型组合的特点是体型完整单一、造型简洁；单元式体型组合是将功能相同或相近的几个独立体量的单元按一定方式组合起来，处理方法灵活；复杂体型组合则是依据建筑功能的不同划分出若干部分进行组合，重点突出、主次分明、和谐统一，如图 4-17 所示。

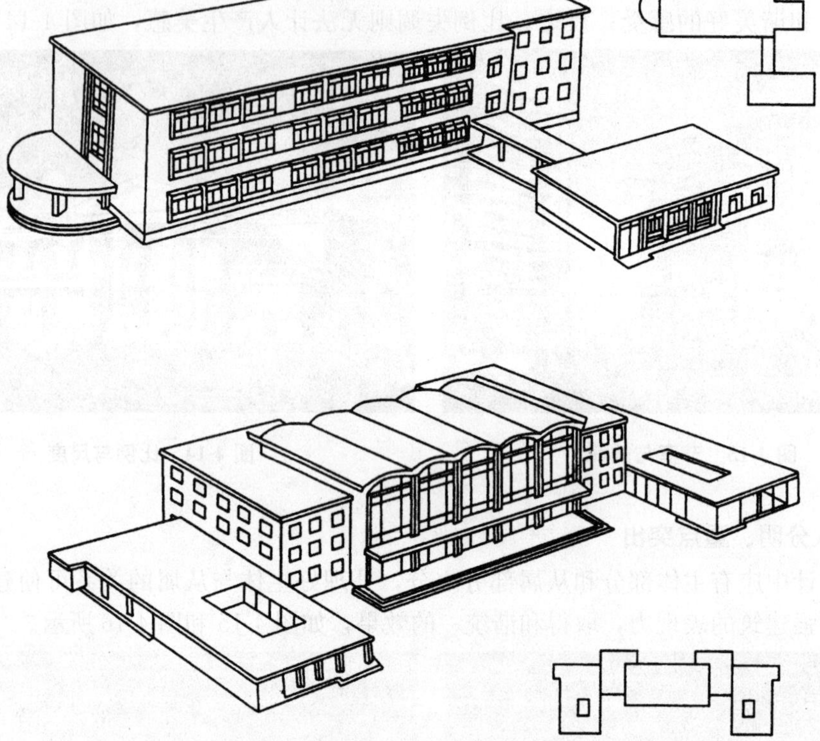

图 4-17　复杂体型组合

2. 建筑体型的转折与转角处理

建筑体型的转折与转角一般是指在十字路口、丁字路口或任意转角的路口或地带布置建筑物时，建筑物为了适应场地形状或道路布置而形成的转折或转角。处理转折或转角时，如果能结合地形的变化而充分发挥地形环境优势，合理布局，巧妙地进行体型处理，可增加建筑物的灵活性，使建筑物更加完整统一，如图 4-18 所示。

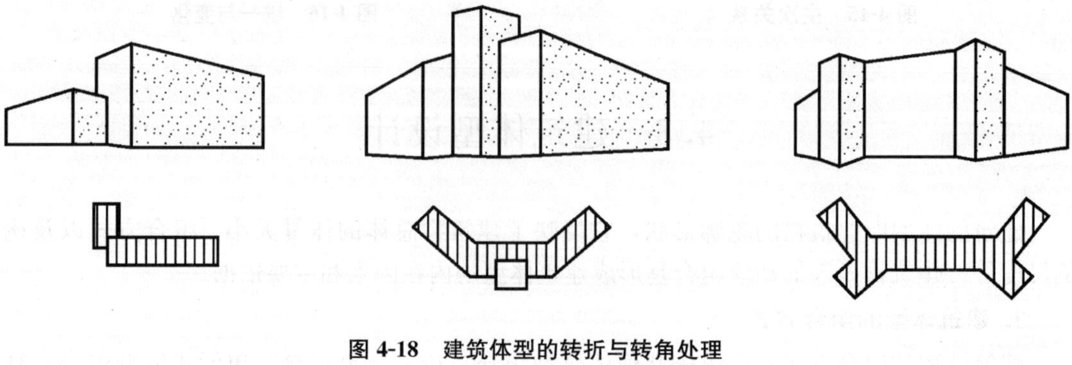

图 4-18　建筑体型的转折与转角处理

3. 联系和交接处理

由不同大小、高低、形状、方向的体量组成的建筑都存在体量的联系和交接处理问题。体量组合时，一般以正交为宜，尽可能避免锐角交接，并尽可能做到主次分明、交接明确，突出体型的完整性。常用的连接方式有直接连接、咬接、以走廊连接、以连接体连接等。形体之间的连接方式和房屋的结构构造布置、地区的气候条件、地震烈度以及场地环境的关系相当密切。同样，在体型设计中也常采用直接连接、咬接、以走廊连接、以连接体连接等连接形式，如图 4-19 所示。

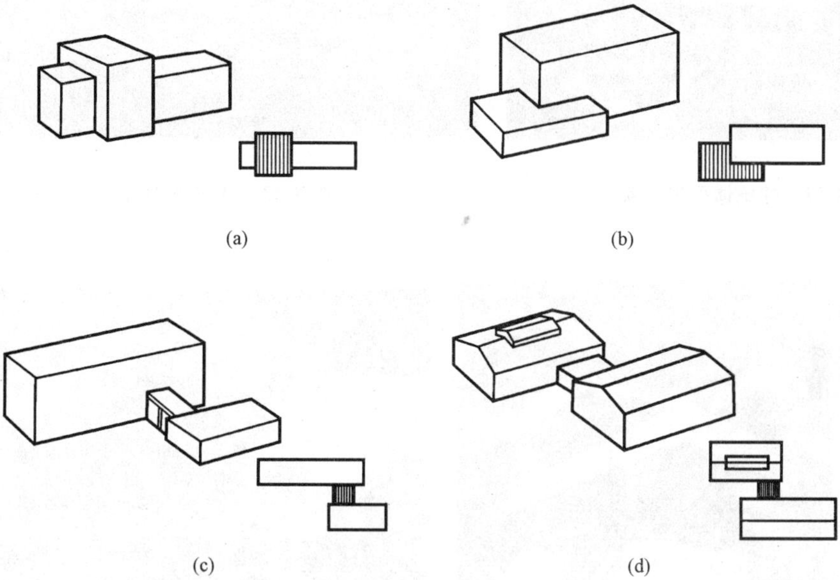

图 4-19　建筑体型的连接

(a)直接连接；(b)咬接；(c)以走廊连接；(d)以连接体连接

建筑体型设计实例如图 4-20～图 4-30 所示。

图 4-20　建筑体型设计实例 1

图 4-21　建筑体型设计实例 2

图 4-22　建筑体型设计实例 3

图 4-23　建筑体型设计实例 4

图 4-24　建筑体型设计实例 5

图 4-25　建筑体型设计实例 6

图 4-26　建筑体型设计实例 7

图 4-27　建筑体型设计实例 8

图 4-28　建筑体型设计实例 9

图 4-29　建筑体型设计实例 10

图 4-30　建筑体型设计实例 11

4.4　建筑立面设计

建筑立面是建筑物各个方位的外部形象。建筑立面设计的主要任务是对建筑物立面的组成部分和构件的比例、尺度，入口及细部处理，质感、色彩，运用节奏韵律、虚实对比等规律，设计出体型完整、形式与内容统一的建筑立面。

建筑立面设计通常是先根据平面设计初步确定各个立面的基本轮廓，再推敲立面各部分总的比例关系，考虑建筑整体几个立面之间的统一，相邻立面间的连接和协调等问题，然后着重分析各个立面上墙面的处理、门窗的调整安排等，最后对入口门厅、建筑装饰等进一步作重点及细部处理，使之与建筑内部空间、使用功能、技术经济条件密切结合。

建筑立面设计应遵循本模块中“4.2 建筑构图原理和规律”，以取得良好的立面效果。

4.4.1　建筑立面设计的重点

1. 尺度和比例的协调统一

尺度和比例的协调统一是立面设计的重要原则。立面的比例和尺度的处理与建筑功能、材料性能和结构类型是分不开的。由于使用性质、容纳人数、空间大小、层高等的不同，建筑立面会形成全然不同的比例和尺度关系。恰当的尺度能反映出建筑物真实的大小，而尺度失调会产生不真实感，同时，比例要满足结构和构件的合理性与立面构图美观的要求。

2. 立面的虚实与凹凸的对比

立面的虚实与凹凸的对比是立面设计的重要表现手法，建筑立面中“虚”的部分泛指门窗、空廊、凹廊等，其常给人以轻巧、通透的感觉；“实”的部分指墙、柱、栏板等，其给人以厚重、封闭的感觉。建筑外观的虚实关系主要是由功能和结构要求决定的。充分利用这两方面的特点，巧妙地处理虚实关系可以获得轻巧生动、坚实有力的外观形象。

由于功能和构造上的需要，建筑外立面常出现一些凹凸部分。凸的部分一般有阳台、雨篷、遮阳板、挑檐、凸柱、凸出的楼梯间等(图 4-31、图 4-32)；凹的部分有凹廊、门洞等。通过凹凸关系的处理可以加强光影变化，增强建筑物的立体感，丰富立面效果。

3. 材料质感和色彩配置

合理地选择和搭配材料的质感和色彩，可以使建筑立面更加丰富多彩。材料质感和色彩的选择、配置是使建筑立面进一步取得丰富、生动效果的又一重要方面。不同的色彩具有不同的表现力和感染力，粗糙的混凝土或砖石的表面显得较为厚重；平整而光滑的面砖以及金属、玻璃的表面显得比较轻巧细腻。浅色调使人感到明快、清新；深色调使人感到端庄、稳重；冷色调使人感到宁静；暖色调使人感到热烈。在建筑立面上恰当地利用材料的质感和色彩的特点，往往可使建筑物显得生动而富于变化。

4. 重点部位和细部处理

对建筑某些重点部位和细部进行处理是建筑立面设计的重要手法，可以突出主体，打破单调感。立面重点部位处理常通过对比手法进行。建筑的主要出入口和楼梯间是人流最大的部位，要求明显易找。为了吸引人们的视线，常对这个重点部位进行处理。

图 4-31 造型与遮阳实例 1

图 4-32 造型与遮阳实例 2

在建筑设计中应综合考虑建筑物平面、剖面、立面、体型及环境各方面因素，创造出人们需要的、完美的建筑形象。

4.4.2 建筑立面设计的要求

建筑立面设计应符合环境和总体规划的要求，反映建筑功能和性格特征，合理运用构图的规律和美学原理，考虑材料条件特点，掌握建筑标准，满足建筑经济要求。

4.4.3 建筑立面设计实例

建筑立面设计实例如图 4-33～图 4-42 所示。

图 4-33　建筑立面设计实例 1

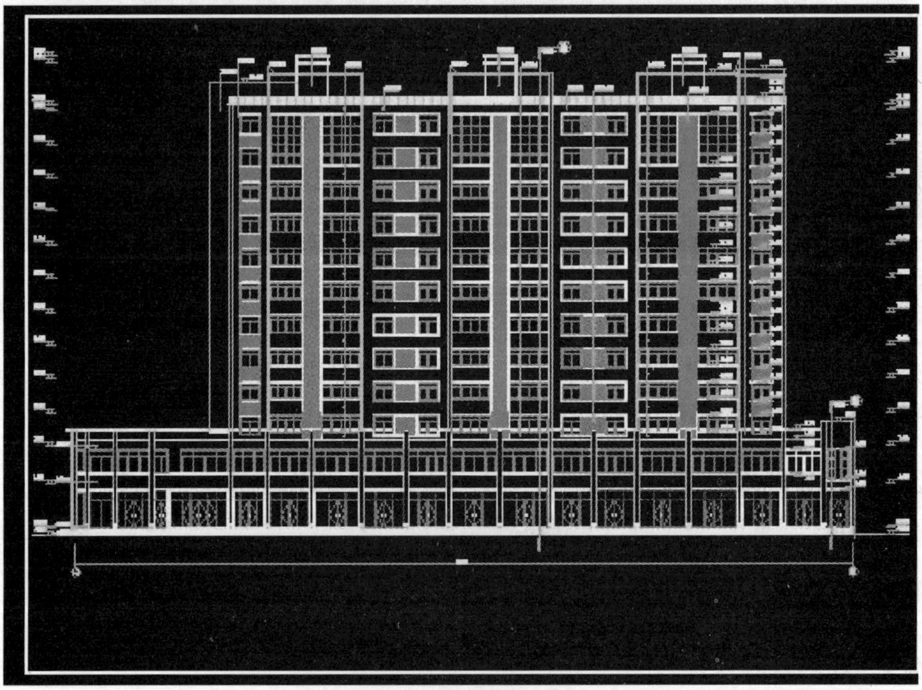

图 4-34　建筑立面设计实例 2

图 4-35　建筑立面设计实例 3

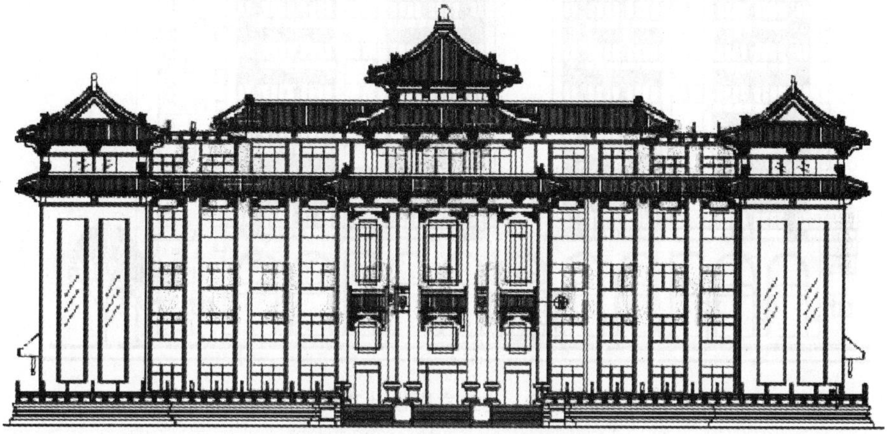

图 4-36　建筑立面设计实例 4

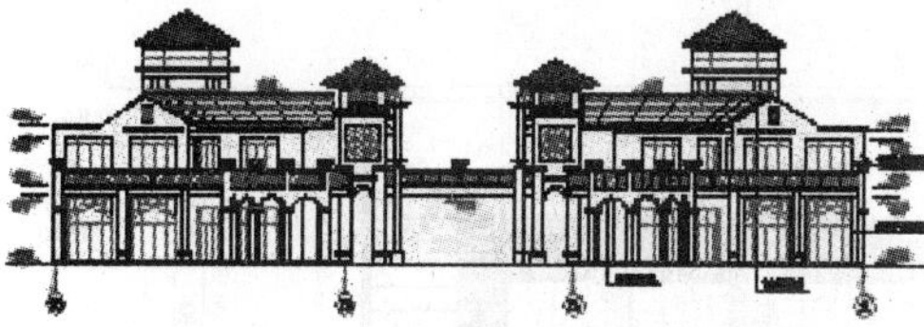

正立面

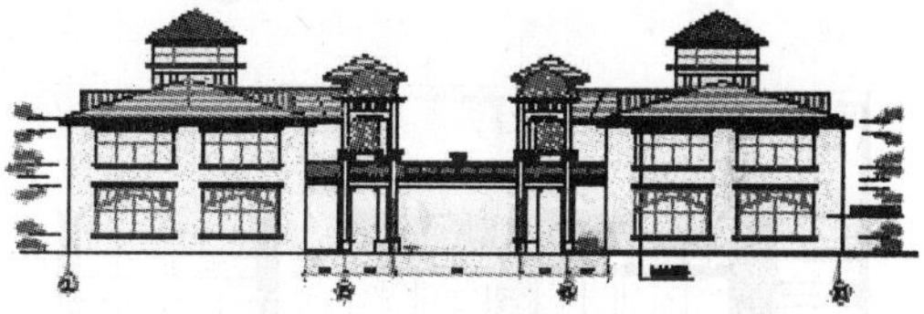

背立面

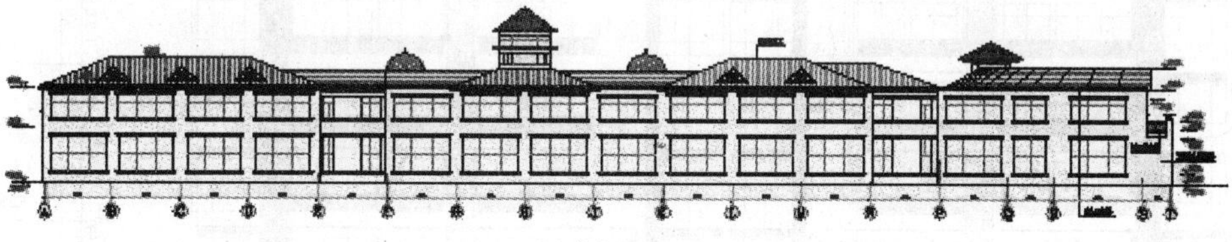

背立面

正立面

图 4-37　建筑立面设计实例 5

图 4-38　建筑立面设计实例 6

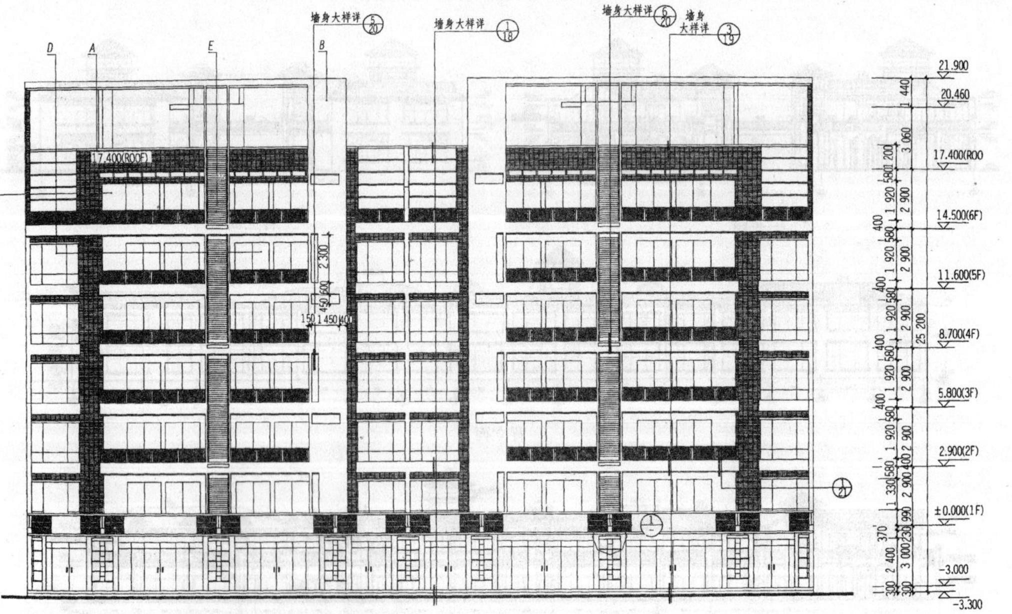

图 4-39　建筑立面设计实例 7

图 4-40　建筑立面设计实例 8

图 4-41　建筑立面设计实例 9

图 4-42　建筑立面设计实例 10

模块小结

建筑体型与立面设计应符合环境和总体规划的要求，反映建筑功能和性格特征，合理运用构图规律和美学原则，考虑材料条件特点，掌握建筑标准，反映建筑经济要求。建筑构图应遵循“在统一中求变化，在变化中求统一”的规律。建筑体型即建筑物的轮廓形状，它反映了建筑物总体的体量大小、组合方式以及比例尺度等。建筑物内部的功能组合是形成建筑体型的内在因素和主要依据。建筑立面设计的主要任务是对建筑物立面的组成部分和构件的比例、尺度，入口及细部处理，质感、色彩，运用节奏韵律、虚实对比等规律，设计出体型完整、形式与内容统一的建筑立面。

思考与练习

1. 建筑体型与立面设计的要求有哪些？
2. 试述建筑构图按照美的规律常采用的手法。
3. 建筑立面设计应重点处理好哪些问题？
4. 试绘制教学楼(或办公楼)和别墅立面图。

模块 5　民用建筑构造概述

知识目标

(1)建筑构造的设计原理以及构造构图的表达方法;

(2)影响建筑构造的主要因素;

(3)民用建筑构造的组成及其作用。

能力目标

(1)掌握建筑构造的组成部分及作用;

(2)了解影响建筑构造的因素;

(3)了解建筑构造设计的基本原则。

5.1　民用建筑的组成及作用

民用建筑一般由基础、墙或柱、楼板层与地坪、楼梯、屋顶和门窗六大部分组成，如图 5-1 所示。

1. 基础

基础是建筑物最下部的承重构件，其作用是承受建筑物的全部荷载，并将这些荷载传递给地基。基础必须具有足够的强度，并能抵御地下各种有害因素的侵蚀。

2. 墙(或柱)

墙(或柱)是建筑物的承重构件和围护构件。作为围护构件的外墙，其作用是抵御自然界各种因素对室内的侵袭；内墙主要起分隔空间及保证舒适环境的作用。框架或排架结构的建筑物中，柱起承重作用，墙仅起围护作用。墙体应具有足够的强度以及稳定、保温、隔热、防水、防火、耐久及经济等性能。

3. 楼板层与地坪

楼板是水平方向的承重构件，按房间层高将整幢建筑物沿竖直方向分为若干层；楼板层承受家具、设备和人体荷载以及本身的自重，并将这些荷载传递给墙或柱；同时，楼板还对墙体起水平支撑的作用。因此，要求楼板层具有足够的抗弯强度、刚度和隔声、防潮、防水的性能。

地坪是底层房间与地基土层相接处的构件，除要求具有承受底层房间荷载的作用外，还要求具有耐磨、防潮、防水、防尘和保温的性能。

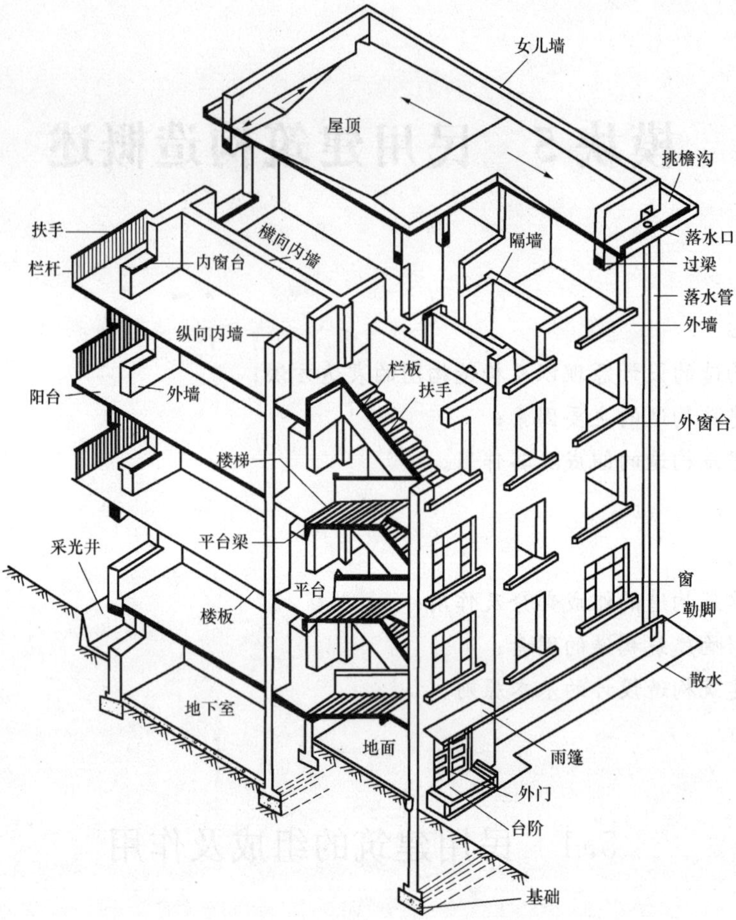

图 5-1　民用建筑的组成

4. 楼梯

楼梯是楼房建筑的垂直交通设施，供人们上下楼层和紧急疏散之用。楼梯应具有足够的通行能力，并且防滑、防火，能保证安全使用。

5. 屋顶

屋顶是建筑物顶部的围护构件和承重构件。它抵抗风、雨、雪、霜、冰雹等的侵袭和太阳辐射热的影响，又承受风雪荷载及施工、检修等屋顶荷载，并将这些荷载传递给墙或柱。屋顶应具有足够的强度、刚度及防水、保温、隔热等性能。

6. 门窗

门与窗均属非承重构件，也称为配件。门主要供人们出入、内外交通和分隔房间用；窗主要起通风、采光、分隔、眺望等作用。处于外墙上的门窗又是围护构件的一部分，要满足热工及防水的要求，某些有特殊要求的房间的门窗应具有保温、隔声、防火的能力。

建筑物除上述六大基本组成部分外，具有不同使用功能的建筑物，还有许多特有的构件和配件，如阳台、雨篷、台阶、排烟道等。

5.2 民用建筑构造的影响因素及设计原则

5.2.1 民用建筑构造的影响因素

1. 外界环境因素

外界环境因素包括各种自然条件和人为因素，归纳起来大致可分为以下三个方面：

(1)外力作用的影响。作用在建筑上的各种外力统称为荷载。荷载可分为恒荷载(如结构自重)和活荷载(如人群、家具、风雪及地震荷载)两类。荷载的大小是建筑结构设计的主要依据，也是结构选型及构造设计的重要基础，起着决定构件尺度大小、用料多少的重要作用。

在荷载中，风力的影响不可忽视，风力往往是高层建筑水平荷载的主要影响因素，它随高度的不同而变化，特别是在沿江沿海地区，水平荷载对高层建筑的影响更大。另外，地震力是目前自然界中对建筑影响最大，也是最严重的一种因素。地震时，建筑质量越大，受到的地震力也越大。我国是地震多发地区，地震带分布也相当广泛，在构造设计中，必须根据各地区的实际情况设防。

(2)气候条件的影响。我国各地区的地理位置及环境不同，气候条件有许多差异。太阳的辐射热，自然界的风、雨、雪、霜、地下水等构成了影响建筑的多种因素。在进行构造设计时，应针对建筑所受影响的性质与程度，对各有关构、配件及部位采取必要的防范措施，如防潮、防水、保温、隔热设计，设伸缩缝、设隔汽层等，防患于未然。

(3)各种人为因素的影响。建筑往往受到火灾、爆炸、机械振动、化学腐蚀、噪声等人为因素的影响。在进行建筑构造设计时，必须针对这些影响因素，采取相应的防火、防爆、防振、防腐、隔声等构造措施，以防止建筑遭受不应有的损失。

2. 建筑技术条件因素

由于建筑材料日新月异，建筑结构技术持续发展，建筑施工技术不断进步，建筑构造技术也更加丰富多彩。例如，悬索、薄壳、网架等空间结构建筑，点式玻璃幕墙，彩色铝合金等新材料的吊顶，采光天窗中庭等现代建筑设施大量涌现。建筑构造没有一成不变的固定模式，在构造设计中要以构造原理为基础，在利用原有的标准、典型的建筑构造的同时，不断发展或创造新的构造方案。

3. 经济条件因素

随着建筑技术的不断发展和人们生活水平的日益提高，人们对建筑的使用要求也越来越高。建筑标准的变化使建筑质量标准、建筑造价等出现较大差别，对建筑构造的要求也随着经济条件的改变而改变。

5.2.2 民用建筑构造的设计原则

设计民用建筑时，在满足建筑物各项功能要求的前提下，必须综合运用有关技术知识，并遵循以下设计原则。

1. 满足建筑使用功能要求

建筑使用性质和所处条件、环境不同，对建筑构造设计有不同的要求。北方地区要求建筑在冬季能保温，南方地区要求建筑能通风隔热，影剧院要求建筑考虑吸声、隔声等需求。进行构造设计时，必须满足使用功能要求。

2. 有利于结构安全

建筑除按荷载大小及结构要求确定构件的基本断面尺寸外，对阳台、楼梯栏杆、顶棚、门窗与墙体的连接以及抗震加固构、配件的构造设计，都必须采取必要的措施，保证建筑构、配件在使用时的安全。

3. 适应建筑工业化的需要

为了提高建设速度、改善劳动条件、保证施工质量，在进行建筑构造设计时，应大力改进传统的建筑方式，从材料、结构、施工等方面引入先进技术，采用标准设计和定型构件，并注意因地制宜，为构、配件的生产工厂化、现场施工机械化创造有利条件，适应建筑工业化的需要。

4. 提高建筑经济的综合效益

各种构造设计，均要注重提高建筑的综合效益，即经济、社会和环境的三个效益。在经济上既要降低建筑造价、节省材料能源消耗，还要有利于降低正常运行、维护和管理的费用。在合理降低造价的同时，必须保证工程质量，不能单纯追求效益而偷工减料，降低质量标准。

5. 形象美观

建筑的形象除了取决于建筑设计中的体型组合和立面处理外，一些建筑细部的构造设计对整体美观也有很大影响。为此，构造方案的处理还要考虑其造型、尺度、质感、色彩等艺术和美观问题。

总之，在构造设计中，全面考虑功能适用、坚固耐久、技术先进、经济合理、美观大方是最基本的原则。

5.3 建筑构造图的表达

在施工图中，由于平面、立面、剖面图所用的比例较小，建筑的细部构造无法清楚表示。为了满足施工的需要，必须分别将其形状、尺寸、材料、做法等用较大的比例详细画出图样，这种图样称为构造详图。其比例常采用1∶1、1∶2、1∶5、1∶10、1∶20、1∶30几种，构造详图中除构件形状和必要的图例外，还应标明相关的尺寸以及所用的材料、级配、厚度和做法。

5.3.1 详图的索引方法

构造详图一般用索引符号注明详图的位置、详图的编号以及详图所在的图纸编号。索引符号有详图索引符号、局部剖切索引符号和详图符号三种。

1. 详图索引符号

按照规定，索引符号的圆和引出线均应以细实线绘制，圆的直径为10 mm。引出线应对准圆心，圆内过圆心画一水平线，上半圆中用阿拉伯数字注明该详图的编号，下半圆中用阿拉伯数字注明该详图所在图纸的图纸号，如图 5-2(a)所示；如果详图与被索引的图样在同一张图纸内，则在下半圆中间画一水平细实线，如图 5-2(b)所示；索引出的详图如采用标准图，应在索引符号水平直径的延长线上加注该标准图册的编号，如图 5-2(c)所示。

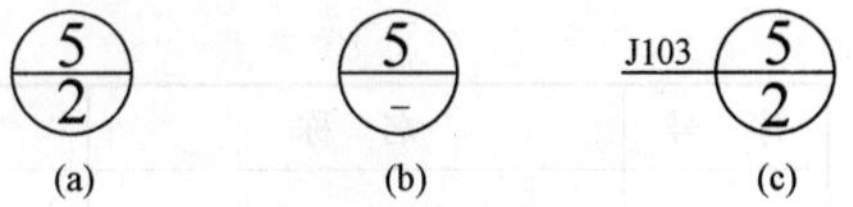

图 5-2 详图索引符号示意

2. 局部剖切索引符号

当索引符号用于索引剖面详图时，应在被剖切的部位绘制剖切位置线，并以引出线引出索引符号，索引线所在的一侧为剖视方向，引出线所在一侧应为投射方向。如图 5-3 所示，局部剖切索引符号用于索引剖面详图，它与详图索引符号的区别在于增加了剖切位置线，图中用粗短线表示。

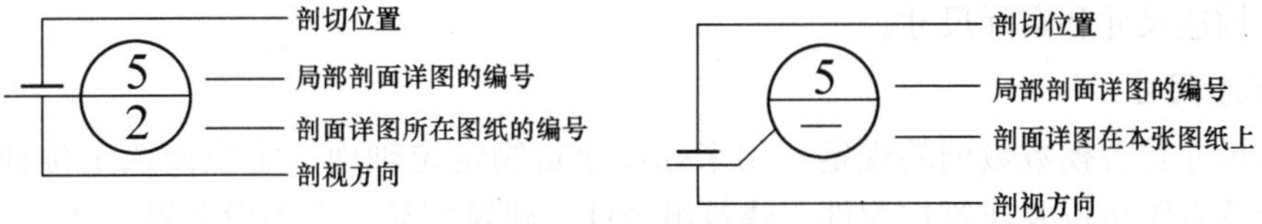

图 5-3 局部剖切索引符号示意

3. 详图符号

引出的详图画好之后，应在详图下方编上号，称为详图符号。详图符号用一粗实线圆绘制，直径为 14 mm。详图与被索引的图样同在一张图纸内时，应在符号内用阿拉伯数字注明详图编号；不在同一张图纸内时，可用细实线在符号内画一水平直径，在上半圆中注明详图编号，在下半圆中注明被索引的图纸号，如图 5-4 所示。

图 5-4 详图符号示意

5.3.2 常用建筑材料图例

建筑的各专业对其图例都有明确的规定，采用一系列的图形符号来代表建筑构配件、卫生设备、建筑材料等，部分图例见表 5-1。

表 5-1 常用建筑材料图例

序 号	名 称	图 例	备 注
1	自然土壤		包括各种自然土壤
2	夯实土壤		
3	砂、灰土		靠近轮廓线绘较密的点
4	砂砾石、碎砖三合土	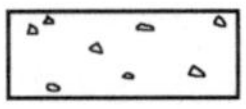	

续表

序 号	名 称	图 例	备 注
5	石材		
6	毛石		
7	普通砖		包括实心砖、多孔砖、砌块等砌体。断面较窄不易绘出图例线时，可涂红

5.3.3 建筑构件的尺寸

为了保证建筑构、配件的安装与有关尺寸相互协调，在建筑模数协调中把尺寸分为标志尺寸、构造尺寸和实际尺寸。

1. 标志尺寸

标志尺寸符合模数数列的规定，用来标注建筑物定位轴面、定位面或定位轴线、定位线之间的垂直距离以及建筑构配件、建筑组合件、建筑制品、有关设备界限之间的尺寸。

2. 构造尺寸

构造尺寸是指建筑构配件、建筑组合件、建筑制品等的设计尺寸，一般情况下，标志尺寸减去缝隙尺寸或加上支承尺寸为构造尺寸，即构造尺寸＝标志尺寸－缝隙尺寸。缝隙尺寸的大小应符合模数数列的规定。

构造尺寸与标志尺寸间的关系如图 5-5 所示。

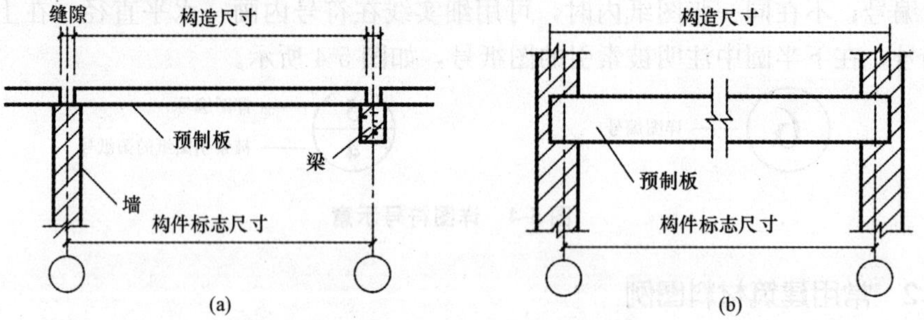

图 5-5 标志尺寸与构造尺寸的关系

(a)构件标志尺寸大于构造尺寸；(b)构件标志尺寸小于构造尺寸

3. 实际尺寸

实际尺寸是指建筑构配件、建筑组合件、建筑制品等生产后的实际尺寸，实际尺寸与构造尺寸之间的差数应符合建筑公差的规定。

实际尺寸＝构造尺寸±允许偏差

模块小结

民用建筑一般由基础、墙或柱、楼板层与地坪、楼梯、屋顶和门窗六大部分组成。民用建筑构造的影响因素包括外界环境因素、建筑技术条件因素、经济条件因素。在施工图中，由于平面、立面、剖面图所用的比例较小，建筑的细部构造无法清楚表示，因此，采用构造详图分别将建筑细部构造的形状、尺寸、材料、做法等用较大的比例详细画出。

思考与练习

1. 民用建筑的基本组成有哪些？它们的主要作用分别是什么？
2. 影响民用建筑构造的主要因素有哪些？
3. 民用建筑构造设计应遵循哪些原则？
4. 什么是构件的标志尺寸、构造尺寸和实际尺寸？

模块 6　地基与基础

知识目标

(1)地基与基础的概念、人工加固地基的方法；
(2)基础埋深的概念、影响基础埋深的因素；
(3)基础按材料及受力特点分类、按基础的构造形式分类。

能力目标

(1)掌握地基与基础的概念，了解人工加固地基的方法；
(2)掌握基础埋深的概念，熟悉影响基础埋深的因素；
(3)掌握常见基础的分类，熟悉基础的一般构造形式。

6.1　地基与基础概述

6.1.1　地基与基础的概念

在建筑中，将建筑上部结构所承受的各种荷载传递到地基上的结构构件称为基础。支承基础的土体或岩体称为地基。地基不是建筑的组成部分，但它对保证建筑物的坚固耐久具有非常重要的作用。

6.1.2　地基的分类

地基可分为天然地基和人工地基两大类。

1. 天然地基

如果天然土层具有足够的承载力，不需要经过人工改良和加固，就可直接承受建筑物的全部荷载并满足变形要求，称为天然地基。岩石、碎石土、砂土、粉土、黏性土等，一般均可作为天然地基。

2. 人工地基

当土层的承载能力较弱或虽然土层较好，但因上部荷载较大，土层不能满足承受建筑物荷载的要求时，必须对土层进行地基处理，以提高其承载能力，改善其变形性质或渗透性质，这种经过人工方法进行处理的地基称为人工地基。

人工地基常用的处理方法有换填垫层法、预压法、强夯法、强夯置换法、深层挤密法、化学加固法等。

(1)换填垫层法：挖去地表浅层软弱土层或不均匀土层，回填坚硬、粒径较粗的材料，并夯压密实，形成垫层的地基处理方法。

(2)预压法：对地基进行堆载或真空预压，使地基土固结的地基处理方法。

(3)强夯法：反复将夯锤提到高处使其自由落下，给地基以冲击和震动能量，将地基土夯实的地基处理方法。

(4)强夯置换法：将重锤提高到高处使其自由落下形成夯坑，并不断夯击坑内回填的砂石等硬粒料，使其形成密实的墩体的地基处理方法。

(5)深层挤密法：用桩管打入或振入地基后对软弱土产生横向挤密作用，从而使土的压缩性减小，抗剪强度提高的地基处理方法。其通常有灰土挤密桩法、土挤密桩法、砂石桩法、振冲法、石灰桩法、夯实水泥土桩法等。

(6)化学加固法：将化学溶液或胶粘剂灌入土中，使土胶结以提高地基强度、减少沉降量或防渗的地基处理方法。其主要有高压喷射注浆法、深层搅拌法、水泥土搅拌法等。

6.1.3 地基与基础的设计要求

1. 对地基的要求

(1)地基应具有一定的承载力和较小的压缩性。

(2)地基的承载力应分布均匀。在一定的承载条件下，地基应有一定的深度范围。

(3)要尽量采用天然地基，以降低成本。

2. 对基础的要求

(1)基础要有足够的强度，能够起到传递荷载的作用。

(2)基础的材料应具有耐久性，以保证建筑的持久使用。因为基础处于建筑物最下部并且埋在地下，对其维修或加固是很困难的。

(3)在选材上尽量就地取材，以降低造价。

3. 基础工程应注意的经济问题

基础工程占建筑总造价的10%～40%，降低基础工程的投资是降低工程总投资的重要一环。因此，在设计中应选择较好的土质地段，对需要特殊处理的地基和基础，尽量使用地方材料，并采用恰当的形式及构造方法，从而节省工程投资。

6.1.4 基础的埋置深度及影响因素

6.1.4.1 基础的埋置深度

为确保建筑物的坚固、安全，基础要埋入土层中一定的深度。一般把自室外设计地面标高至基础底部的垂直高度称为基础的埋置深度，简称埋深，如图 6-1 所示。

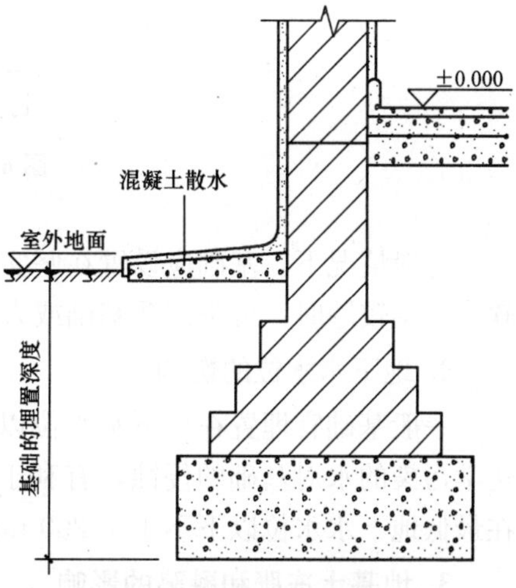

图 6-1 基础的埋置深度

根据基础埋置深度的不同，基础常分为深基础和浅基础。而深基础与浅基础并无明显的界限，通常把埋置深度大于 5 m 的称为深基础；埋置深度小于 5 m 的称为浅基础。一般来说，基础的埋置深度越小，土方开挖量就越小，基础材料用量也越少，工程造价也就越低。但当基础的埋置深度过小时，基础底面的土层受到压力后会把基础周围的土挤走，使基础产生滑移而失去稳定性；同时，基础埋得过浅，还容易受外界各种不良因素的影响。所以，基础的埋置深度最小不能小于 500 mm。

6.1.4.2 影响基础埋深的因素

1. 地基土层构造的影响

不同的建筑场地，其土质情况也不同，就是同一地点，当深度不同时土质也会有变化。地基土层分布不同，通常有以下几种情况，如图 6-2 所示。

(1)土质均匀的良好土，基础宜浅埋，但不得低于 500 mm，如图 6-2(a)所示。

(2)土层软土不超过 2 m，下层为好土，基础宜埋在好土内，如图 6-2(b)所示。

(3)上层软土为 2～5 m，下层为好土，对于低层、轻型建筑可埋在软土内；总荷载较大的建筑宜埋在好土内，如图 6-2(c)所示。

(4)上层软土＞5 m，下层为好土，低层、轻型建筑可埋在软土内；总荷载较大的建筑宜埋在好土内或采用人工地基，如图 6-2(d)所示。

(5)上层为好土，下层为软土，应把基础埋在好土内，适当提高基础底面，并验算下卧层顶面处压力，如图 6-2(e)所示。

(6)地基由好土与软土交替组成，总荷载大的基础可采用人工地基或将基础埋深至好土中，如图 6-2(f)所示。

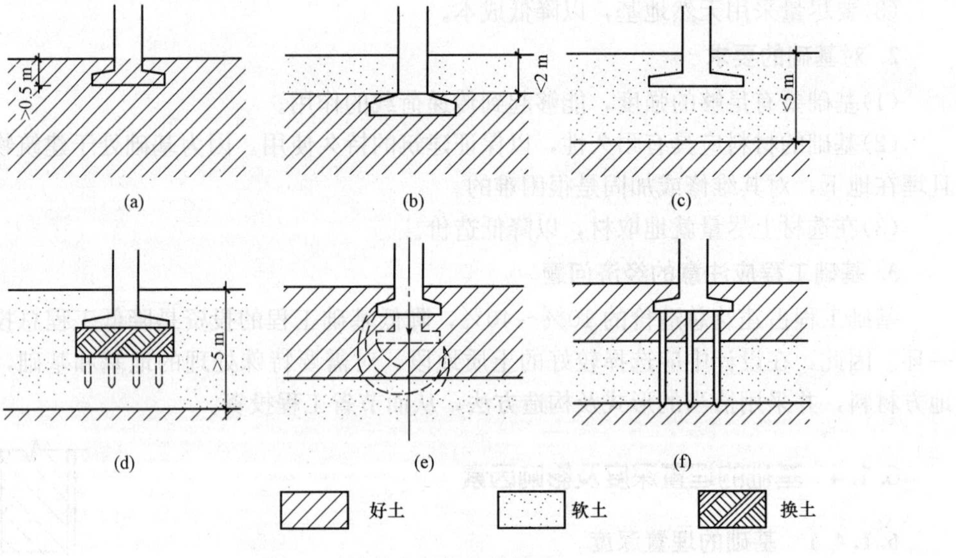

图 6-2 地基土层构造的影响

一般情况下，基础应设置在坚实的土层上，而不要设置在淤泥等软弱土层上。当表面软弱土层较厚时，可采用深基础或人工地基。

2. 地下水水位的影响

一般基础宜埋置在地下水水位以上，以减少特殊的防水、排水措施，以及使基础免受化学污染的水对基础的侵蚀，有利于施工。当必须埋在地下水水位以下时，宜将基础埋置在最低地下水水位以下不小于 200 mm 处，如图 6-3 所示。

3. 地基土冻胀和融陷的影响

对于冻结深度浅于 500 mm 的南方地区或地基土为非冻胀土时，可不考虑土的冻结深度对基础埋深的影响。对于冰冻地区，如地基为冻胀土时，应使基础底面低于当地冻结深度；在寒冷地区，土层会因气温变化而产生冻融现象。土层冰冻的深度称为冰冻线，当基础埋置深度在土层冰冻线以上时，如果基础底面以下的土层冻胀，会对基础产生向上的顶力，严重的会使基础上抬起拱；如果基础底面以下的土层解冻，顶力消失，使基础下沉，这样的过程会使建筑产生裂缝和破坏，因此，在寒冷地区基础埋深应在冰冻线以下 200 mm 处，如图 6-4 所示。采暖建筑的内墙基础埋深可以根据建筑的具体情况进行适当的调整。

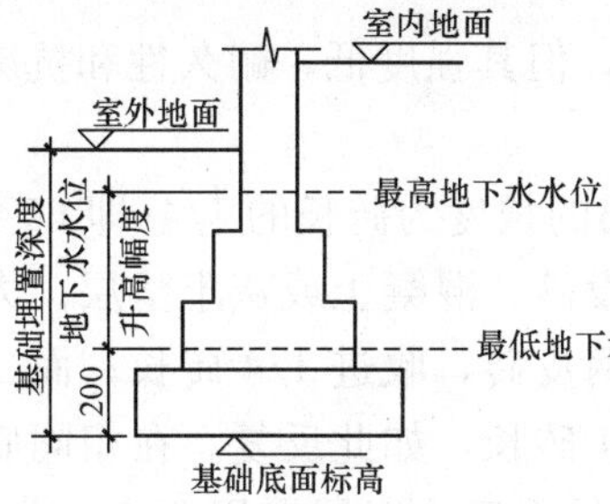

图 6-3　基础埋置深度和地下水水位的关系

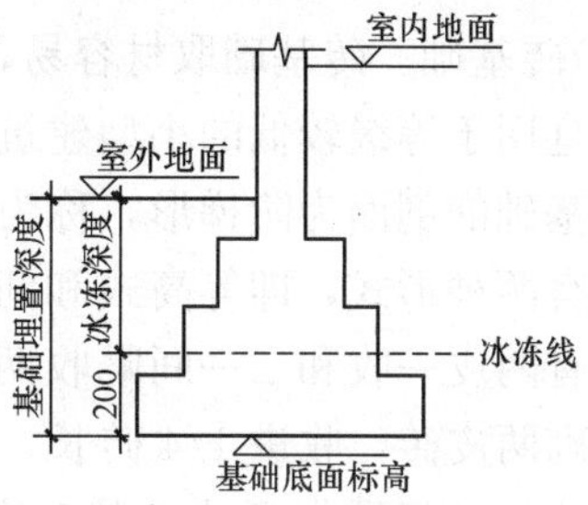

图 6-4　基础埋置深度和冰冻线的关系

4. 其他因素对基础埋深的影响

(1)建筑物自身的特性。建筑物设有地下室、地下管道或设备基础时，常需将基础局部或整体加深。为了保护基础不露出地面，构造要求基础顶面距离室外设计地面不得小于 100 mm。

(2)作用在地基上的荷载大小和性质。荷载有恒载和活载之分。其中恒载引起的沉降量最大，因此当恒载较大时，基础埋深应大一些。荷载按作用方向又有竖直方向和水平方向之分。当基础要承受较大的水平荷载时，为了保证结构的稳定性，也常将埋深加大。

(3)相邻建筑物的基础埋深。当存在相邻建筑物时，一般新建建筑物基础的埋深不应大于原有建筑物基础，以保证原有建筑物的安全；当新建建筑物基础的埋深必须大于原有建筑基础的埋深时，为了不破坏原基础下的地基土，应与原基础保持一定的净距 L，L 的数值应根据原有建筑物荷载大小、基础形式和土质情况确定，一般取等于或大于两基础的埋置深度差，如图 6-5 所示。当上述要求不能满足时，应采取分段施工、设临时加固支撑、打板桩、地下连续墙等施工措施，或加固原有建筑物的地基。

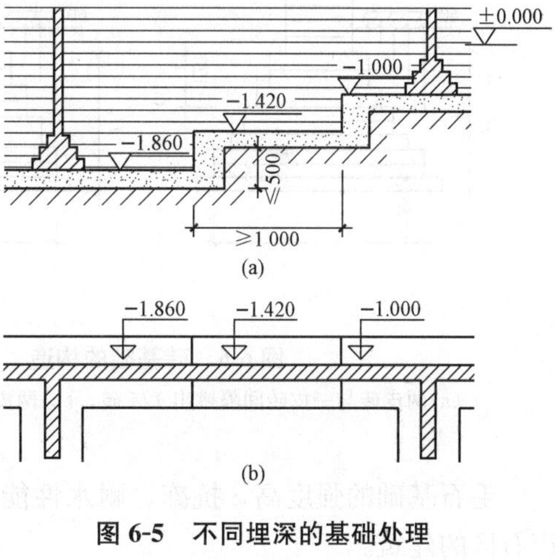

图 6-5　不同埋深的基础处理

(a)纵剖面；(b)平面

6.2　基础类型、构造特点及适用范围

基础的类型较多，在选择基础时，需综合考虑上部结构形式、荷载大小、地基状况等因素。

6.2.1 按所用材料及受力特点分类

基础所用的材料一般有砖、毛石、混凝土或毛石混凝土、灰土、三合土、钢筋混凝土等。其中，由砖、毛石、混凝土或毛石混凝土、灰土、三合土等制成的墙下条形基础或柱下独立基础，称为刚性基础；由钢筋混凝土制成的基础，称为柔性基础。

1. 刚性基础

(1)砖基础。砖基础取材容易，构造简单，造价低廉，但其强度低，耐久性和抗冻性较差，只宜用于等级较低的小型建筑中。

砖基础的剖面为阶梯形，称为大放脚。每一阶梯挑出的长度为砖长的 1/4(即 60 mm)。砖基础有两种形式，即等高式和间隔式。砌筑时应先铺设砂、混凝土或灰土垫层。大放脚的砌法有两皮一收和二一间隔收两种，两皮一收是每砌两皮砖，收进 1/4 砖长；而二一间隔收是砌两皮砖，收进 1/4 砖长，再砌一皮砖，收进 1/4 砖长，如此反复。在相同底宽的情况下，二一间隔收可减少基础高度，但为了保证基础的强度，底层需用两皮一收砌筑，如图 6-6 所示。

(2)毛石基础。毛石基础是由未加工的块石用水泥砂浆砌筑而成的，毛石的厚度不小于 150 mm，宽度为 200～300 mm。基础的剖面呈台阶形，顶面要比上部结构每边宽出 100 mm，每个台阶的高度不宜小于 400 mm，挑出的长度不应大于 200 mm，如图 6-7 所示。

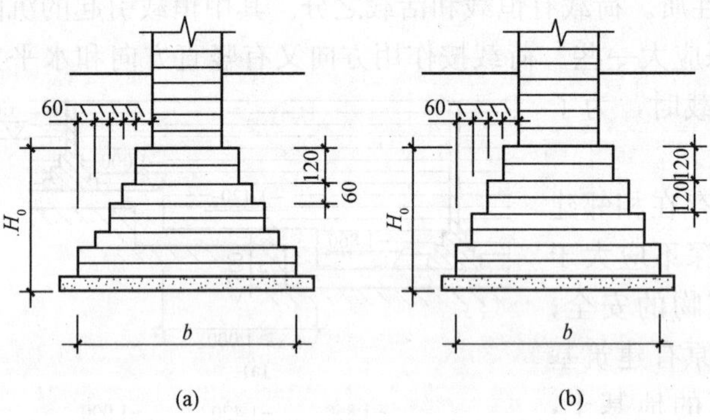

图 6-6 砖基础的构造

(a)两皮砖与一皮砖间隔挑出 1/4 砖；(b)两皮砖挑出 1/4 砖

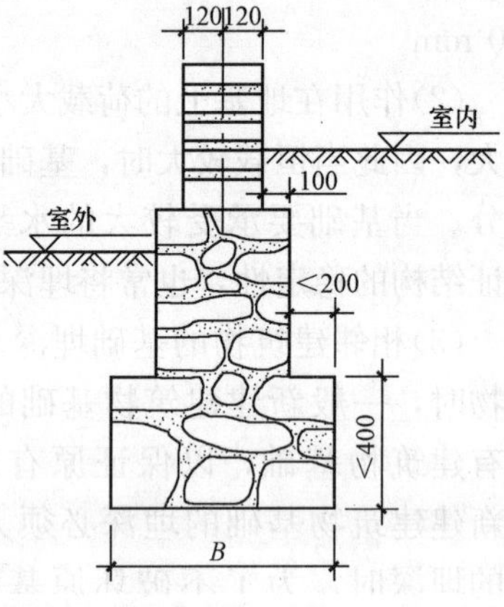

图 6-7 毛石基础

毛石基础的强度高，抗冻、耐水性能好，所以适用于地下水水位较高、冰冻线较深的产石区的建筑。

(3)灰土与三合土基础。灰土基础是由熟石灰粉和黏土按体积比为 3∶7 或 2∶8 的比例，加适量水拌和夯实而成的。施工时，每层虚铺厚度为 220～250 mm，夯实后厚度为 150 mm，称为一步，一般灰土基础可做二三步，如图 6-8 所示。灰土基础的抗冻性、耐水性差，只能用于埋置在地下水水位以上，并且顶面应位于冰冻线以下的五层及五层以下的混合结构房屋和墙承重的轻型工业厂房。

三合土基础一般多用于地下水水位较低的四层或四层以下的民用建筑工程中。常用的三合土基础的体积比为 1∶2∶4 或 1∶3∶6(石灰∶砂子∶集料)，每层虚铺 220 mm，夯至

150 mm。三合土的强度与集料有关，矿渣最好，因其具有水硬性；碎砖次之，碎石及河卵石因不易夯打结实，质量较差。

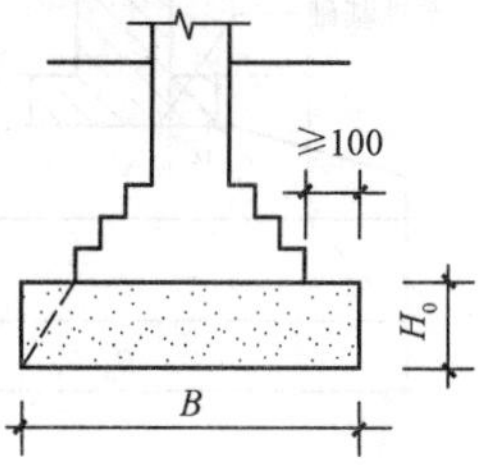

图 6-8　灰土与三合土基础

(4)混凝土基础。混凝土基础断面有矩形、阶梯形和锥形三种，每阶高度一般为 500 mm，如图 6-9(a)、(b)所示。当基础底面宽度大于 2 000 mm 时，为了节约混凝土常做成锥形，如图 6-9(c)所示。

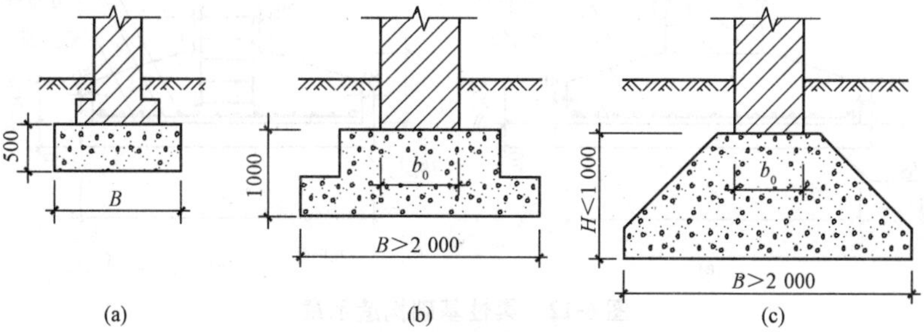

图 6-9　混凝土基础

(a)矩形；(b)阶梯形；(c)锥形

(5)毛石混凝土基础。当混凝土基础的体积较大时，为了节约混凝土，可以在混凝土中加入粒径不超过 300 mm 的毛石，这种混凝土基础称为毛石混凝土基础。毛石混凝土基础中，毛石的尺寸不得大于基础宽度的1/3，毛石的体积为总体积的 20%～30%，且应分布均匀，如图 6-10 所示。

混凝土基础和毛石混凝土基础具有坚固、耐久、耐水的特点，可用于受地下水和冰冻作用的建筑。

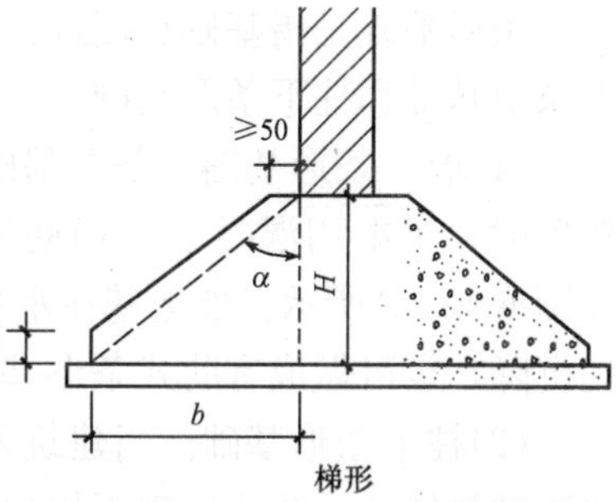

图 6-10　毛石混凝土基础

2. 柔性基础

柔性基础是指将上部结构传来的荷载，通过向侧边扩展成一定底面积，使作用在基底的压应力等于或小于地基上的允许承载力，起到压力扩散作用的基础。它包括柱下钢筋混凝土独立基础和墙下钢筋混凝土条形基础。

当基础顶部的荷载较大或地基承载力较低时，就需要加大基础底部的宽度，以减小基底的压力。如果采用刚性基础，则基础高度就要相应增加。这样就会增加基础自重，加大土方工程量，给施工带来麻烦。此时，可采用柔性基础。这种基础在底板配置钢筋，利用钢筋增强基础两侧扩大部分的受拉和受剪能力，使两侧扩大不受高宽比的限制，如图 6-11 所示。柔性基础具有断面小、承载力大、经济效益较高等优点。

由于柔性基础的底部均配有钢筋，可以利用钢筋来承受拉力，以便使基础底部能够承受较大弯矩。这样，基础宽度的加大可不受刚性角的限制，可以做得很宽、很薄，还可尽量浅埋。柔性基础构造示意如图 6-12 所示。

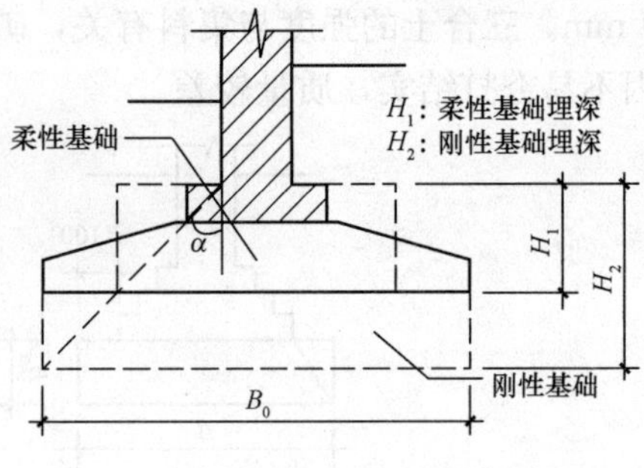

图 6-11　柔性基础与刚性基础的比较

6.2.2　按构造形式分类

按构造形式，基础可以划分为条形基础、独立基础、井格基础、筏形基础、箱形基础和桩基础等。基础的构造类型应根据上部结构特点、荷载大小和地质条件确定。

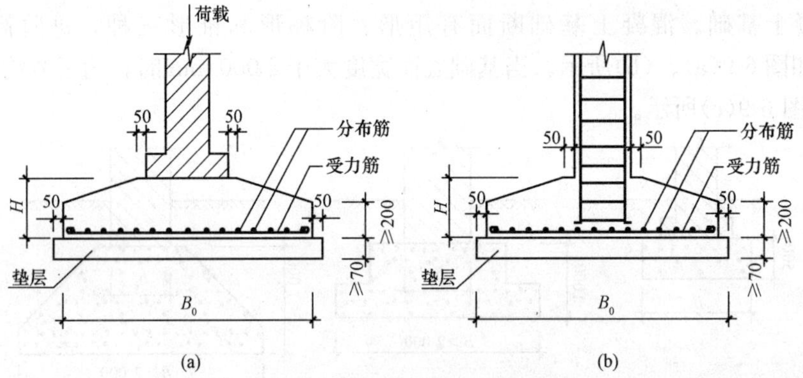

图 6-12　柔性基础构造示意

(a)条形基础；(b)独立基础

1. 条形基础

条形基础是指基础长度远大于其宽度的一种基础形式。按其上部结构形式，可分为墙下条形基础和柱下条形基础。

(1)墙下条形基础。条形基础是承重墙基础的主要形式，当上部结构荷载较大而土质较差时，可采用混凝土或钢筋混凝土建造，墙下钢筋混凝土条形基础一般做成无肋式，如图 6-13(a)所示。如地基在水平方向上压缩性不均匀，为了增加基础的整体性，减少不均匀沉降，也可做成有肋式条形基础，如图 6-13(b)所示。

(2)柱下条形基础。当建筑采用柱承重结构，在荷载较大且地基较软弱时，为了提高建筑物的整体性，防止出现不均匀沉降，可将柱下基础沿一个方向连续设置成条形基础，如图 6-14 所示。

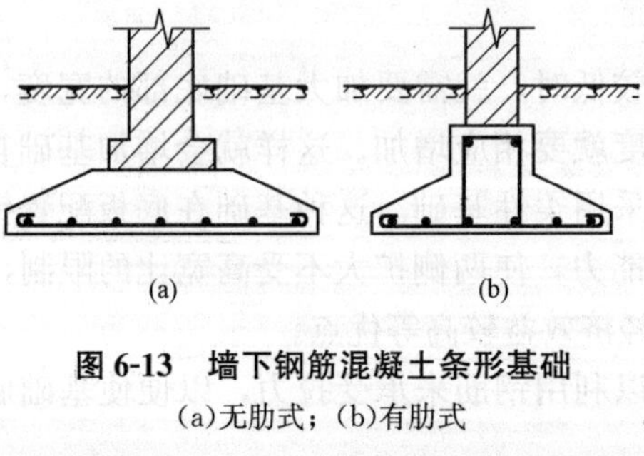

图 6-13　墙下钢筋混凝土条形基础

(a)无肋式；(b)有肋式

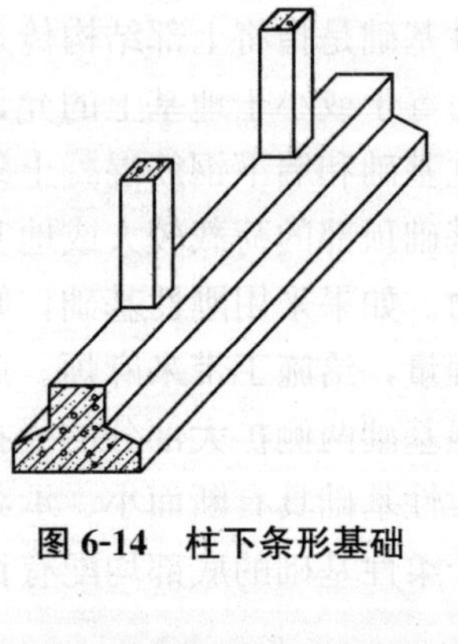
图 6-14　柱下条形基础

2. 独立基础

独立基础也称为单独基础或点式基础，这是柱下基础的主要形式，基础呈台阶形、台锥形或杯形，底面可为方形、矩形或圆形，图 6-15 所示是常见的几种独立基础。

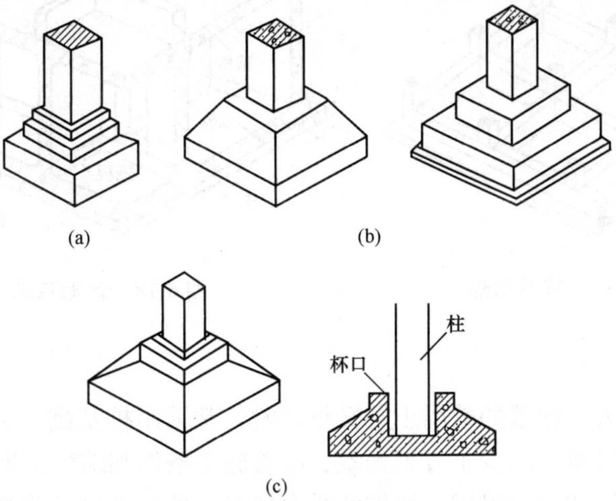

图 6-15　独立基础

(a)砖柱基础；(b)现浇钢筋混凝土柱基础；(c)杯形基础

3. 井格基础

当地基条件较差或上部荷载较大时，在承重的结构柱下使用独立柱基础已不能满足其承受荷载和整体要求，可将同一排柱子的基础连在一起。为了提高建筑物的整体刚度，避免不均匀沉降，常将柱下独立基础沿纵向和横向连接起来，形成井格基础，如图 6-16 所示。

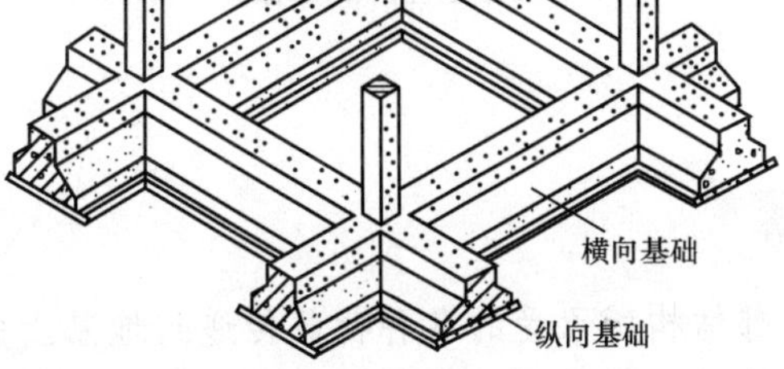

图 6-16　井格基础

4. 筏形基础

筏形基础又称为满堂式基础或板式基础，适用于上部结构荷载较大、地基承载力差的情况，如图 6-17 所示。筏形基础一般分为柱下筏形基础(框架结构下的筏形基础)和墙下筏形基础(承重墙结构下的筏形基础)两类。

5. 箱形基础

箱形基础是由顶板、底板和纵横隔墙所组成的连续整体式基础，用于高层或超高层建筑，其内部空间可用作地下室、仓库或车库等。其构造形式如图 6-18 所示。

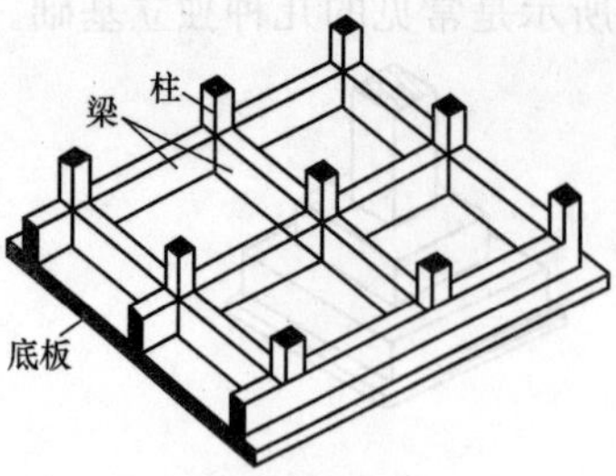

图 6-17　筏形基础

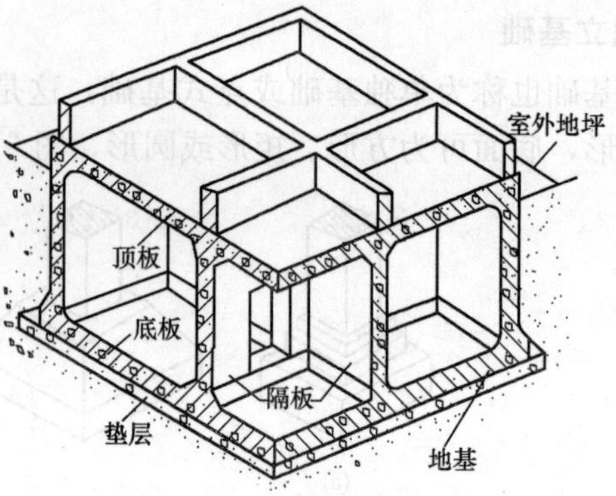

图 6-18　箱形基础

6. 桩基础

当建筑物荷载很大，地基的软弱土层又较厚时，常采用桩基础。桩基础具有承载力大、沉降量小、节省基础材料、减少土方工程量、改善施工条件和缩短工期等优点。

桩基础由若干根桩和承台组成。按桩的受力状态，桩基础可分为端承桩和摩擦桩两类，如图 6-19 所示。

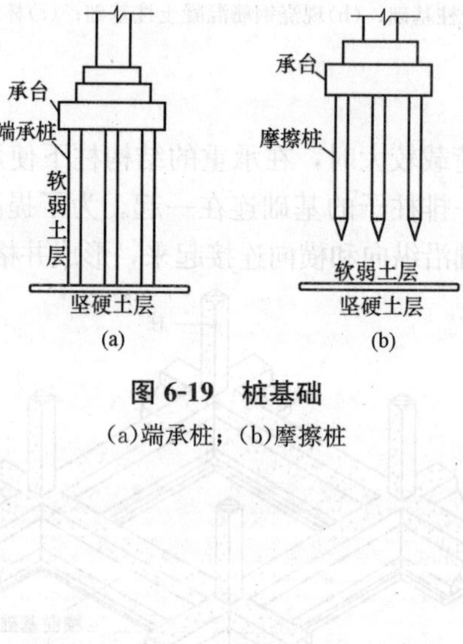

图 6-19　桩基础

(a)端承桩；(b)摩擦桩

模块小结

在建筑中，将建筑上部结构所承受的各种荷载传递到地基上的结构构件称为基础。支承基础的土体或岩体称为地基。地基对保证建筑物的坚固耐久具有非常重要的作用。基础的类型较多，在选择基础时，需综合考虑上部结构形式、荷载大小、地基状况等因素。

思考与练习

1. 人工地基常用的处理方法有哪几种？
2. 什么是基础的埋置深度？
3. 基础按所用材料及受力特点可分为哪几种类型？
4. 基础按构造形式可分为哪几种类型？

模块7　墙　　体

知识目标

(1)墙体的分类、承重方案；

(2)砖墙砌筑方法、勒脚、散水、窗台、过梁、圈梁、构造柱等构造；

(3)隔墙的类型及构造。

能力目标

(1)掌握墙体的作用、分类和墙体承重方案；

(2)了解墙体的设计要求；

(3)掌握砖墙的细部构造；

(4)掌握隔墙的构造。

7.1　墙体概述

7.1.1　墙体的类型

1. 按墙体在建筑物中所处的位置和走向分类

按墙体在建筑物中所处的位置，墙体可分为外墙和内墙两类。沿建筑四周边缘布置的墙体称为外墙；被外墙所包围的墙体称为内墙。

按墙体的走向，墙体可分为纵墙和横墙。纵墙是指沿建筑物长轴方向布置的墙；横墙是指沿建筑物短轴方向布置的墙。其中，沿建筑物横向布置的首尾两端的横墙，俗称山墙；在同一道墙上门窗洞口之间的墙体称为窗间墙；门窗洞口上下的墙体称为窗上墙或窗下墙，如图7-1所示。

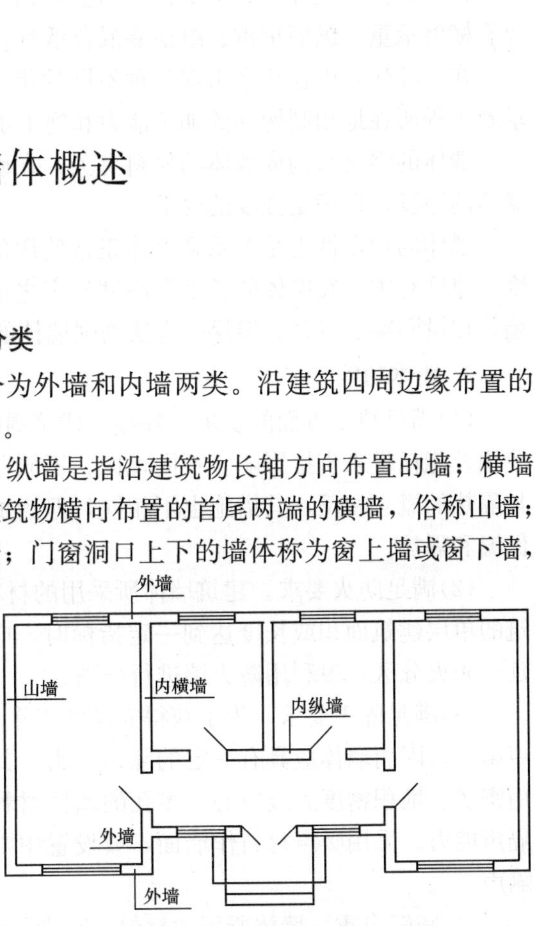

图7-1　墙体各部分名称

2. 按墙体的受力情况分类

按墙体的受力情况，墙体可分为承重墙和非承重墙两类。凡是承担建筑上部构件传来荷载的墙称为承重墙；不承担建筑上部构件传来荷载的墙称为非承重墙。

非承重墙包括自承重墙、框架填充墙、幕墙和隔墙。其中，自承重墙不承受外来荷载，其下部墙体只负责上部墙体的自重；框架填充墙是指在框架结构中，填充在框架中间的墙；幕墙是指悬挂在建筑物结构外部的轻质外墙，如玻璃幕墙、铝塑板墙等；隔墙是指仅起分隔空间、自身重量由楼板或梁承担的墙，其重量由梁或楼板分层承担。

3. 按构成墙体的材料分类

按构成墙体的材料分类，较常见的墙体有砖墙、石墙、砌块墙、板材墙、混凝土墙、玻璃幕墙等。

4. 按墙体的施工方式和构造分类

按墙体的施工方式和构造，墙体可分为叠砌式、板筑式和装配式三种。其中，叠砌式是一种传统的砌墙方式，如实砌砖墙、空斗墙、砌块墙等；板筑式的砌墙材料往往是散状或塑性材料，事先在墙体部位设置模板，然后在模板内夯实与浇筑材料而形成墙体，如夯土墙、滑模或大模板钢筋混凝土墙；装配式墙是在构件生产厂家事先制作墙体构件，在施工现场进行拼装，如大板墙、各种幕墙。

7.1.2 墙体的设计要求

1. 墙体结构

根据墙体与上部水平承重构件(包括楼板、屋面板、梁)的关系，墙体结构布置方案主要有横墙承重、纵墙承重、纵横墙混合承重、墙与柱混合承重四种。

在一幢建筑中往往会出现几种不同的承重方案，应根据建筑的平面空间布局、使用要求及工程所在地预制构件的加工能力和施工水平合理地进行选择。

墙体的强度与构成墙体的材料有关，在确定墙体材料的基础上应通过结构计算来确定墙体的厚度，以满足强度的要求。

墙体的稳定性也是关系到墙体正常使用的重要因素。墙体的稳定性与墙体的长度、高度、厚度有关，在墙体的长度和高度确定之后，一般可以采用增加墙体厚度，设置刚性横墙，加设圈梁、壁柱、墙垛的方法增强墙体的稳定性。

2. 墙体功能

(1)满足热工方面的要求。外墙是建筑围护结构的主体，其热工性能的好坏会对建筑的使用及能耗带来直接影响。不同地区、不同季节对墙体有不同的保温或隔热的要求，保温与隔热的概念相反，其措施也不相同，但增加墙体厚度和选择导热系数小的材料都有利于保温和隔热。

(2)满足防火要求。建筑墙体所采用的材料及厚度，应满足有关防火规范的要求。当建筑的单层建筑面积或长度达到一定指标时，应设置防火墙或划分防火分区，以防止火灾蔓延。防火分区一般利用防火墙进行分隔。

(3)满足隔声要求。为了获得安静的工作和休息环境，就必须防止室外及邻室传来的噪声影响，因而墙体应具有一定的隔声能力，并应符合国家有关隔声标准的要求。墙体应采用密实、堆积密度大或空心、多孔的墙体材料，采用内外抹灰等方法也有助于提高墙体的隔声能力。采用吸声材料作墙面，或设置中空墙体等，都能提高墙体的吸声性能，有利于隔声。

(4)减轻自重。墙体所用的材料，在满足以上各项要求时，应力求采用轻质材料，这样不仅能够减轻墙体自重，还能节省运输费用，降低建筑造价。

(5)适应建筑工业化的要求。墙体要逐步减少以烧结实心砖为主的墙体材料，采用新型墙砖或预制装配式墙体材料和构造方案，为机械化施工创造条件，适应现代化建设、可持续发展及环境保护的需要。

7.2 砖墙构造

7.2.1 砖墙材料

砖墙是用砌筑砂浆将砖按一定技术要求砌筑而成的砌体。

1. 砖

(1)砖的种类。砌墙用砖的类型很多，按照砖的外观形状可以分为普通实心砖(标准砖)、多孔砖和空心砖三种。长期以来，应用最广泛的是普通实心砖。

1)普通实心砖的标准名称叫作烧结普通砖，是指没有孔洞或孔洞率小于 15%的砖。普通实心砖中最常见的是炉渣砖、烧结粉煤灰砖等。

2)多孔砖是指孔洞率不小于 15%，孔的直径小、数量多的砖，可以用于承重部位。

3)空心砖是指孔洞率不小于 15%，孔的尺寸大、数量少的砖，只能用于非承重部位。

(2)砖的尺寸。标准砖的规格为 53 mm×115 mm×240 mm，如图 7-2(a)所示。在加入灰缝尺寸之后，砖的长、宽、厚之比为 4∶2∶1，如图 7-2(b)所示。一个砖长等于两个砖宽加灰缝(240 mm＝2×115 mm＋10 mm)或等于四个砖厚加三个灰缝(240 mm＝4×53 mm＋3×9.5 mm)。在实际工程应用中，砌体的组合模数为一个砖宽加一个灰缝，即 115 mm＋10 mm＝125 mm。

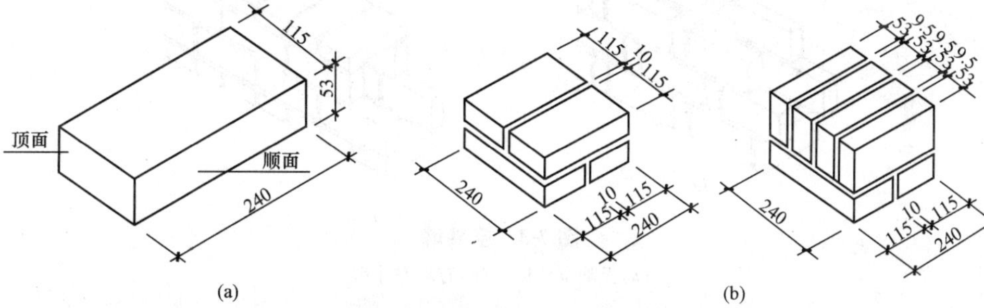

图 7-2　标准砖的尺寸关系

(a)标准砖的尺寸；(b)标准砖的组合尺寸关系

多孔砖与空心砖的规格一般与普通砖在长、宽方向相同，但增加了厚度尺寸，并使其符合模数的要求，如 240 mm×115 mm×95 mm。长、宽、高均符合现有模数协调的多孔砖和空心砖并不多见，而是常见于新型材料的墙体砌块。

(3)砖的强度等级。烧结多孔砖和烧结实心砖统称为烧结普通砖，其强度等级是根据其抗压强度和抗折强度确定的，共分为 MU7.5、MU10、MU15、MU20、MU25、MU30 六个等级，其中建筑中砌墙常用的是 MU7.5 和 MU10。

2. 砂浆

砂浆是重要的砌墙材料。砌墙用砂浆统称为砌筑砂浆，主要有水泥砂浆、混合砂浆和石灰砂浆三种。墙体一般采用混合砂浆砌筑，水泥砂浆主要用于砌筑地下部分的墙体和基础，由于石灰砂浆的防水性能差、强度低，一般用于砌筑非承重墙或荷载较小的墙体。

砂浆的强度等级是根据其抗压强度确定的，共分为 M2.5、M5、M7.5、M10、M15、M20 六个等级。

7.2.2 砖墙组砌方式

砖墙的组砌方式有很多，应根据墙体厚度、墙面观感和施工便利性进行选择。常见的组砌方式有全顺式、一顺一丁式、多顺一丁式、两平一侧式、每皮丁顺相间式等。

在砌筑砖墙时，应遵循“内外搭接、上下错缝”的组砌原则，砖在砌体中相互咬合，使砌体不出现连续的垂直通缝以增加砌体的整体性，确保砌体的强度。砖与砖之间搭接和错缝的距离一般不小于 60 mm。

用普通砖侧砌或平砌与侧砌相结合砌成的墙体称为空斗墙。全部采用侧砌方式的称为无眠空斗墙，如图 7-3(a)所示。采用平砌与侧砌相结合方式的称为有眠空斗墙，如图 7-3(b)所示。空斗墙具有节省材料、自重轻、隔热效果好的特点，但整体性稍差，施工技术水平要求较高。目前，在我国南方地区普通小型民居中仍在采用空斗墙。用砖和其他保温材料组合而形成的墙，称为组合墙。这种墙可改善普通墙的热工性能，在我国北方寒冷地区比较常用。组合墙的做法有三种类型：一是在墙体的一侧附加保温材料；二是在砖墙的中间填充保温材料；三是在墙体中间留置空气间层，如图 7-4 所示。

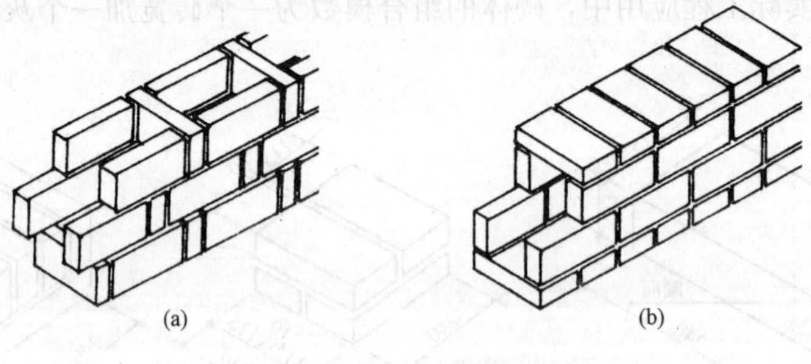

图 7-3 空斗墙

(a)无眠空斗墙；(b)有眠空斗墙

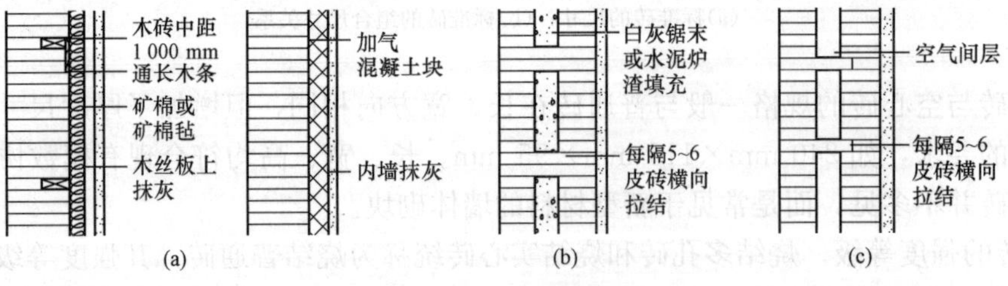

图 7-4 组合墙的构造

7.2.3　墙体尺度

墙体尺度是指厚度和墙段长两个方向的尺度。要确定墙体的尺度，除应满足结构和功能要求外，还必须符合块材自身的规格尺寸。

1. 砖墙的厚度

用普通砖砌筑的墙称为实心砖墙。由于烧结普通砖的尺寸是 240 mm×115 mm×53 mm，所以实心砖墙的尺寸应为砖宽加灰缝(115 mm+10 mm=125 mm)的倍数。砖墙的厚度尺寸见表 7-1。

表 7-1　砖墙的厚度　　mm

墙厚名称	$\frac{1}{4}$砖	$\frac{1}{2}$砖	$\frac{3}{4}$砖	1 砖	$1\frac{1}{2}$砖	2 砖	$2\frac{1}{2}$砖
标志尺寸	60	120	180	240	370	490	620
构造尺寸	53	115	178	240	365	490	615
习惯称呼	60 墙	12 墙	18 墙	24 墙	37 墙	49 墙	62 墙

2. 洞口尺寸

洞口尺寸主要是指门窗洞口的尺寸，其尺寸应按《建筑模数协调标准》(GB/T 50002—2013)制定，这样可以减小门窗规格，有利于工厂化生产，提高工业化的程度。一般情况下，1 000 mm 以内的洞口尺寸采用基本模数 100 mm 的倍数，如 600 mm、700 mm、800 mm、900 mm、1 000 mm；大于 1 000 mm 的洞口尺度采用扩大模数 300 mm 的倍数，如 1 200 mm、1 500 mm、1 800 mm 等。

7.2.4　砖墙细部构造

1. 墙身防潮层构造

建筑地下部分的墙体和基础会受到土中潮气的影响，土中的潮气进入这部分材料的孔隙内形成毛细水，毛细水沿墙体上升，逐渐使地上部分墙体潮湿，从而影响建筑的正常使用和安全，如图 7-5 所示。为了防止地下土中的潮气沿墙体上升和地表水对墙体的侵蚀，提高墙体的坚固性与耐久性，保证室内干燥、卫生，应在墙身中设置防潮层。防潮层有水平防潮层和垂直防潮层两种。

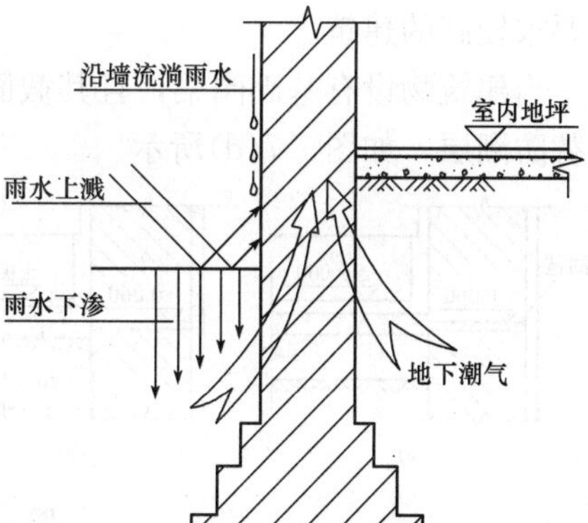

图 7-5　地下潮气对墙身的影响

(1)水平防潮层。所有墙体的根部均应设置水平防潮层。为了防止地表水反渗的影响，防潮层应设置在距室外地面 150 mm 以上的墙体内。同时，防潮层应设置在首层地坪结构层(如混凝土垫层)厚度范围内的墙体之中，与地面垫层形成一个封闭的隔潮层。当首层地面为实铺时，防潮层的位置通常选择在−0.060 处，以保证隔潮的效果，如图 7-6(a)所示。防潮层的位置关系到防潮的效果，位置不当就不能完全地阻隔地下的潮气，如图 7-6(b)、(c)所示。

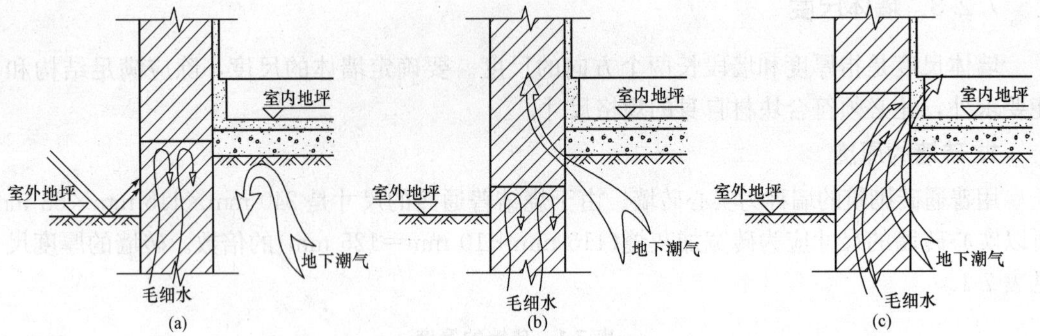

图 7-6　水平防潮层的位置

(a)位置适当；(b)位置偏低；(c)位置偏高

水平防潮层的常见构造做法主要有以下四种：

1)油毡防潮。该方法多采用沥青油毡。油毡防潮层有干铺和粘贴两种做法。干铺法就是在防潮层部位抹 20 mm 厚 1∶3 水泥砂浆找平层，然后在找平层上干铺一层油毡；粘贴法是在找平层上做一毡二油(先浇热沥青，再铺油毡，最后浇热沥青)防潮层。为了确保防潮效果，油毡的宽度应比墙宽 20 mm，油毡搭接应不小于 100 mm。这种做法的防潮效果好，但破坏了墙身的整体性，不应在地震区采用，其构造如图 7-7(a)所示。

2)防水砂浆防潮。该方法是在防潮层部位抹 25 mm 厚 1∶2 的防水砂浆。其构造如图 7-7(b)所示。防水砂浆是在水泥砂浆中掺入水泥质量 5%的防水剂，防水剂与水泥混合凝结，能填充微小孔隙和堵塞、封闭毛细孔，从而阻断毛细水。这种做法省工、省料，而且能保证墙身的整体性，但易因砂浆开裂而降低防潮效果。

3)防水砂浆砌砖防潮。该方法是在防潮层部位用防水砂浆砌筑 3～5 皮砖。其构造如图 7-7(c)所示。

4)细石混凝土防潮。该方法是在防潮层部位浇筑 60 mm 厚与墙等宽的细石混凝土带，内配 3Φ6 或 3Φ8 钢筋。这种防潮层的抗裂性好，而且能与砌体结合成一体，特别适用于刚度要求较高的建筑。

当建筑物设有基础圈梁，且其截面高度在室内地坪以下 60 mm 附近时，可用基础圈梁代替防潮层，如图 7-7(d)所示。

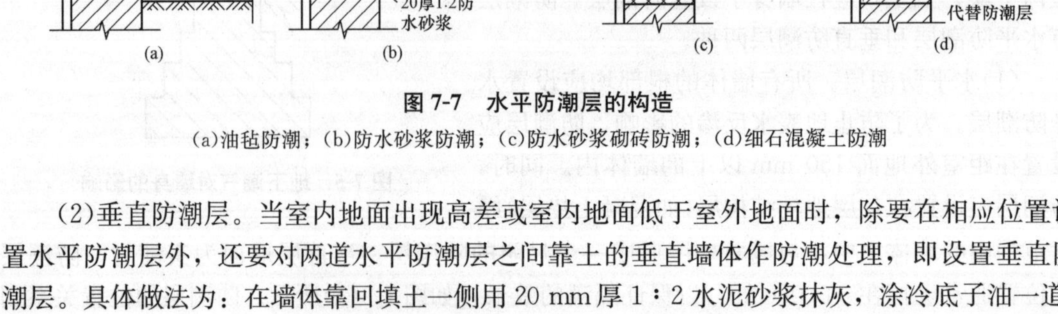

图 7-7　水平防潮层的构造

(a)油毡防潮；(b)防水砂浆防潮；(c)防水砂浆砌砖防潮；(d)细石混凝土防潮

(2)垂直防潮层。当室内地面出现高差或室内地面低于室外地面时，除要在相应位置设置水平防潮层外，还要对两道水平防潮层之间靠土的垂直墙体作防潮处理，即设置垂直防潮层。具体做法为：在墙体靠回填土一侧用 20 mm 厚 1∶2 水泥砂浆抹灰，涂冷底子油一道，再刷两遍热沥青防潮，如图 7-8 所示，也可以抹 25 mm 厚防水砂浆。在另一侧的墙面，最好用水泥砂浆抹灰。

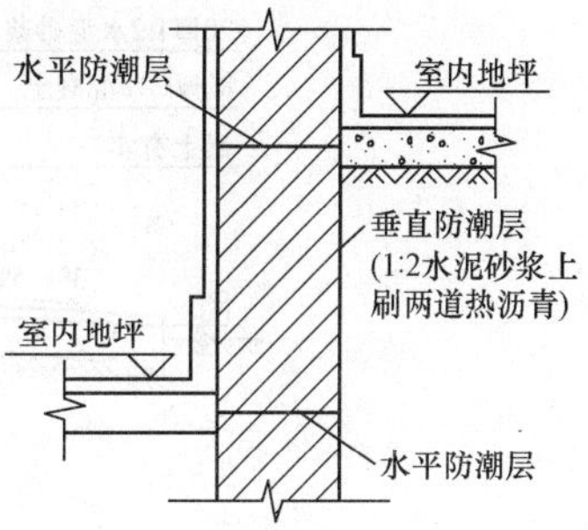

图 7-8　垂直防潮层的构造

2. 勒脚构造

勒脚是外墙接近室外地面的部分。勒脚位于建筑墙体的下部，其承担的上部荷载多，而且容易受到雨、雪的侵蚀和人为因素的破坏，因此，需要对这部分墙体加以特殊的保护。

勒脚的高度一般应在 500 mm 以上，有时为了满足建筑立面形象的要求，可以把勒脚顶部提高至首层窗台处。目前，勒脚常用饰面的办法，即采用密实度大的材料来处理勒脚。勒脚应坚固、防水和美观。常见的做法有以下四种：

(1)在勒脚部位抹 20～30 mm 厚 1∶2 或 1∶2.5 的水泥砂浆，或做水刷石、斩假石等，如图 7-9(a)所示。

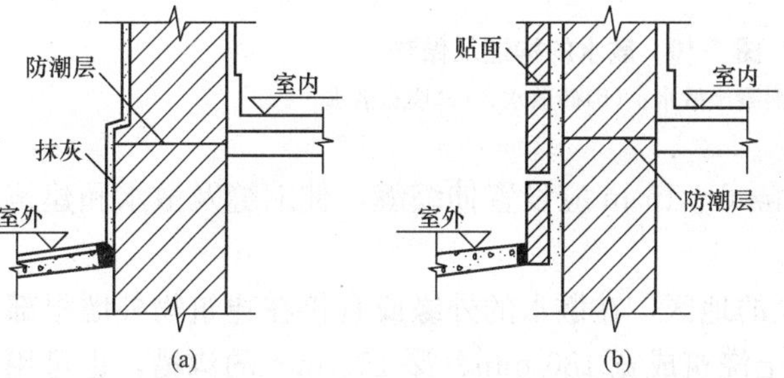

图 7-9　勒脚的构造及做法

(a)抹灰；(b)贴面；(c)石材砌筑

(2)在勒脚部位加厚 60～120 mm，再用水泥砂浆或水刷石等罩面。

(3)当墙体材料防水性能较差时，勒脚部分的墙体应当换用防水性能好的材料。常用的防水性能好的材料有大理石板、花岗石板、水磨石板、面砖等，如图 7-9(b)所示。

(4)用天然石材砌筑勒脚，如图 7-9(c)所示。

3. 散水和明沟构造

为了防止室外地面水、墙面水及屋檐水对墙基的侵蚀，沿建筑物四周及室外地坪相接处宜设置散水或明沟，将建筑物附近的地面水及时排除。

(1)散水。散水也称为散水坡、护坡，是沿建筑物外墙四周设置的向外倾斜的坡面，其作用是把屋面下落的雨水排到远处，进而保护建筑四周的土壤，降低基础周围土壤的含水率。散水表面应向外侧倾斜，坡度为 3%～5%。散水的宽度一般为 600～1 000 mm。为保证屋面雨水能够落在散水上，当屋面采用无组织排水方式时，散水的宽度应比屋檐的挑出宽度宽 200 mm 左右。散水的做法通常有砖散水、块石散水、混凝土散水等，如图 7-10 所示。在降水量较小的地区或对临时建筑也可采用砖、块石做散水的面层。散水一般采用混凝土或碎砖混凝土做垫层，土壤冻深在 600 mm 以上的地区，宜在散水垫层下面设置砂垫层，以免散水被土壤冻胀而遭破坏。砂垫层的厚度与土壤的冻胀程度有关，通常砂垫层的厚度在 300 mm 左右。

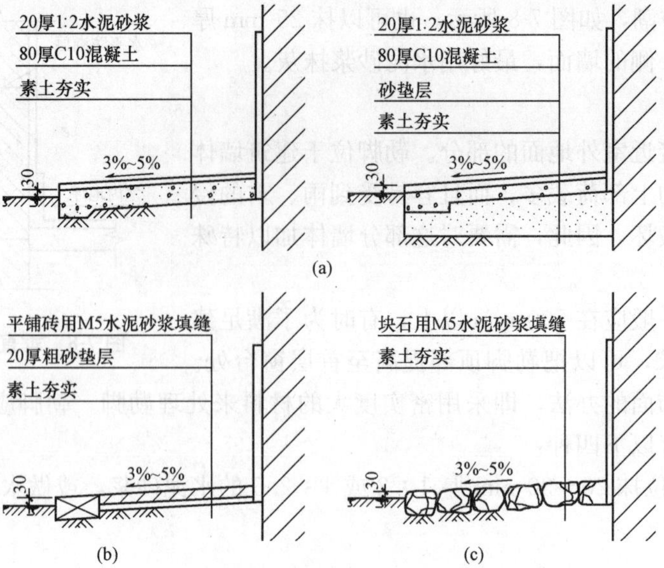

图 7-10　散水的构造及做法

(a)混凝土散水；(b)砖散水；(c)块石散水

散水垫层为刚性材料时，每隔 6～15 m 应设置伸缩缝，伸缩缝及散水和建筑外墙交界处应用沥青填充。

(2)明沟。对于年降水量较大的地区，在散水的外缘或直接在建筑物外墙根部设置的排水沟称为明沟。明沟通常用混凝土浇筑成宽 180 mm、深 150 mm 的沟槽，也可用砖、石砌筑，如图 7-11 所示。沟底应有不小于 1%的纵向排水坡度。

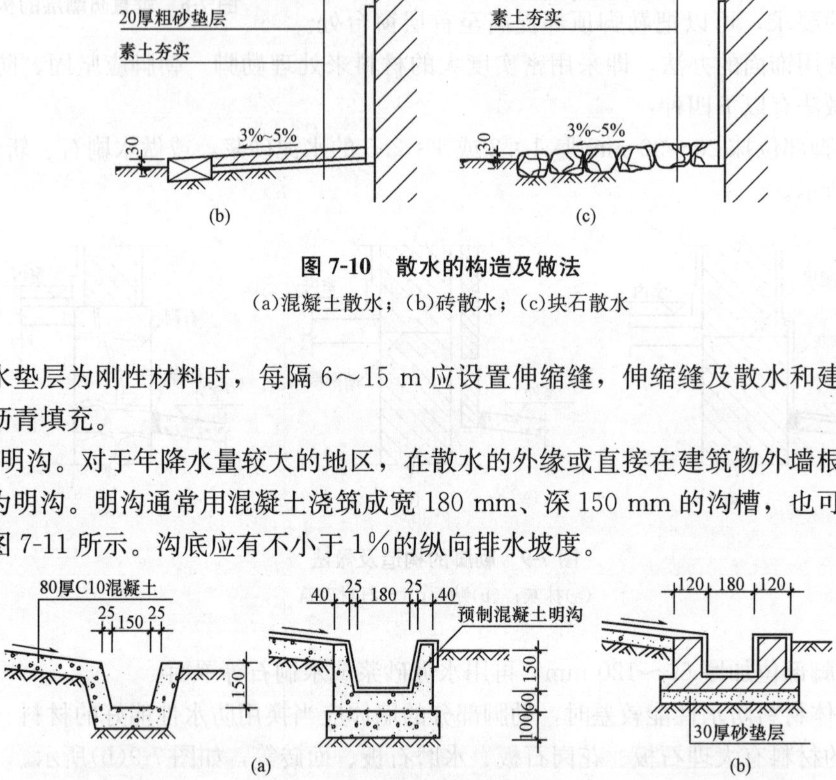

图 7-11　明沟构造

(a)混凝土明沟；(b)砖砌明沟

(3)门窗洞口构造。

1)门窗过梁。门窗过梁是指门窗洞口顶上的横梁。过梁的种类很多，目前常用的有砖砌过梁和钢筋混凝土过梁两类。砖砌过梁又可分为砖砌平拱过梁和钢筋砖过梁两种；钢筋混凝土过梁可分为现浇和预制两种，如图 7-12 所示。

砖砌平拱过梁的适用跨度多小于 1.2 m，但不适用于过梁上部有集中荷载或建筑有振动荷载的情况。钢筋砖过梁适用于跨度不超过 1.5 m，上部无集中荷载的洞口。当墙身为清水墙时，采用钢筋砖过梁，可使建筑立面获得统一的效果。钢筋混凝土过梁的适应性较强，目前已被大量采用。

2)窗台。窗台是窗洞下部的构造，用来排除窗外侧流下的雨水和内侧的冷凝水，并起一定的装饰作用。位于窗外的叫作外窗台；位于室内的叫作内窗台。当墙很薄，窗框沿墙

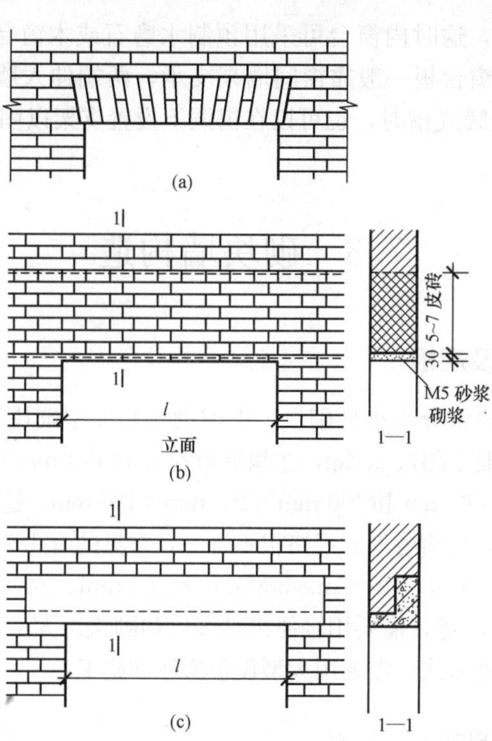

图 7-12　过梁的构造

(a)砖砌平拱过梁；(b)钢筋砖过梁；(c)钢筋混凝土过梁

内缘安装时，可不设内窗台。窗台的构造如图 7-13 所示。

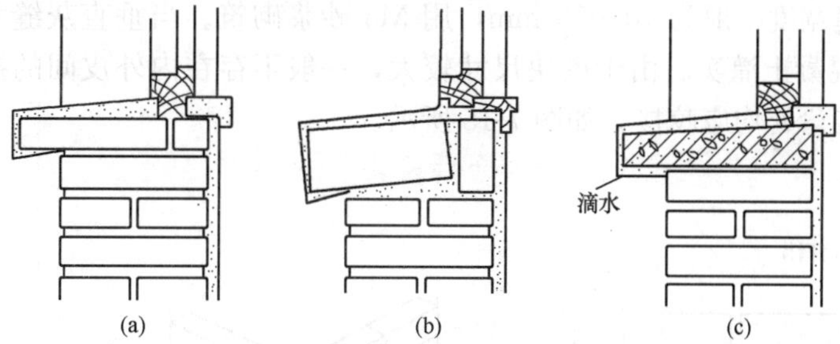

图 7-13　窗台的构造

(a)平砌外窗台；(b)侧砌外窗台，木内窗台

(c)预制钢筋混凝土窗台，抹灰内窗台

①外窗台。外窗台面一般应低于内窗台面，并应形成 5%的外倾坡度，以利于排水，防止雨水流入室内。外窗台的构造有悬挑窗台和不悬挑窗台两种。悬挑窗台常用砖平砌或侧砌，也可采用预制钢筋混凝土，其挑出的尺寸应不小于 60 mm。窗台表面的坡度可由斜砌的砖形成，或用 1∶2.5 水泥砂浆抹出，并在挑砖下缘前端抹出滴水槽或滴水线。悬挑外窗台下边缘的滴水应做成半圆形凹槽，以免排水时雨水沿窗台底面流至下部墙体。

如果外墙饰面为瓷砖、陶瓷马赛克等易于冲洗的材料，可不做悬挑窗台，窗下墙的脏污可借窗上墙流下的雨水冲洗干净。

②内窗台。内窗台可直接抹 1∶2 水泥砂浆形成面层。我国北方地区墙体厚度较大时，

常在内窗台下留置暖气槽，这时内窗台可采用预制水磨石或木窗台板。装修标准较高的房间也可以采用天然石材。窗台板一般靠窗间墙来支承，两端伸入墙内 60 mm，沿内墙面挑出约 40 mm。当窗下不设暖气槽时，也可以在窗洞下设置支架以固定窗台板。

7.3 砌块墙构造

7.3.1 砌块的种类及规格

砌块按单块质量和规格可分为小型砌块、中型砌块和大型砌块。目前，采用中小型砌块居多。小型砌块的质量一般不超过 20 kg，主块外形尺寸为 190 mm×190 mm×390 mm，辅块尺寸为 90 mm×190 mm×190 mm 和 190 mm×190 mm×190 mm，适合人工搬运和砌筑。中型砌块的质量为 20～350 kg，目前各地的规格很不统一，常见的有 180 mm×845 mm×630 mm、180 mm×845 mm×1 280 mm、240 mm×380 mm×280 mm、240 mm×380 mm×580 mm、240 mm×380 mm×880 mm 等，需要用轻便机具搬运和砌筑。大型砌块的质量一般在 350 kg 以上，是向板材过渡的一种形式，需要用大型设备搬运和施工。

7.3.2 砌块的组砌方式

在砌筑砌块墙前，必须进行砌块排列设计，尽量提高砌块的使用率，避免镶砖或少镶砖。砌块的排列应使上下皮错缝，搭接长度一般为砌块长度的 1/4，并且不应小于 150 mm。当无法满足搭接长度要求时，应在灰缝内设 Φ4 钢筋网片连接，如图 7-14 所示。

砌块墙的灰缝宽度一般为 10～15 mm，用 M5 砂浆砌筑。当垂直灰缝大于 30 mm 时，则需用 C10 细石混凝土灌实。由于砌块尺寸较大，一般不存在内外皮间的搭接问题，在纵横交接处和外墙转角处均应咬接，如图 7-15 所示。

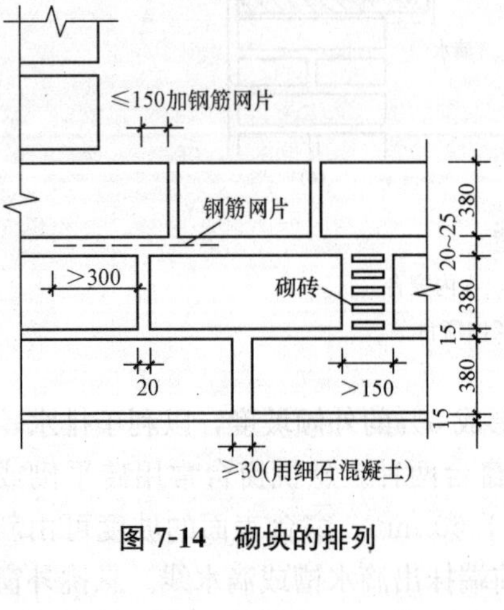

图 7-14 砌块的排列

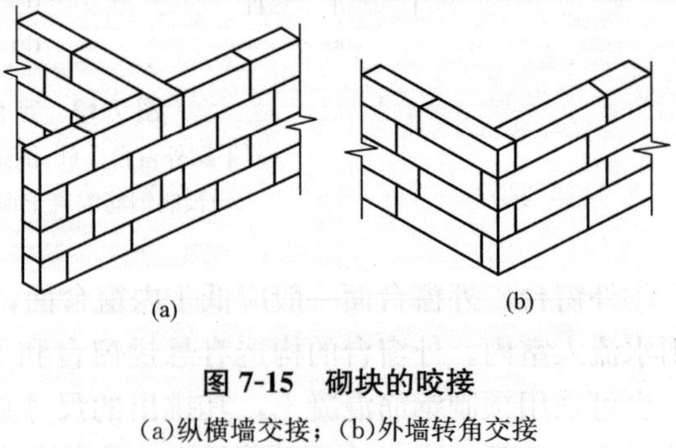

图 7-15 砌块的咬接

(a)纵横墙交接；(b)外墙转角交接

7.3.3 砌块墙圈梁与构造柱构造

砌块墙的圈梁常与过梁统一考虑，有现浇和预制两种，不少地区采用槽形预制构件，在槽内配置钢筋，浇灌混凝土形成圈梁，如图 7-16 所示。

为了加强墙体的竖向连接，在外墙转角及某些内外墙相接的“丁”字接头处，利用空心砌块上下孔对齐，在孔内配置 Φ10～Φ12 的钢筋，然后用细石混凝土分层灌实，形成构造柱，使砌块在垂直方向连成一体，如图 7-17 所示。

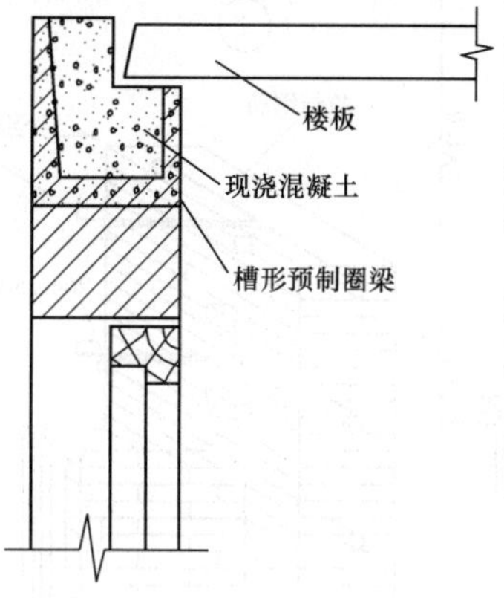

图 7-16　槽形预制圈梁

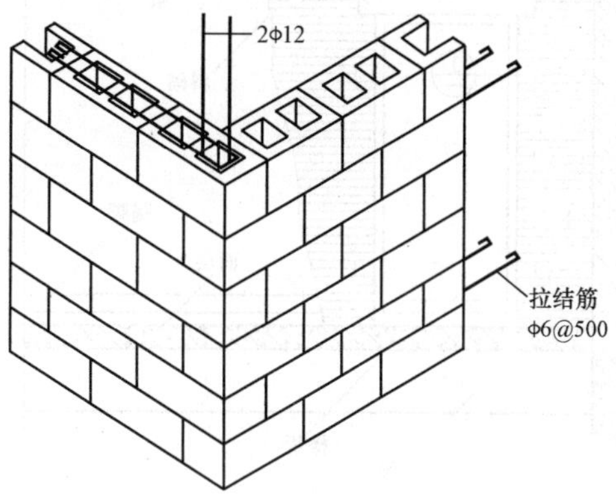

图 7-17　砌块墙的构造柱

7.4　隔墙构造

隔墙是用来分隔建筑空间，并起一定装饰作用的非承重构件。隔墙较固定，能在较大程度上限定空间，也能在一定程度上满足隔声、遮挡视线等要求。隔墙按构造方式，可以分为块材隔墙、板材隔墙和立筋隔墙三类。

7.4.1　块材隔墙

块材隔墙是采用普通砖、空心砖、加气混凝土砌块等块状材料砌筑的隔墙，具有取材方便、造价较低、隔声效果好的特点。常用的有普通砖隔墙和砌块隔墙两种。

1. 普通砖隔墙

普通砖隔墙多采用普通砖砌筑，可分为 1/2 砖厚和 1/4 砖厚两种，以 1/2 砖隔墙为主。

(1)1/2 砖隔墙。1/2 砖隔墙又称为半砖隔墙，是用烧结普通砖采用全顺式砌筑而成，砌墙用砂浆强度应不低于 M5。由于隔墙的厚度较薄，为确保墙体的稳定，应控制墙体的长度和高度。当墙体的长度超过 5 m 或高度超过 3 m 时，应采取加固措施。

为使隔墙与两端的承重墙或柱固接，隔墙两端的承重墙需预留出马牙槎，并沿墙高每隔 500～800 mm 埋入 2Φ6 拉结钢筋，伸入隔墙不小于 500 mm。在门窗洞口处，应预埋混凝土块，安装窗框时打孔旋入膨胀螺栓，或预埋带有木楔的混凝土块，用圆钉固定门窗框，如图 7-18 所示。为使隔墙的上端与楼板之间结合紧密，隔墙顶部采用斜砌立砖或每隔 1 m 用木楔打紧。

(2)1/4 砖隔墙。1/4 砖隔墙是用标准砖侧砌的，标志尺寸是 60 mm，砌筑砂浆的强度不应低于 M5。其高度不应大于 2.8 m，长度不应大于 3.0 m。它多用于建筑内部的一些小房间的墙体，如厕所、卫生间的隔墙。1/4 砖隔墙上最好不开设门窗洞口，而且应当用强度较高的砂浆抹面。

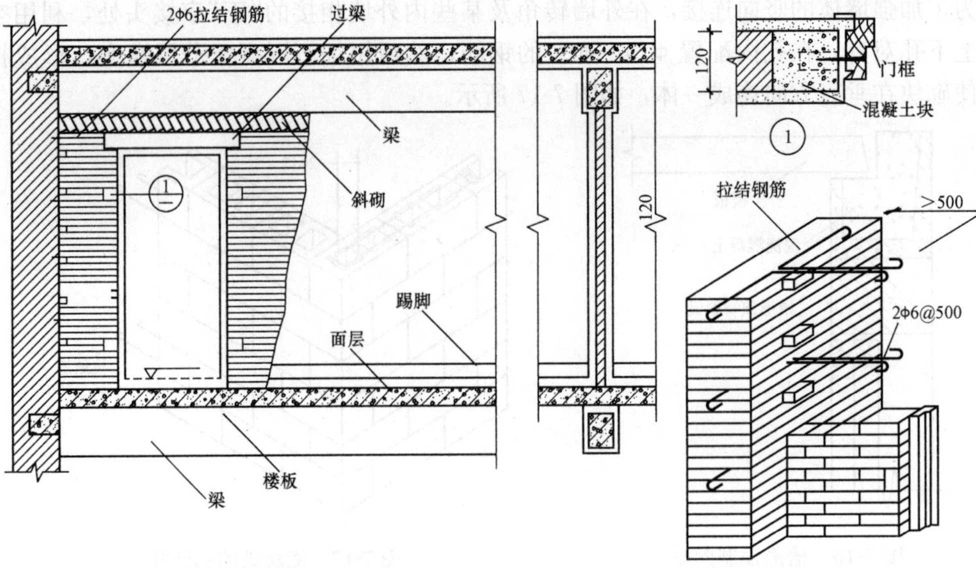

图 7-18　1/2 砖砌隔墙的构造

2. 砌块隔墙

采用轻质砌块来砌筑隔墙，可以把隔墙直接砌在楼板上，不必再设承墙梁。目前应用较多的砌块有炉渣混凝土砌块、陶粒混凝土砌块、加气混凝土砌块。炉渣混凝土砌块和陶粒混凝土砌块的厚度通常为 90 mm，加气混凝土砌块多采用 100 mm 厚。由于加气混凝土的防水、防潮能力较差，因此在潮湿环境中应慎重采用，或在表面作防潮处理。砌块隔墙构造如图 7-19 所示。

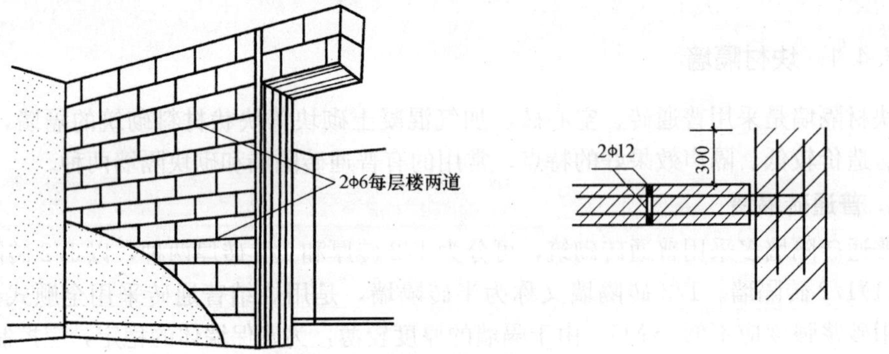

图 7-19　砌块隔墙的构造

另外，由于砌块的密度和强度较低，如需在砌块隔墙上安装暖气散热片或电源开关、插座，应预先在墙体内部设置埋件。

7.4.2　板材隔墙

板材隔墙是采用在构件生产厂家生产的轻质板材，如加气混凝土条板、石膏条板、碳化石灰板、水泥玻璃纤维空心条板、泰柏板以及各种复合板，在现场直接装配而成的隔墙。这种隔墙装配性好、施工速度快、防火性能好，但价格较高。

1. 水泥玻璃纤维空心条板隔墙

石膏条板和水泥玻璃纤维空心条板多为空心板，长度为 2 400～3 000 mm，略小于房间的净高，宽度一般为 600～1 000 mm，厚度为 60～100 mm。主要用粘结砂浆和特制胶粘剂进行粘结安装。为使之结合紧密，板的侧面多做成企口。板之间采用立式拼接，当房间高度大于板长时，水平接缝应当错开至少 1/3 板长。安装条板时，条板下部先用小木楔顶紧后，用细石混凝土堵严，板缝用胶粘剂粘结，并用胶泥刮缝，平整后再进行表面装修。水泥玻璃纤维空心条板隔墙的连接构造如图 7-20 所示。

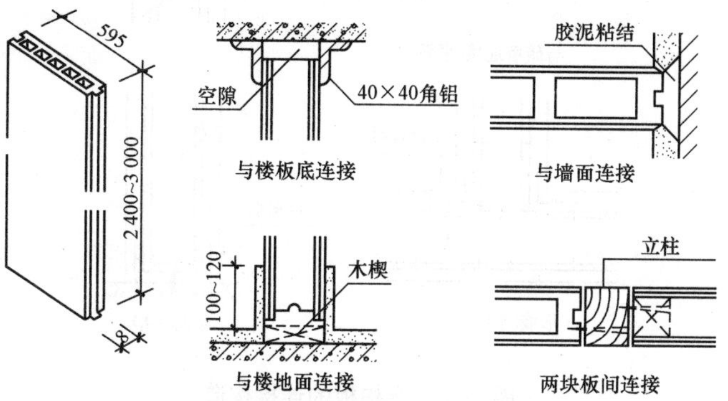

图 7-20　水泥玻璃纤维空心条板隔墙的连接构造

2. 泰柏板隔墙

泰柏板(PG 板)是由点焊 14 号钢丝网笼和可发性聚苯乙烯泡沫塑料板组合而成的墙体材料，如图 7-21 所示。泰柏板可以根据实际尺寸进行加工，现场进行拼接组装。

泰柏板的自重轻，保温、隔热性能较好，而且具有相当大的强度，不但可以用作隔墙，还可以用作建筑的非承重外墙、承重较小的内墙、屋顶和跨度较小的楼板。泰柏板一般由膨胀螺栓与地面、顶棚或其他承重构件相连，接缝和转角处应加设连接网。泰柏板隔墙的连接构造如图 7-22 所示。泰柏板虽然有较好的防火性能，但在高温下会散发出有毒气体，因此，其不宜在建筑的疏散通道两侧使用。

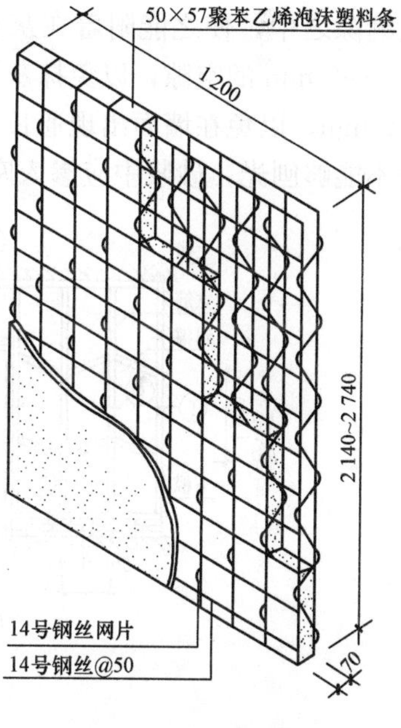

图 7-21　泰柏板隔墙

7.4.3　立筋隔墙

立筋隔墙一般采用木材、薄壁型钢做骨架，用灰板条、钢丝网、纸面石膏板、吸声板或其他装饰面板做罩面。立筋隔墙具有自重轻、占地小、表面装饰方便等特点。

1. 灰板条隔墙

灰板条隔墙由木方加工而成的上槛、下槛、立筋(龙骨)、斜撑等构件组成骨架，然后在立筋上沿横向钉上灰板条，如图 7-23(a)所示。由于其防火性能差、耗费木材多，不适合在潮湿环境中工作，目前较少使用。

为保证墙体骨架的干燥，常在下槛下方事先砌 3 皮砖，厚度为 120 mm，然后将上槛、下槛分别固定在顶棚和楼板(或砖垄上)上。之后再将立筋固定在上、下槛上，立筋一般采用 50 mm×20 mm 或 50 mm×100 mm 的木方，立筋的间距为 500～1 000 mm，斜撑间距约为 1 500 mm。

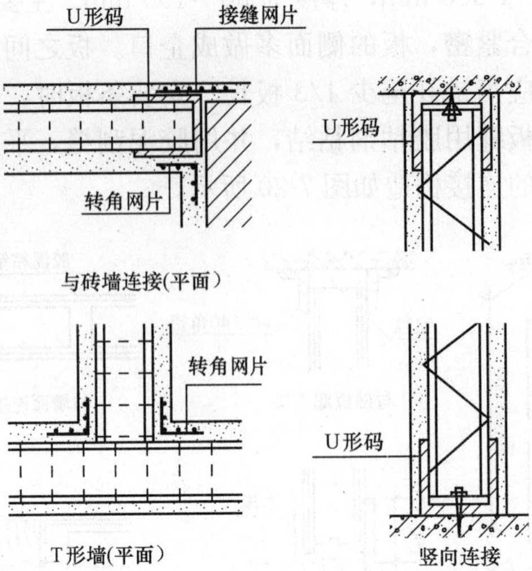

图 7-22　泰柏板的连接构造

灰板条要钉在立筋上，板条长边之间应留出 6～9 mm 的缝隙，以便抹灰时灰浆能够挤入缝隙之中，使之能附着在灰板条上。灰板条应在立筋上接头，两根灰板条接头处应留出 3～5 mm 的空隙，以免抹灰后灰板条膨胀相顶而弯曲，灰板条的接头连续高度应不超过 500 mm，以免在墙面出现通长裂缝，如图 7-23(b)所示。为了使抹灰粘结牢固，灰板条表面不能够刨光，砂浆中应掺入麻刀或其他纤维材料。

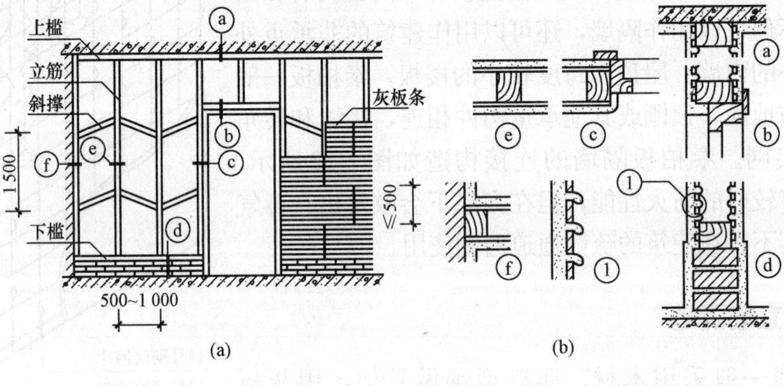

图 7-23　灰板条隔墙
(a)隔墙组成示意；(b)细部构造

2. 石膏板隔墙

石膏板隔墙是目前使用较多的一种隔墙。石膏板又称纸面石膏板，是一种新型建筑材料，其自重轻、防火性能好，加工方便，且价格不高。石膏板的厚度有 9 mm、10 mm、12 mm、15 mm 等，用于隔墙时多选用 12 mm 厚石膏板。有时为了提高隔墙的耐火极限，也可以采用双层石膏板。

石膏板隔墙的骨架可以采用薄壁型钢、木方和石膏板条。目前，采用薄壁型钢骨架的较多，又称为轻钢龙骨石膏板。轻钢龙骨一般由沿顶龙骨、沿地龙骨、竖向龙骨、横撑龙骨、加强龙骨和各种配套件组成。组装骨架的薄壁型钢是工厂生产的定型产品，并配有组装需要的各种连接构件。竖龙骨的间距≤600 mm，横龙骨的间距≤1 500 mm。当墙体高度在 4 m 以上时，还应适当加密。图 7-24 所示为轻钢龙骨石膏板隔墙的构造。

石膏板用自攻螺钉与龙骨连接，钉的间距为 200～250 mm，钉帽应压入板内约 2 mm，以便于刮腻子。刮腻子后即可做饰面，如喷刷涂料、油漆、贴壁纸等。为了避免开裂，板的接缝处应加贴 50 mm 宽的玻璃纤维带或根据墙面观感要求，事先在板缝处预留凹缝。

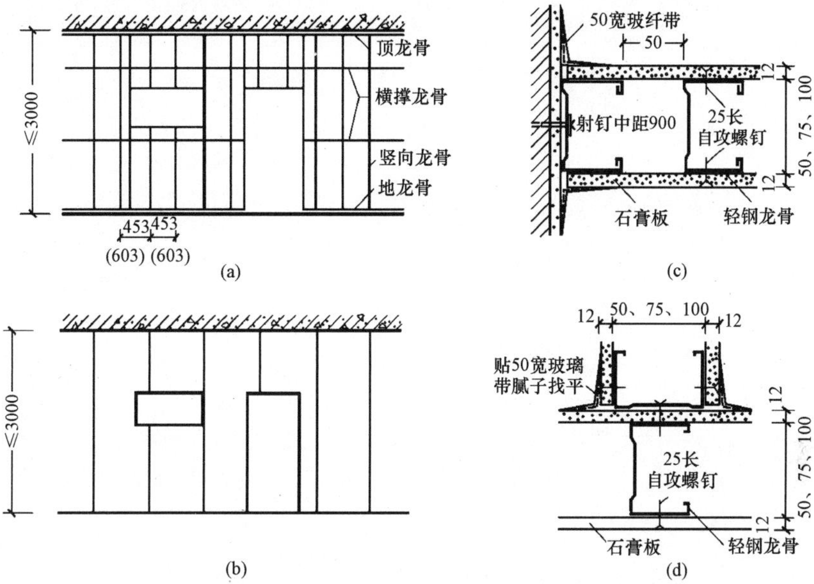

图 7-24　轻钢龙骨石膏板隔墙的构造

(a)龙骨排列；(b)石膏板排列；(c)靠墙节点；(d)“丁”字隔墙节点

模块小结

根据墙体与上部水平承重构件(包括楼板、屋面板、梁)的关系，墙体结构布置方案主要有横墙承重、纵墙承重、纵横墙混合承重、墙与柱混合承重四种。在一幢建筑中往往会出现几种不同的承重方案，应根据建筑的平面空间布局、使用要求及工程所在地预制构件的加工能力和施工水平合理地进行选择。砖墙的组砌方式有很多，应根据墙体厚度、墙面观感和施工便利性进行选择。常见的组砌方式有全顺式、一顺一丁式、多顺一丁式、两平一侧式、每皮丁顺相间式等。隔墙是用来分隔建筑空间，并起一定装饰作用的非承重构件。隔墙按构造方式，可以分为块材隔墙、板材隔墙和立筋隔墙三类。

思考与练习

1. 墙体按其在建筑物中所处的位置和走向可分为哪些种类？

2. 墙体功能方面的要求包括哪些内容？

3. 砌墙用砖按照砖的外观形状可以分为哪几种？

4. 砌块的种类及规格有哪些？

5. 隔墙按构造方式可以分为哪些种类？各有哪些特点？

模块8　楼地层

知识目标

(1)楼板的类型、楼板层的构造组成、地坪层的构造组成；
(2)现浇钢筋混凝土楼板结构布置、预制钢筋混凝土楼板；
(3)楼面构造做法；
(4)直接式顶棚、吊顶构造；
(5)阳台、雨篷构造。

能力目标

(1)熟悉楼地层的设计要求、类型和构造组成；
(2)掌握钢筋混凝土楼板的类型、特点和构造；
(3)掌握常见楼地面的构造做法；
(4)掌握顶棚的作用、类型和构造做法；
(5)熟悉阳台、雨篷的构造。

8.1　楼地层概述

8.1.1　楼地层的组成

楼地层可分为楼板层和地坪层两种，如图8-1所示。

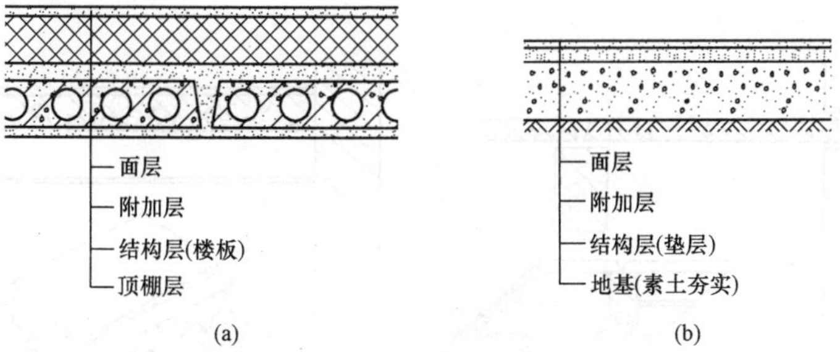

图8-1　楼地层的组成

(a)楼板层；(b)地坪层

楼板层一般由面层、结构层和顶棚层等几个基本层次组成。当房间对楼板层有特殊要求时，可加设相应的附加层。

1. 面层

面层又称为楼面，是楼板层上表面的构造层，也是室内空间下部的装修层。其作用是保护楼板并传递荷载，有清洁和装饰室内的作用。根据各房间的功能要求不同，面层有多种不同的做法。

2. 结构层

结构层通常称为楼板，包括板、梁等构件。结构层位于面层和顶棚层之间，是楼板层的承重部分。结构层承受整个楼板层的全部荷载，并对楼板层的隔声、防火等起主要作用，能加强建筑物的整体刚度。

3. 顶棚层

顶棚层是楼板层下表面的构造层，也是室内空间上部的装修层。顶棚的主要功能是保护楼板、安装灯具、装饰室内空间及满足室内的特殊使用要求。

4. 附加层

附加层通常设置在面层和结构层之间，有时也设置在结构层和顶棚层之间。根据构造和使用要求，可设置结合层、找平层、防水层、保温层、隔热层、隔声层、管道敷设层等不同构造层次。

8.1.2 楼板的分类

楼板按所用材料可分为木楼板、砖拱楼板、钢筋混凝土楼板、压型钢板组合楼板，如图 8-2 所示。

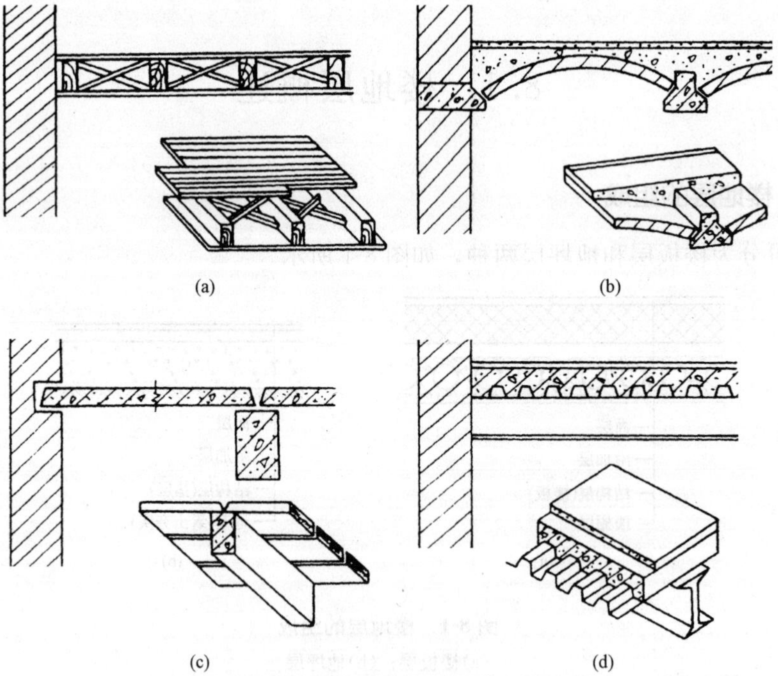

(a)　　(b)

(c)　　(d)

图 8-2　楼板的类型

(a)木楼板；(b)砖拱楼板；(c)钢筋混凝土楼板；(d)压型钢板组合楼板

1. 木楼板

木楼板采用我国的传统做法，它是在木搁栅之间设置剪刀撑，形成有足够整体性和稳定性的骨架，并在木搁栅上下铺钉木板所形成的楼板。这种楼板具有自重轻、构造简单、保温隔热性能好等优点，但其耐火性、耐久性、隔声能力较差，为了节约木材和满足防火要求，现在已较少采用。

2. 砖拱楼板

砖拱楼板是用砖砌成拱形结构所形成的楼板。这种楼板可以节约钢材、水泥，但自重较大，抗震性能差，而且楼板层厚度较大，施工复杂，目前已经很少使用。

3. 钢筋混凝土楼板

钢筋混凝土楼板的强度高、刚度好，具有较强的耐久性、防火性能和良好的可塑性，便于工业化生产和机械化施工，是目前我国房屋建筑中广泛采用的一种楼板形式。

4. 压型钢板组合楼板

压型钢板组合楼板是在钢筋混凝土的基础上发展起来的，这种组合体系是利用凹凸相间的压型薄钢板作衬板，与现浇混凝土浇筑在一起而形成的钢衬板组合楼板，既提高了楼板的强度和刚度，又加快了施工进度。其在大空间、高层民用建筑和大跨度工业厂房中应用比较广泛。

8.1.3 楼板的设计要求

(1)坚固要求。楼板应有足够的强度，能够承受自重和不同要求下的荷载。同时，要求楼板具有一定的刚度，即在荷载作用下，挠度变形不应超过规定数值。

(2)隔声要求。楼板的隔声包括隔绝空气传声和固体传声两个方面，楼板的隔声量一般为 40～50 dB。空气传声的隔绝可以采用空心构件，并通过铺垫焦渣等材料来实现。隔绝固体传声应通过减少对楼板的撞击来实现。在地面上铺设橡胶、地毯，可以减少一些冲击量，以达到令人满意的隔声效果。

(3)经济要求。一般楼板和地面占建筑物总造价的 20%～30%，选用楼板时应考虑就地取材和提高装配化的程度。

(4)热工和防火要求。一般楼板有一定的蓄热性，即地面应有舒适的感觉。防火要求应符合相关防火规范的规定。非预应力钢筋混凝土预制楼板的耐火极限为 1.0 h，预应力钢筋混凝土楼板的耐火极限为 0.5 h，现浇钢筋混凝土楼板的耐火极限为 1～2 h。

8.2 钢筋混凝土楼板构造

8.2.1 现浇式钢筋混凝土楼板

现浇式钢筋混凝土楼板能够自由成型，具有整体性强、抗震性能好等优点，但模板用量大，工序多，工期长，需要养护，工人劳动强度大，并且施工受季节、气候影响较大。现浇式钢筋混凝土楼板按受力和传力情况，可分为板式楼板、无梁楼板、密肋楼板、梁板式楼板。

1. 板式楼板

板式楼板是将楼板现浇成一块平板，四周直接支承在墙上。板式楼板的底面平整，便于支模施工，但当楼板跨度大时，需增加楼板的厚度，耗费材料较多，所以适用于平面尺寸较小的房间及公共建筑的走廊。板式楼板按支撑情况和受力特点可分为单向板和双向板。当 l_2/l_1 板的长边尺寸 l_2 与短边尺寸 l_1 之比＞2 时，在荷载作用下，荷载基本沿 l_1 方向传递，称为单向板，如图 8-3(a)所示；当 $l_2/l_1 \leqslant 2$ 时，楼板荷载沿两个方向传递，称为双向板，如图 8-3(b)所示。

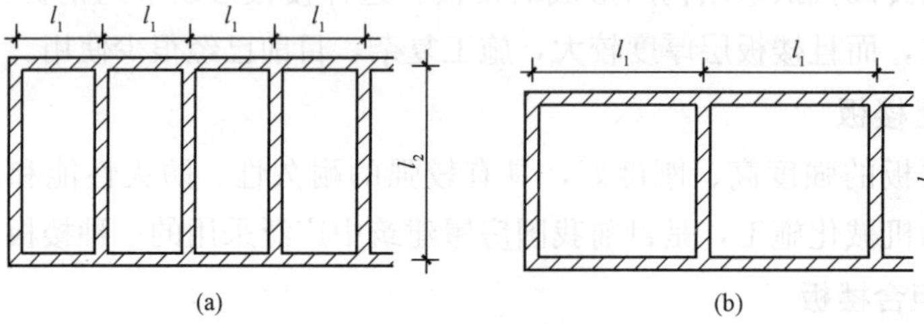

图 8-3　板式楼板的类型

(a)单向板($l_2/l_1>2$)；(b)双向板($l_2/l_1 \leqslant 2$)

2. 无梁楼板

无梁楼板是将现浇钢筋混凝土板直接支撑在柱上的楼板结构。为了增大柱的支撑面积和减小板的跨度，常在柱顶增设柱帽和托板，如图 8-4 所示。无梁楼板顶棚平整，室内净空大，采光、通风好。其经济跨度为 6 m 左右，板厚一般为 120 mm 以上。楼面荷载较大时，为避免楼板太厚，应采用有柱帽无梁楼板，以增加板在柱上的支撑面积；当楼面荷载较小时，可采用无柱帽楼板。

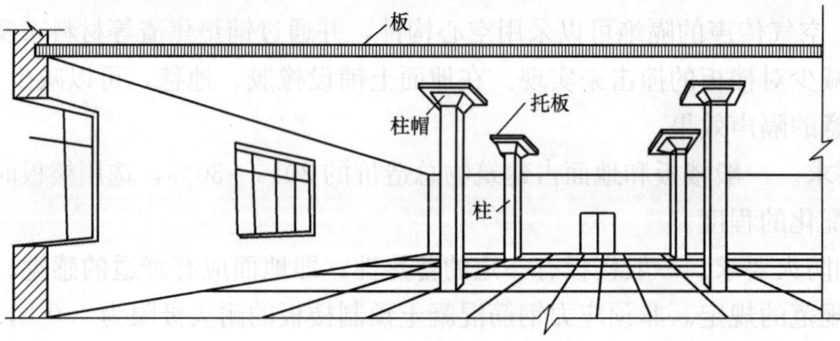

图 8-4　无梁楼板

3. 密肋楼板

密肋楼板为现浇预制带骨架芯板填充块楼板，由密肋板和填充块构成，如图 8-5 所示。密肋楼板的肋(搁栅)长为 200～300 mm，宽为 60～150 mm，间距为 700～1 000 mm；密肋楼板的厚度不小于 50 mm，楼板的适用跨度为 3～10 mm。搁栅间距小时常填以陶土空心砖或空心矿渣混凝土块，以适应楼层隔声、保温、隔热的效果。同时，空心砖还可以起到模板的作用，也可以铺设管道，造价低廉。如预做吊顶，可在搁栅内预留钢丝；如需铺木楼板，则可于钢筋混凝土搁栅面上嵌燕尾形木条，然后铺钉木楼板搁栅。

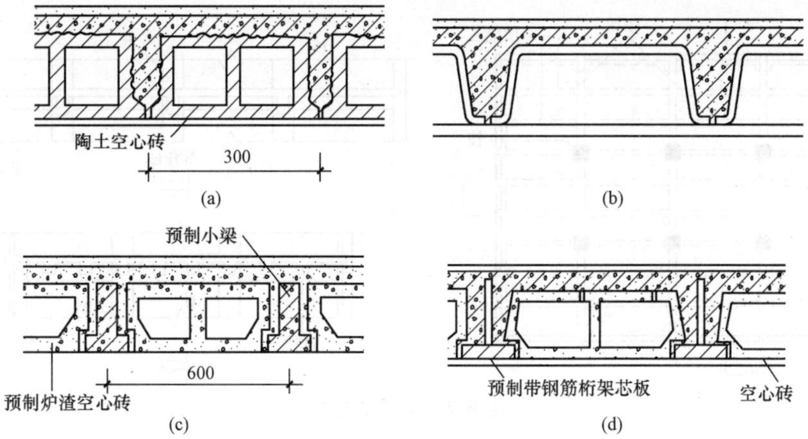

图 8-5　密肋楼板

(a)空心砖现浇；(b)玻璃钢壳现浇；

(c)预制小梁填充块；(d)带骨架芯板填充块

4. 梁板式楼板

当房间平面尺寸较大时，为了避免楼板的跨度过大，可在楼板下设梁来增加板的支点，从而减小板跨。这时，楼板上的荷载先由板传递给梁，再由梁传递给墙或柱。这种由板和梁组成的楼板称为梁板式楼板。根据梁的布置情况，梁板式楼板可分为单梁式楼板、双梁式楼板和井式楼板。

(1)单梁式楼板。当房间有一个方向的平面尺寸相对较小时，可以只沿短向设梁，梁直接搁置在墙上，这种梁板式楼板属于单梁式楼板，如图 8-6 所示。单梁式楼板的结构较简单，仅适用于教学楼、办公楼等建筑。

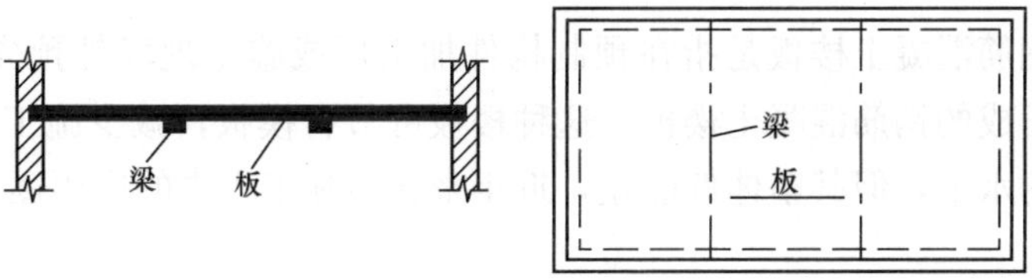

图 8-6　单梁式楼板

(2)双梁式楼板。当房间两个方向的平面尺寸都较大时，在纵、横两个方向都设置梁，有主梁和次梁之分。主梁和次梁的布置应整齐、有规律，并考虑建筑物的使用要求、房间的大小形状及荷载的作用情况等，一般主梁沿房间短跨方向布置，次梁则垂直于主梁布置，如图 8-7 所示。

除考虑承重要求外，梁的布置还应考虑经济合理性。一般主梁的经济跨度为 5～8 m，主梁的高度为跨度的 1/14～1/8，主梁的宽度为高度的 1/3～1/2。主梁的间距即次梁的跨度，次梁的跨度一般为 4～6 m，次梁的高度为跨度的 1/18～1/12，次梁的宽度为高度的 1/3～1/2。次梁的间距即板的跨度，一般为 1.7～2.7 m，板的厚度一般为 60～80 mm。

(3)井式楼板。井式楼板是一种特殊形式的楼板，其特点是不分主次梁，将两个方向的梁等间距布置，除边梁外，其他都采用相同的梁高，形成“井”字梁，其荷载传递路线为板→梁→柱(或墙)。其适用于建筑平面为方形或近似方形的大厅。由于井式楼板结构形式整

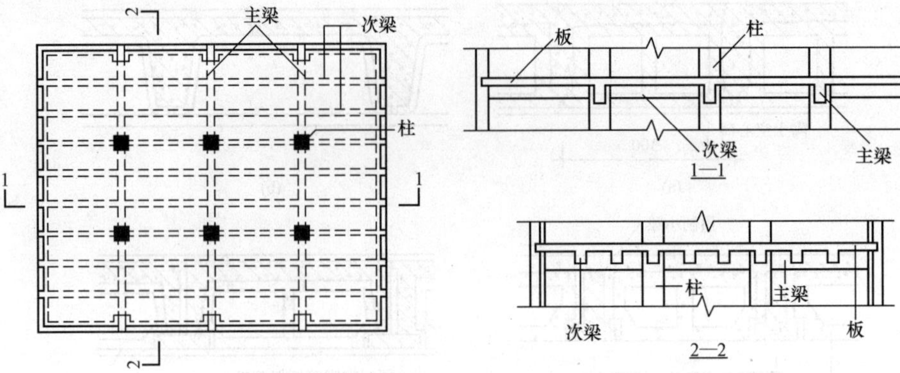

图 8-7 双梁式楼板

齐，具有较强的装饰性，其多用于公共建筑的门厅和大厅式的房间，如图 8-8 所示。

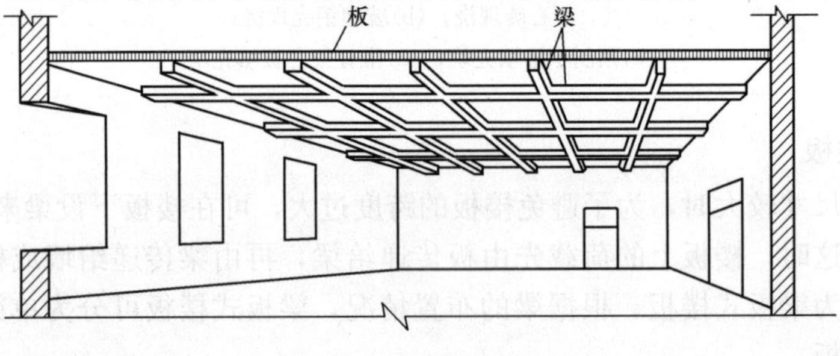

图 8-8 井式楼板

8.2.2 预制装配式钢筋混凝土楼板

预制装配式钢筋混凝土楼板是指在预制构件加工厂或施工现场外预先制作，然后再运到施工现场装配而成的钢筋混凝土楼板。这种楼板可节省模板，减少施工工序，缩短工期，提高施工工业化的水平，但其整体性能差，近年来在实际工程中的应用逐渐减少。

1. 类型

预制装配式钢筋混凝土楼板按楼板的构造形式可分为实心平板、槽形板和空心板三种。

(1)实心平板。预制实心平板的板面较平整，其跨度较小，一般不超过 2.4 m，板厚为 60～100 mm，宽度为 600～1 000 mm。由于板的厚度较小且隔声效果较差，故一般不用作使用房间的楼板，两端常支撑在墙或梁上，用作楼梯平台、走道板、隔板、阳台栏板、管沟盖板等，如图 8-9 所示。

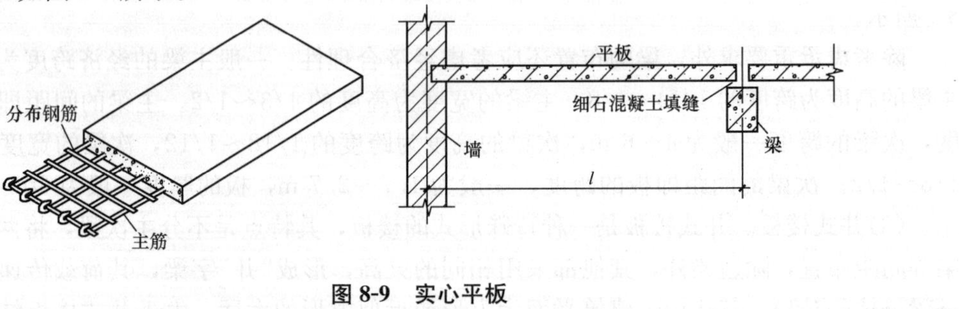

图 8-9 实心平板

(2)槽形板。槽形板是一种梁板结合构件，在板的两侧设有相当于小梁的肋，构成槽形断面，用以承受板的荷载。槽形板的跨度为3～7.2 m，板宽为600～1 200 mm，板肋高一般为150～300 mm。由于板肋形成了板的支点，板跨减小，所以板厚较小，只有25～35 mm。为了增加槽形板的刚度并便于搁置，板的端部需设端肋与纵肋相连。当板的长度超过6 m时，需沿着板长每隔1 000～1 500 mm增设横肋。

槽形板的搁置方式有两种：一种是正置，即肋向下搁置。这种搁置方式可使板的受力合理，但板底不平，有碍观瞻，也不利于室内采光，因此，可直接用于观瞻要求不高的房间，如图8-10(a)所示。另一种是倒置，即肋向上搁置。这种搁置方式可使板底平整，但板的受力不甚合理，材料用量稍多，需要对楼面进行特别处理。为提高板的隔声性能，可在槽内填充隔声材料，如图8-10(b)所示。

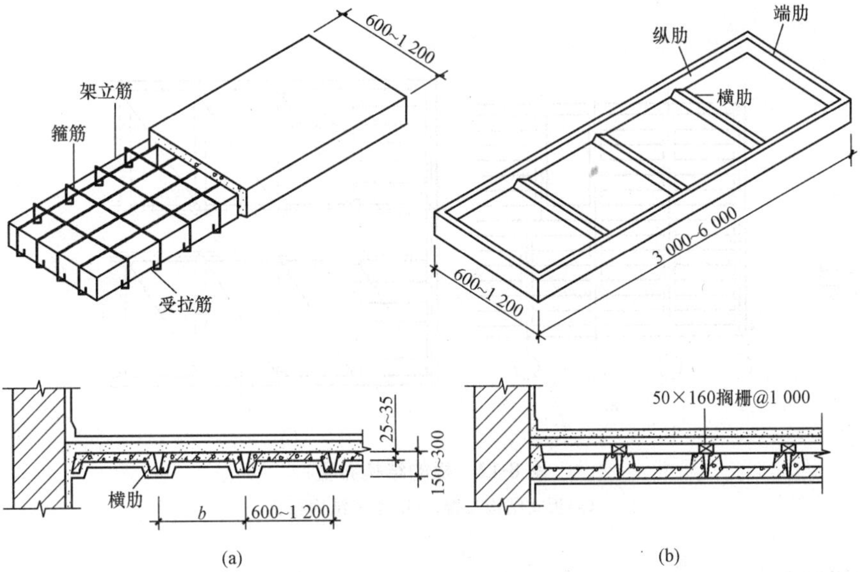

图 8-10　槽形板搁置方式

(a)正置；(b)倒置

(3)空心板。空心板是将楼板中部沿纵向抽孔而形成中空的一种钢筋混凝土楼板，如图8-11所示。孔的断面形式有圆形、椭圆形、方形和长方形等，由于圆形孔制作时抽芯脱模方便且刚度好，故应用最普遍。空心板有预应力和非预应力之分，一般多采用预应力空心板。

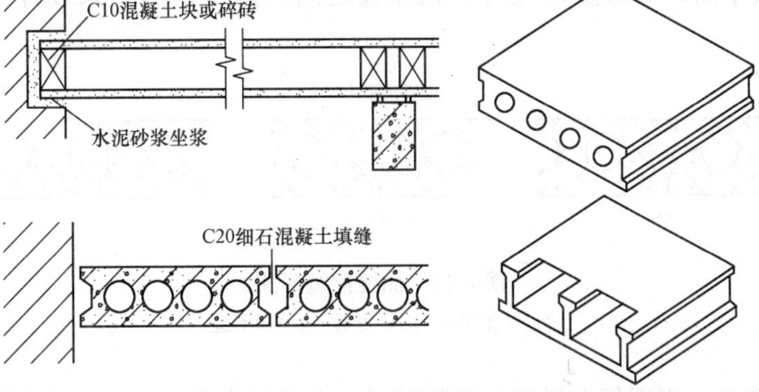

图 8-11　空心板

空心板的厚度一般为 110～240 mm，视板的跨度而定，宽度为 500～1 200 mm，跨度为2.4～7.2 m，较为经济的跨度为 2.4～4.2 m。空心板侧缝的形式与生产预制板的侧模有关，一般有 V 形缝、U 形缝和凹槽缝三种。空心板上、下表面平整，隔声效果较实心平板和槽形板好，是预制板中应用最广泛的一种类型，但空心板不能任意开洞，故不宜用于管道穿越较多的房间。

2. 结构布置

在进行预制装配式钢筋混凝土楼板结构布置时，应根据房间的平面尺寸和所选板的规格来定。板的布置方式有两种：一种是预制楼板直接搁置在承重墙上，形成板式结构布置，多用于横墙较密的住宅、宿舍、旅馆等建筑；另一种是预制楼板搁置在梁上，梁支撑于墙或柱上，形成梁式结构布置，多用于教学楼、实验楼、办公楼等较大空间的建筑物，如图 8-12 所示。

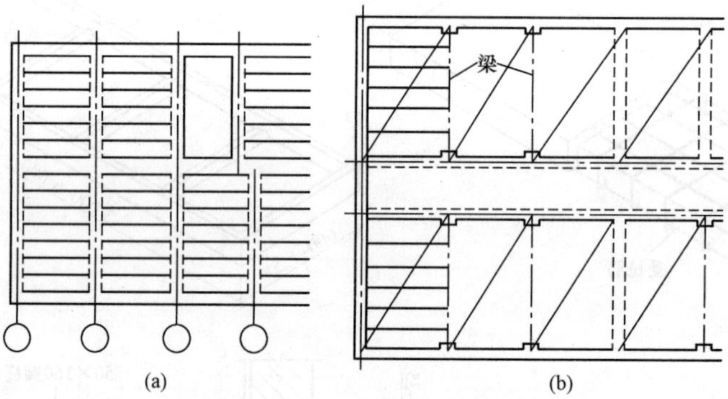

图 8-12　板的结构布置

(a)板式结构布置；(b)梁式结构布置

3. 细部构造

(1)预制板板缝处理。预制板之间的接缝有端缝和侧缝两种。端缝的处理一般是用细石混凝土灌注，使其相互连接。为了增强建筑物的整体性和抗震性能，可将板端外露的钢筋交错搭接在一起，也可加钢筋网片，并用细石混凝土灌实。侧缝起着协调板与板之间共同工作的作用。为了加强楼板的整体性，侧缝内应用细石混凝土灌实。板的侧缝一般有 V 形缝、U 形缝和凹槽缝三种形式。V 形缝和 U 形缝便于灌缝，多在板较薄时采用；凹槽缝连接牢固，楼板整体性好，相邻板之间共同工作的效果较好。侧缝接缝形式如图 8-13 所示。

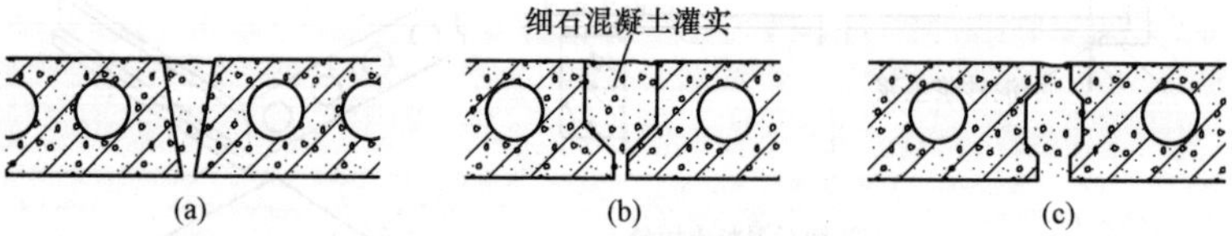

图 8-13　侧缝接缝形式

(a)V 形缝；(b)U 形缝；(c)凹槽缝

(2)隔墙与楼板。当楼板上设置轻质隔墙时，由于其自重轻，隔墙可搁置于楼板的任一位置。若为自重较大的隔墙(如砖隔墙、砌块隔墙等)，一般应在其下部设置隔墙梁。如允许隔墙设置在楼板上，则应避免将隔墙搁置在一块板上。

当隔墙与板跨平行时，通常将隔墙设置在两块板的接缝处。采用槽形板的楼板，隔墙可直接搁置在板的纵肋上，如图 8-14(a)所示。若采用空心板，须在隔墙下的板缝处设现浇钢筋混凝土板带或梁来支撑隔墙，如图 8-14(b)、(c)所示。当隔墙与板跨垂直时，应选择合适的预制板型号，并在板面加配构造钢筋，如图 8-14(d)所示。

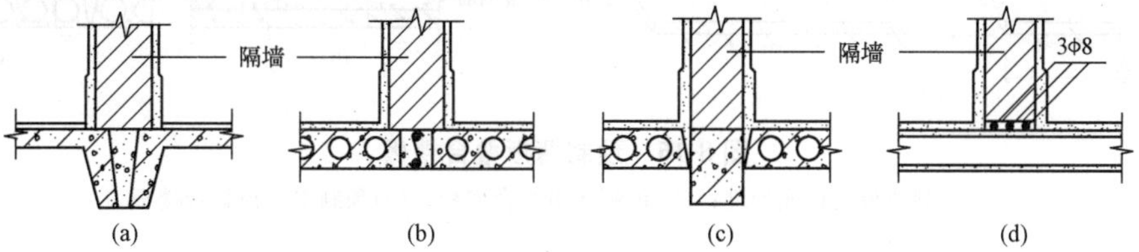

图 8-14　楼板上立隔墙

(3)预制板的搁置。预制板在梁上的搁置有两种方式：一种是搁置在梁的顶上，如矩形梁，如图 8-15(a)所示；另一种是搁置在梁出挑的翼缘(如花篮梁挑耳、“十”字梁挑耳)上，如图 8-15(b)、(c)所示。后一种搁置方式，板的上表面与梁的顶面平齐。若梁高不变，楼板结构所占的高度就比前一种搁置方式小一个板厚，使室内的净高增加。但应注意板的跨度并非梁的中心距，而是减去梁顶面宽度之后的尺寸。

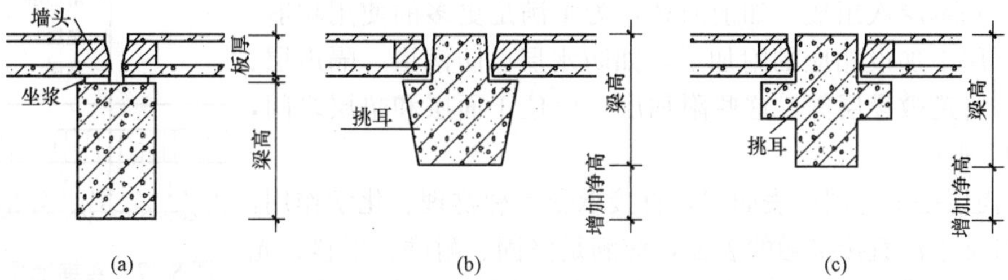

图 8-15　板在梁上的搁置方式

(a)板搁在矩形梁顶上；(b)板搁在花篮梁挑耳上；(c)板搁在“十”字梁挑耳上

8.2.3　装配整体式钢筋混凝土楼板

装配整体式钢筋混凝土楼板是将楼板中的部分构件预制，现场安装后再浇筑混凝土面层而形成的整体楼板。这种楼板的整体性较好，施工速度也快，目前常用的是预制薄板叠合楼板。

预制薄板叠合楼板是由预制板和现浇钢筋混凝土层叠合而成的装配整体式楼板。其是以预制钢筋混凝土薄板为永久模板来承受施工荷载的。现浇的钢筋混凝土叠合层强度为C20 级，内部可敷设水平设备管线。这种楼板具有良好的整体性且板的上、下表面平整，便于饰面层装修，适用于对整体刚度要求较高的高层建筑和大开间建筑。

预制薄板叠合楼板的预制板部分，通常采用预应力或非预应力薄板，板的跨度一般为4～6 m，预应力薄板最大可达 9 m，板的宽度一般为 1.1～1.8 m，板厚通常为 50～70 mm。叠合楼板的总厚度一般为 150～250 mm。为使预制薄板与现浇叠合层牢固地结合在一起，可对预制薄板的板面作适当处理，如板面刻槽、板面露出结合钢筋等，如图 8-16(a)、(b)

所示。叠合楼板的预制板部分也可以采用钢筋混凝土空心板。现浇叠合层的厚度较小，一般为 30～50 mm，如图 8-16(c)所示。

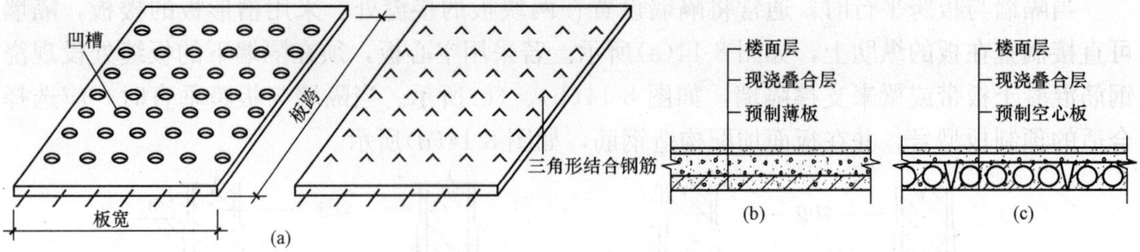

图 8-16　预制薄板叠合楼板

(a)预制薄板的板面处理；(b)预制薄板叠合楼板；(c)预制空心板叠合楼板

8.3　地坪层基本构造

8.3.1　实铺地坪层

实铺地坪层在建筑工程中的应用较广，一般由面层、垫层、基层三个基本层次组成。如前所述，为了满足更多的使用功能，可在地坪层中加设相应的附加层，如防水层、防潮层、隔声层、隔热层、管道敷设层等，这些附加层一般位于面层和垫层之间，如图 8-17 所示。

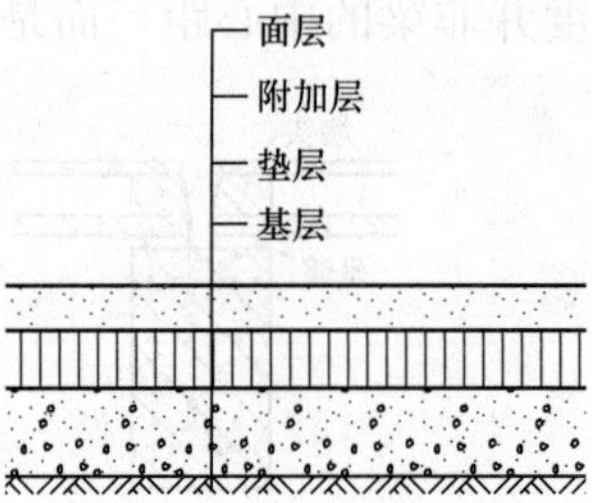

图 8-17　实铺地坪层构造

(1)面层是地坪层的表面层，直接承受各种物理、化学作用，是人们日常生活直接接触的表面，应满足坚固、耐磨、平整、光洁、不起尘、易于清洗、防水、防火、有一定弹性等使用要求。

(2)垫层的作用是满足面层铺设所要求的刚度和平整度，垫层有刚性垫层和非刚性垫层之分。刚性垫层一般采用强度等级为 C10 的混凝土，厚度为 60～100 mm，适用于整体面层和小块料面层的地坪中，如水磨石、水泥砂浆、陶瓷马赛克、缸砖等地面。

非刚性垫层一般采用砂、碎石、三合土等散粒状材料夯实而成，厚度为 60～120 mm，用于强度高、厚度大的大块料面层地坪中，如预制混凝土地面等。当地坪层采用刚性垫层时，变形缝应从垫层到面层处断开，垫层处缝内填沥青麻丝或聚苯板，当地坪层采用非刚性垫层时，可不设变形缝。

(3)基层起着保护垫层、防水、防潮和室内装饰的作用。

8.3.2　空铺地坪层

当房间要求地面能严格防潮或有较好的弹性时，可采用空铺地坪，即在夯实的地垄墙上铺设预制钢筋混凝土板或木板，如图 8-18 所示。采用空铺地坪时，应在外墙勒脚部位及地垄墙上设置通风口，以便空气对流。

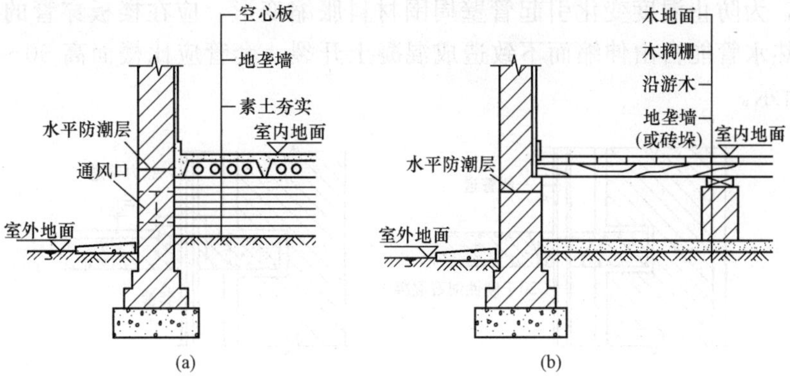

图 8-18　空铺地坪层

(a)预制钢筋混凝土板空铺地坪层；(b)木板空铺地坪层

8.3.3　楼地层变形缝构造

当建筑物设置变形缝时，应在楼地层的对应位置设置变形缝。变形缝应贯通楼地层的各个层次，并在构造上保证楼板层和地坪层能够满足美观和变形的需要。

楼地层变形缝的宽度应与墙体变形缝一致，上部用金属板、预制水磨石板、硬塑料板等盖缝，以防止灰尘下落。顶棚处应用木板、金属调节片等作盖缝处理，盖缝板应于一侧固定，另一侧自由，以保证缝两侧结构能够自由变形，如图 8-19 所示。

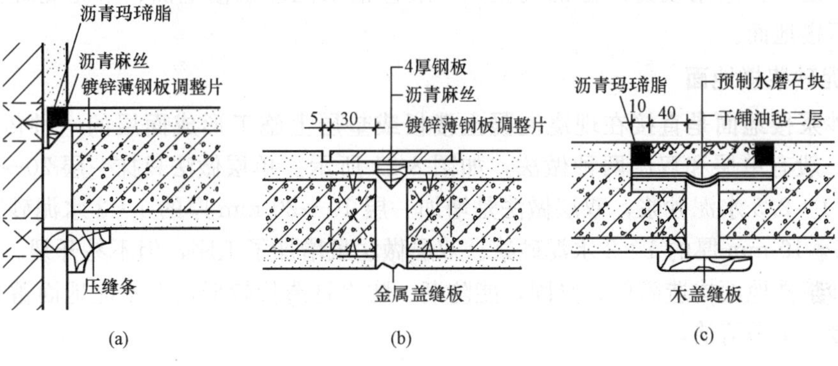

图 8-19　楼地层变形缝

8.3.4　楼地面防水做法

楼地面应设有 1%～2%的坡度，将水导入地漏，以便引导水从地漏中排出。为防止室内积水外溢，有水房间的楼地面标高应比其他房间或走廊低 20～30 mm；当有水房间地面不便降低时，也可在门口处做出高为 20～30 mm 的门槛。

为防止水的渗漏，楼板宜采用现浇板，并在面层和结构层之间设防水层，并将防水层沿房间四周向墙面延伸 100～150 mm。在开门处，防水层应铺出门外不少于 250 mm。有水房间的地面常采用水泥地面、水磨石地面、马赛克地面、地板砖等，以减少水的渗透。

对于管道穿楼板时的防水处理，一般采用两种方法：一是在管道周围用 C20 干硬性细石混凝土捣固密实，再用防水涂料作密封处理，如图 8-20(a)所示；二是当有热力管道穿过楼板时，为防止温度变化引起管壁周围材料胀缩变形，应在楼板穿管的位置预埋套管，以保证热水管能自由伸缩而不致造成混凝土开裂。套管应比楼面高 30～50 mm，如图 8-20(b)所示。

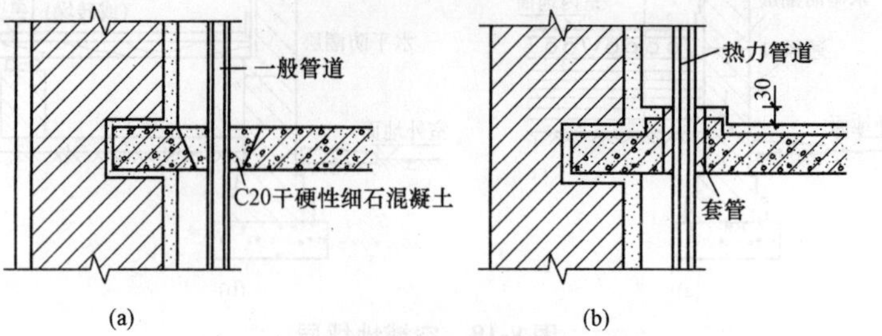

图 8-20　管道穿楼板时的防水处理

(a)普通管道的防水处理；(b)热力管道的防水处理

8.4　楼地面装修

8.4.1　整体式楼地面

整体式楼地面是采用在现场拌和的湿料，经浇抹形成的面层，具有构造简单、造价较低的特点，是一种应用较为广泛的类型，一般包括水泥砂浆楼地面、水泥混凝土楼地面、现浇水磨石楼地面。

1. 水泥砂浆楼地面

水泥砂浆楼地面是直接在现浇混凝土楼板或垫层上施工形成面层的一种传统整体式楼地面，一般有单层和双层两种做法，如图 8-21 所示。单层做法只抹一层 20～25 mm 厚的 1∶2 或 1∶2.5 水泥砂浆；双层做法是增加一层 10～20 mm 厚的 1∶3 水泥砂浆找平层，表面只抹 5～10 mm 厚的 1∶2 水泥砂浆。双层做法虽增加了工序，但不易开裂。

水泥砂浆楼地面构造简单、坚固，能防潮、防水且造价较低，但水泥地面蓄热系数大，冬天感觉冷，不易清洁。

2. 水泥混凝土楼地面

水泥混凝土楼地面常用两种做法：一种是采用细石混凝土面层，其强度等级不应小于 C20，厚度为 30～40 mm，如图 8-22(a)所示；另一种是采用水泥混凝土垫层兼面层，其强度等级不应小于 C15，厚度按垫层确定，如图 8-22(b)所示。

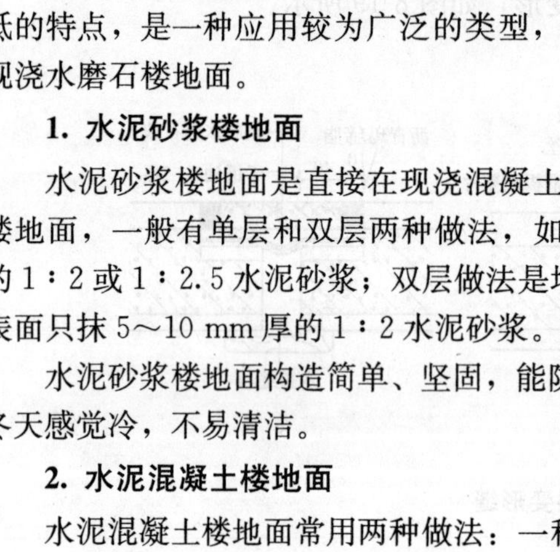

图 8-21　水泥砂浆楼地面

(a)单层做法；(b)双层做法

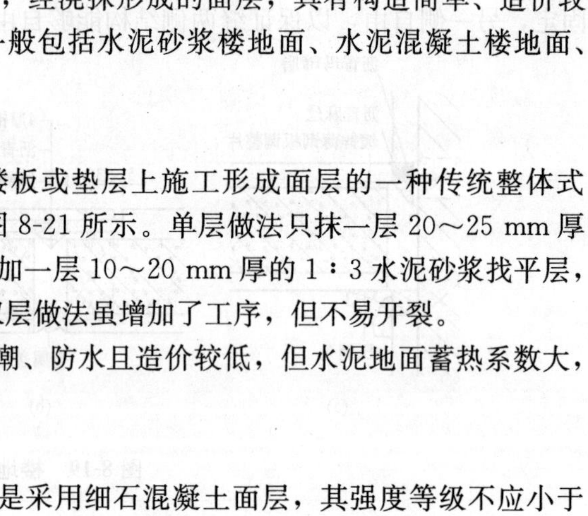

图 8-22　水泥混凝土楼地面

3. 现浇水磨石楼地面

现浇水磨石楼地面如图 8-23 所示。现浇水磨石楼地面一般分两层施工。在刚性垫层或结构层上用 10～20 mm 厚的 1∶3 水泥砂浆找平，面层铺 10～15 mm 厚的 1∶(1.5～2)的水泥白石子，待面层达到一定强度后加水养护并用磨石机打磨，最后上蜡保护。现浇水磨石地面具有良好的耐磨性、耐久性、防水防火性。

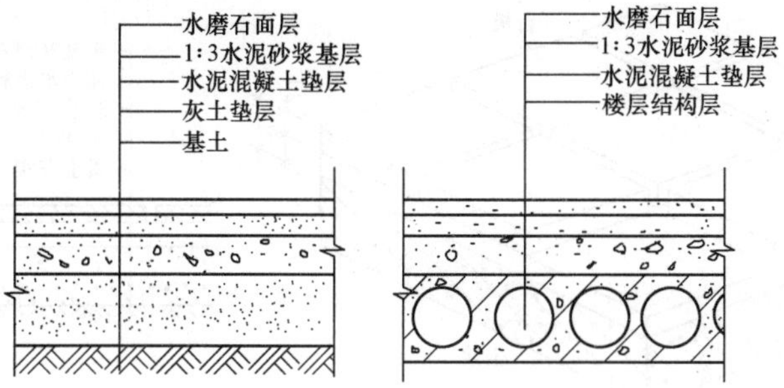

图 8-23 现浇水磨石楼地面

8.4.2 板材楼地面

板材楼地面属于中高档楼地面，它是通过铺贴各种天然或人造的预制块材或板材而形成的建筑地面。这种楼地面易清洁、经久耐用、花色品种多、装饰效果强，但工效低、价格高，主要适用于人流量大、清洁要求和装饰要求高、有防水作用的建筑。

1. 缸砖、瓷砖、陶瓷马赛克楼地面

缸砖、瓷砖、陶瓷马赛克的共同特点是表面致密、光洁、耐磨、吸水率低、不变色，属于小型块材，其铺贴工艺是：先在混凝土垫层或楼板上抹 15～20 mm 厚 1∶3 的水泥砂浆找平，再用 5～8 mm 厚 1∶1 的水泥砂浆或水泥胶(水泥∶108 胶∶水=1∶0.1∶0.2)粘贴，最后用素水泥浆擦缝。缸砖、陶瓷马赛克楼地面如图 8-24 所示。

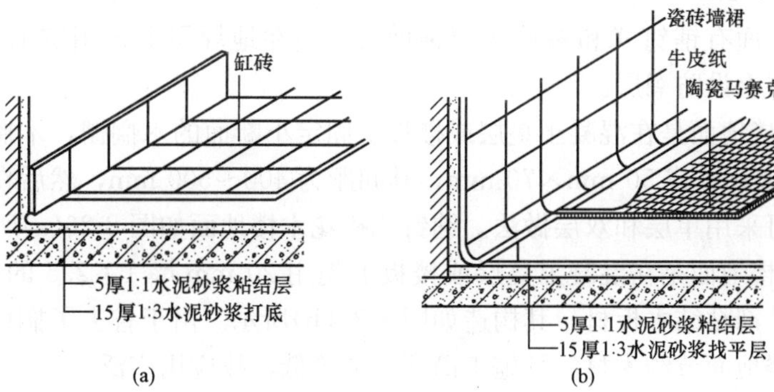

图 8-24 缸砖、陶瓷马赛克楼地面

(a)缸砖楼地面；(b)陶瓷马赛克楼地面

陶瓷马赛克在整张铺贴后，用滚筒压平，使水泥砂浆挤入缝隙，待水泥砂浆硬化后，用草酸洗去牛皮纸，然后用白水泥浆擦缝。

2. 花岗石板、大理石板楼地面

花岗石板、大理石板的尺寸一般为(300 mm×300 mm)～(600 mm×600 mm)，厚度为

20～30 mm，属于高级楼地面材料。花岗石板的耐磨性与装饰效果好，但价格昂贵。

花岗石板、大理石板楼地面如图 8-25 所示。板材铺设前应按房间尺寸预定制作；铺设时需预先试铺，合适后再开始正式粘贴，具体做法是：先在混凝土垫层或楼板找平层上实铺 30 mm 厚 1∶(3～4)干硬性水泥砂浆作结合层，上面撒素水泥面(洒适量清水)，然后铺贴楼地面板材，缝隙挤紧，用橡皮锤或木槌敲实，最后用素水泥浆擦缝。

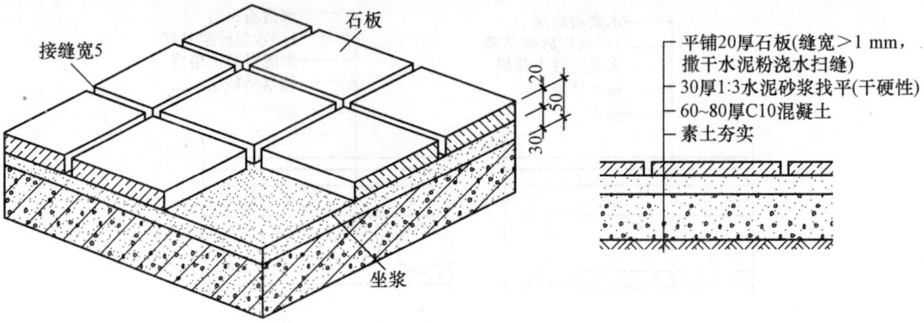

图 8-25　花岗石板、大理石板楼地面

8.4.3　木楼地面

木楼地面是一种高级楼地面的类型，具有弹性好、不起尘、易清洁和导热系数小的特点，但是造价较高，故应用不广。木楼地面按构造方式，可分为空铺式和实铺式两种。

1. 空铺式木楼地面

空铺式木楼地面的构造比较复杂，一般是将木楼地面进行架空铺设，使板下有足够的空间，以便于通风，保持干燥。空铺式木楼地面耗费木材量较多，造价较高，多不采用，主要适用于要求环境干燥且对楼地面有较高的弹性要求的房间。

2. 实铺式木楼地面

实铺式木楼地面有铺钉式和粘贴式两种做法。当在地坪层上采用实铺式木楼地面时，必须在混凝土垫层上设防潮层。

(1)铺钉式木楼地面是在混凝土垫层或楼板上固定小断面的木搁栅，木搁栅的断面尺寸一般为 50 mm×50 mm 或 50 mm×70 mm，其间距为 400～500 mm，然后在木搁栅上铺钉木板材。木板材可采用单层和双层做法。铺钉式拼花木楼地面如图 8-26(a)所示。

(2)粘贴式木楼地面是在混凝土垫层或楼板上先用 20 mm 厚 1∶2.5 的水泥砂浆找平，干燥后用专用胶粘剂粘结木板材，其构造如图 8-26(b)所示。由于省去了搁栅，粘贴式木楼地面比铺钉式木楼地面节约木材，且施工简便、造价低，故应用广泛。

8.4.4　塑料楼地面

塑料楼地面以聚乙烯树脂为基料，加入增塑剂、稳定剂等材料，经塑化热压而成。可以干铺，同片材一样，用胶粘剂粘贴到水泥砂浆找平层上。

聚氯乙烯塑料楼地面是以聚氯乙烯树脂为主要胶结材料，配以增塑剂、填充料、稳定剂、润滑剂和颜料，经高速混合、塑化、辊压或层压成型而成。塑料楼地板有直接铺设与粘结铺贴两种方式，地面的铺贴方法是：先将板缝切成 V 形，然后用三角形塑料焊条、电热

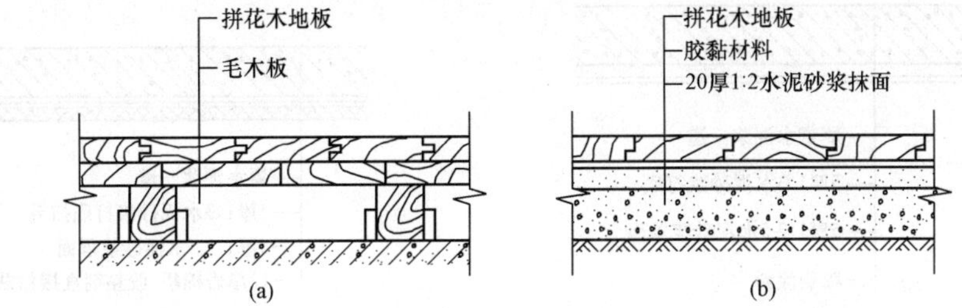

图 8-26　拼花木楼地面

(a)铺钉式；(b)粘贴式

焊枪焊接，并均匀加压 24 h。塑料楼地面施工如图 8-27 所示。

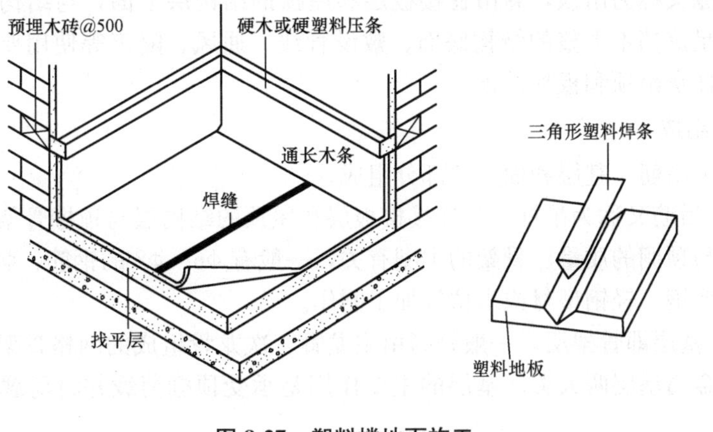

图 8-27　塑料楼地面施工

8.5　顶棚装修

8.5.1　直接式顶棚

直接式顶棚是在楼板结构层的底面直接进行喷刷、抹灰、贴面而形成饰面的顶棚。顶棚与上部结构层应可靠地黏结或钉接，具有取材容易、构造简单、施工方便、造价较低的优点，广泛应用于民用建筑中。

1. 直接喷涂、抹灰顶棚

直接喷涂、抹灰顶棚是在楼板底面直接喷涂、抹灰，保证饰面的平整和增加抹面灰层与基层的黏结力，如图 8-28 所示。先在顶棚的基层上刷一遍纯水泥浆，然后用混合砂浆打底找平。要求较高的房间，可在底板增设一层钢板网，在钢板网上再做抹灰。

2. 贴面顶棚

贴面顶棚的贴面材料较丰富，能够满足室内不同的使用要求，其基层处理要求和方法与直接抹灰、喷刷、裱糊类顶棚相同。对装修要求较高或有隔声、隔热等特殊要求的建筑物，可在板底直接粘贴装饰吸声板、石膏板、塑胶板等，如图 8-29 所示。

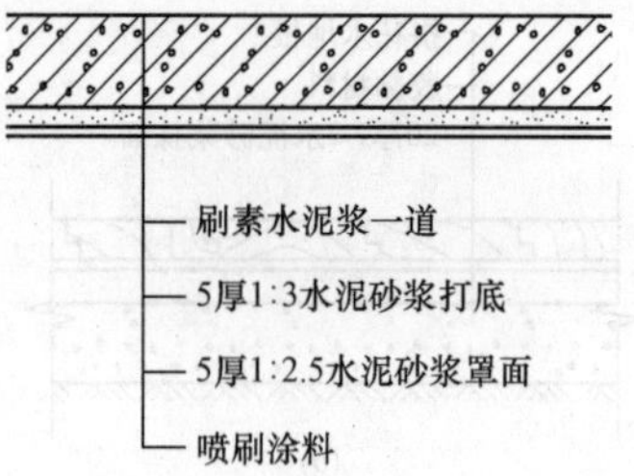

图 8-28　直接喷涂、抹灰顶棚

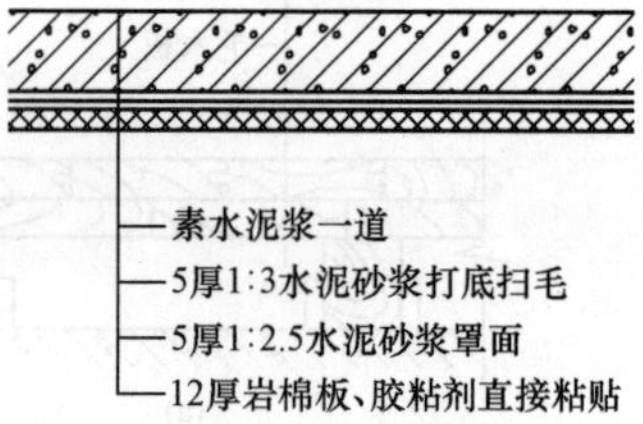

图 8-29　贴面顶棚

8.5.2　悬吊式顶棚

悬吊式顶棚又称为吊顶，悬吊在楼板层和屋顶的结构层下面，与结构层之间留有一定的空间，以满足遮挡不平整的结构底面、敷设管线、通风、隔声等使用要求。悬吊式顶棚按材料可分为抹灰吊顶和板材吊顶。

1. 吊顶的组成

吊顶一般由吊筋、基层和面层三部分组成。

(1)吊筋。吊筋又称为吊杆，是连接楼板层和屋顶的结构层与顶棚骨架的杆件，其形式和材料的选用与顶棚的质量、骨架的类型有关，一般有 Φ6～Φ8 的钢筋、Φ4 钢丝或 Φ8 的螺栓，也可采用型钢、轻钢型材或木枋等加工制作。

(2)基层。基层即骨架层，一般是指由主龙骨、次龙骨组成的网格骨架体系，按材料可分为木基层和金属基层两大类。基层的主要作用是承受顶棚荷载并将荷载通过吊筋传递给楼板或屋面板。

(3)面层。面层一般可分为抹灰类、板材类和格栅类。其作用是装饰美化室内空间。面层的设计应结合灯具、风口等的布置进行。面层与基层的连接根据其材料的不同而不同，有的用连接件、紧固件连接，如圆钉、螺栓、卡具等，有的则直接将面层搁置或挂扣在龙骨上，不需连接件。

2. 抹灰吊顶

抹灰吊顶的龙骨可以用木龙骨，也可以用轻钢龙骨。主木龙骨的断面宽为 60～80 mm，高为 120～150 mm，中距为 1 m，次龙骨的断面为 40 mm×60 mm，中距为 400～500 mm，用吊木固定在主龙骨上。轻钢龙骨一般有配套的型材。

抹灰面层的做法主要有板条抹灰、板条钢板网抹灰、钢板网抹灰三种。

(1)板条抹灰。板条抹灰一般采用木龙骨，如图 8-30(a)所示。这种顶棚是传统做法，构造简单，造价低，但抹灰层由于干缩或结构变形的影响，很容易脱落，且不防火，故通常用于装修要求较低的建筑。

(2)板条钢板网抹灰。板条钢板网抹灰顶棚的做法是在前一种顶棚的基础上加钉一层钢板网，以防止抹灰层开裂、脱落，如图 8-30(b)所示。这种做法适用于装修要求较高的建筑。

(3)钢板网抹灰。钢板网抹灰吊顶一般采用钢龙骨，钢板网固定在钢筋上，如图 8-30(c)所示。这种做法未使用木材，可以提高顶棚的防火性、耐久性和抗裂性，多用于公共建筑的大厅顶棚和防火要求较高的建筑。

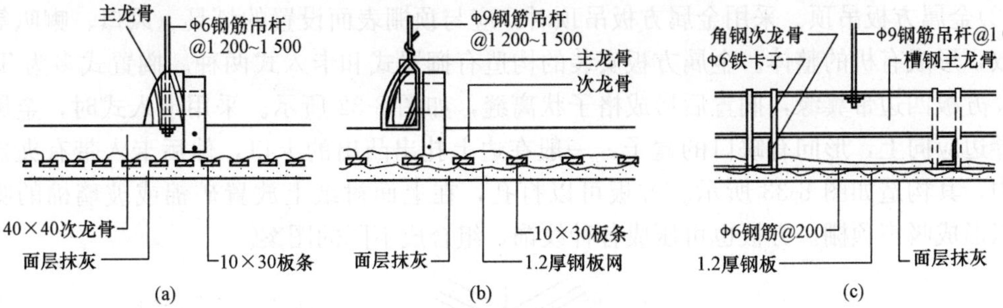

图 8-30　抹灰吊顶

(a)板条抹灰吊顶；(b)板条钢板网抹灰吊顶；(c)钢板网抹灰吊顶

3. 金属板吊顶

金属板吊顶是板材吊顶的一种，采用铝合金板、薄钢板等金属板材面层，铝合金板表面作电化铝饰面处理，薄钢板表面可用镀锌、涂塑、涂漆等防锈饰面处理。在这种顶棚中，顶棚的龙骨除是承重杆件外，还兼有卡具的作用，其构造简单，安装方便，耐火、耐久。

(1)金属条板吊顶。金属条板吊顶一般来说属于轻型不上人吊顶。金属条板一般多用卡口方式与龙骨相连，但这种方法只适用于板厚不大于 0.8 mm、板宽不超过 100 mm 的条板。

对于板宽超过 100 mm、板厚超过 1 mm 的板材，多采用螺钉等进行固定。铝合金和薄钢板轧制而成的槽形条板，有窄条、宽条之分，根据条板类型的不同，吊顶龙骨的布置方法也不同。金属条板吊顶按条板与条板相接处的板缝处理形式可分为封闭型条板吊顶和开放型条板吊顶，如图 8-31 所示。

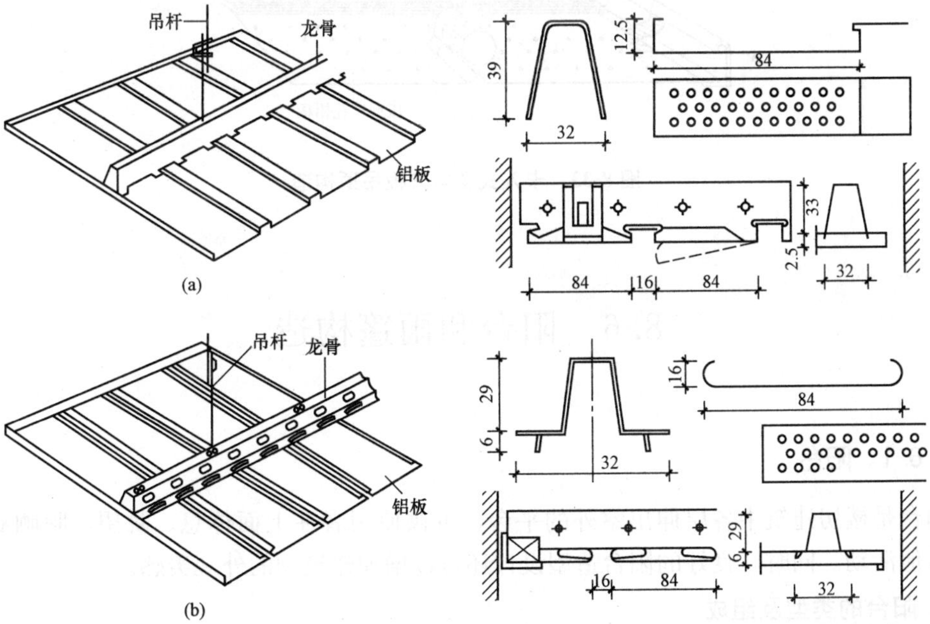

图 8-31　金属条板吊顶

(a)封闭型；(b)开放型

(2)金属方板吊顶。采用金属方板吊顶时，应与顶棚表面设置的灯具、风口、喇叭等协调一致，形成有机的整体。金属方板安装的构造有搁置式和卡入式两种。搁置式多为T形龙骨，方板四边带翼缘，搁置后形成格子状离缝，如图8-32所示。采用卡入式时，金属方板的卷边应向上，形同有缺口的盒子，一般在边上扎出凸出的卡口，然后卡入带有夹器的龙骨中，其构造如图8-33所示。方板可以打孔，在上面衬纸上放置矿棉或玻璃棉的吸声垫，以形成吸声顶棚。方板也可压成各种纹饰，组合成不同的图案。

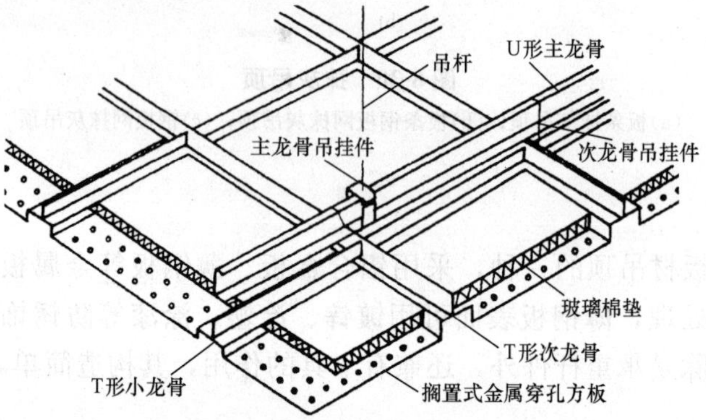

图 8-32　搁置式金属方板吊顶构造

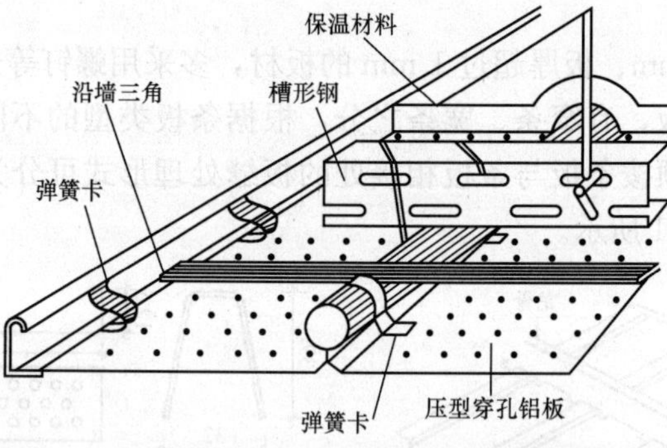

图 8-33　卡入式金属方板吊顶构造

8.6　阳台和雨篷构造

8.6.1　阳台

阳台是楼房建筑中各层伸出室外的平台，可供使用者在上面休息、眺望、晾晒衣物或从事其他活动。同时，良好的阳台造型设计还可以增加建筑物的外观美感。

1. 阳台的类型及组成

(1)类型。阳台按其与外墙的相对位置不同，可分为凸阳台、凹阳台、半凸半凹阳台及转角阳台，如图8-34所示。

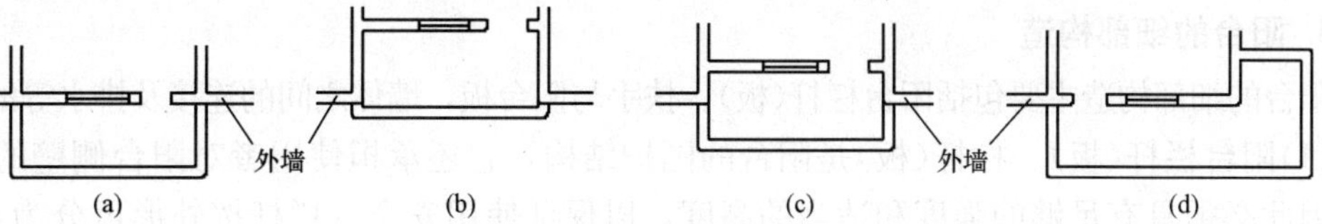

图 8-34 阳台的类型

(a)凸阳台；(b)凹阳台；(c)半凸半凹阳台；(d)转角阳台

(2)组成。阳台由阳台板和栏杆扶手组成。阳台板是阳台的承重结构，栏杆扶手是阳台的围护构件，设在阳台临空的一侧。

2. 阳台的结构布置

阳台的结构形式及布置方式应与建筑物的楼板结构布置统一考虑。阳台的承重结构布置一般为悬挑式结构，按悬挑方式可分为挑梁式、挑板式、压梁式等。

(1)挑梁式阳台[图 8-35(a)]。挑梁式阳台是从建筑物的横墙上伸出挑梁，上面搁置阳台板。为防止阳台倾覆，挑梁压入横墙部分的长度应不小于悬挑部分长度的 1.5 倍。工程中一般在挑梁端部增设与其垂直的边梁，以加强阳台的整体性，并承受阳台栏杆的质量。

(2)挑板式阳台[图 8-35(b)]。挑板式阳台是将楼板延伸挑出墙外，形成阳台板。由于阳台板与楼板是一个整体，楼板的质量和墙的质量构成阳台板的抗倾覆力矩，保证阳台板的稳定。挑板式阳台板底平整美观，若采用现浇式工艺，还可以将阳台平面制成半圆形、弧形、多边形等形式，增加房屋的形体美观性。

(3)压梁式阳台[图 8-35(c)]。压梁式阳台是将凸阳台板与墙梁整浇在一起，墙梁可用加大的圈梁代替，此时，梁和梁上的墙构成阳台板后部压重。由于墙梁受扭，故阳台悬挑尺寸不宜过大，一般在 1 m 以内为宜。当梁上部的墙开洞较大时，可将梁向两侧延伸至不开洞部分，必要时还可以伸入内墙来确保安全。

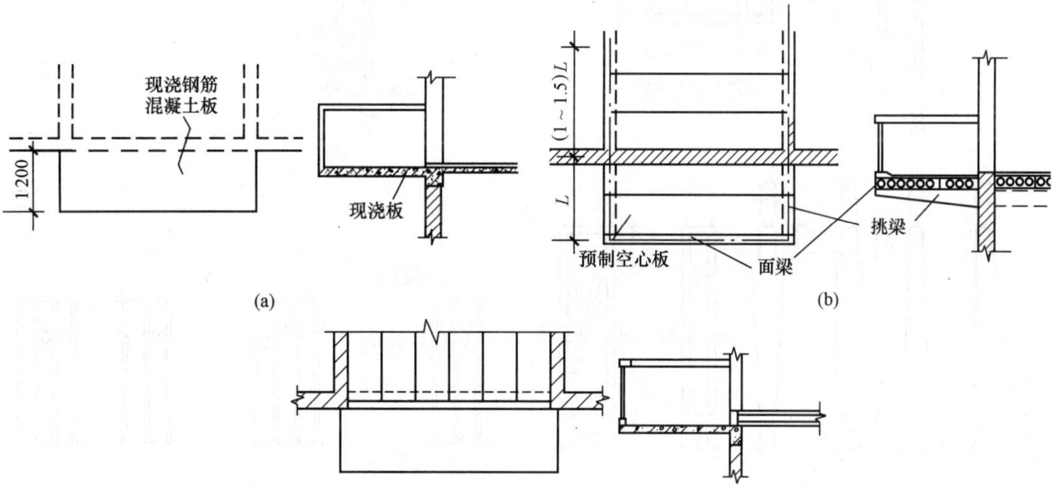

图 8-35 阳台悬挑形式

(a)挑梁式；(b)挑板式；(c)压梁式

3. 阳台的细部构造

阳台的细部构造主要包括阳台栏杆(板)、扶手与阳台板，墙体之间的连接及排水等的构造。

(1)阳台栏杆(板)。栏杆(板)是阳台的围护结构，它还承担使用者对阳台侧壁的水平推力，因此必须具有足够的强度和适当的高度，以保证使用安全。栏杆按外形可分为空花式、实体式、混合式三种，如图 8-36 所示。阳台栏杆(板)材料可采用砖砌、钢筋混凝土板、金属和钢化玻璃等。

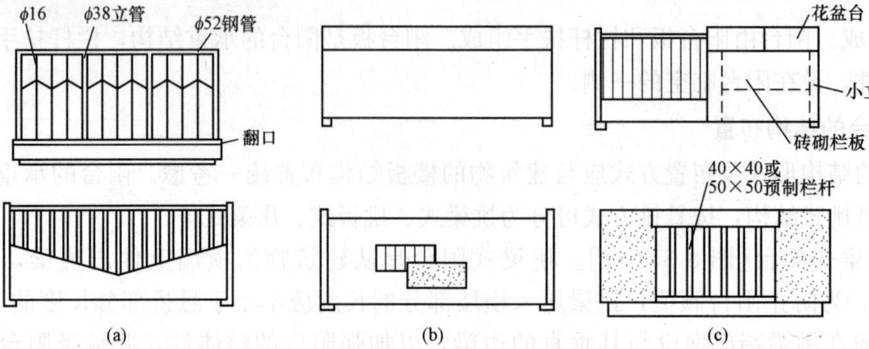

图 8-36　阳台栏杆(板)的形式

(a)空花式；(b)实体式；(c)混合式

栏杆(板)构造如图 8-37 所示。

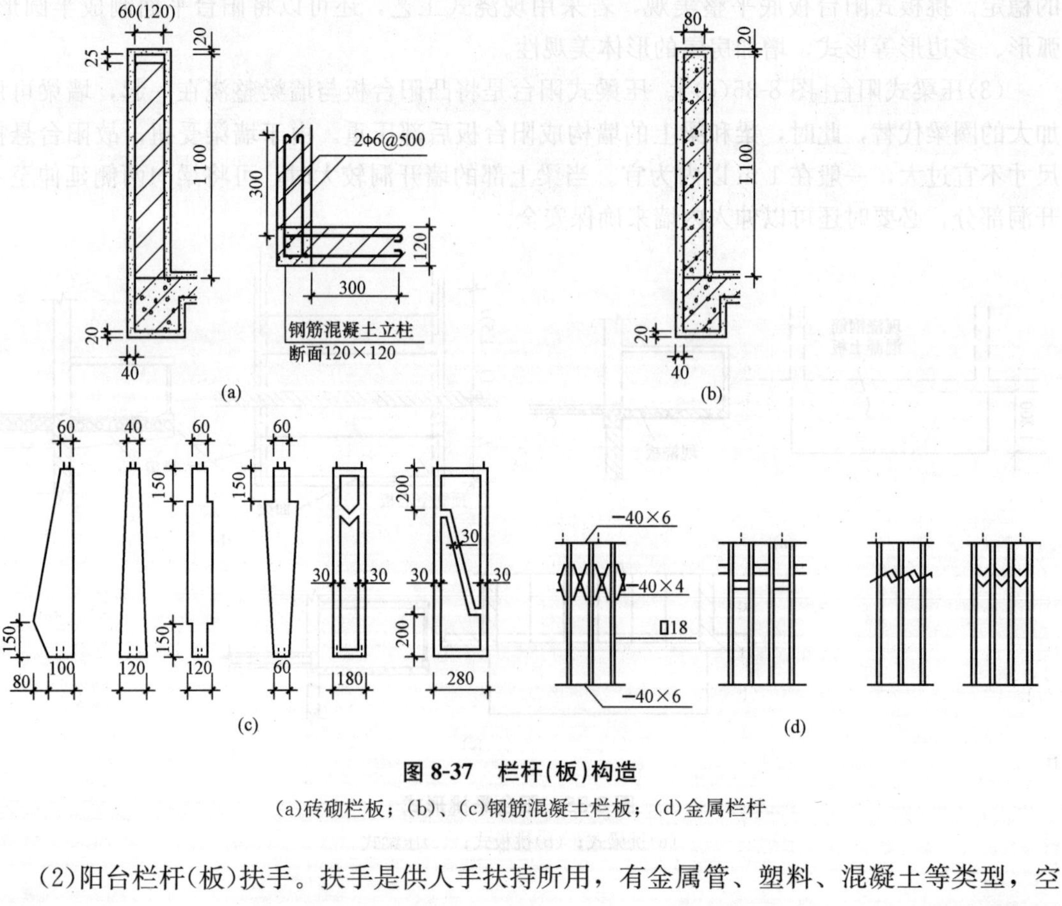

图 8-37　栏杆(板)构造

(a)砖砌栏板；(b)、(c)钢筋混凝土栏板；(d)金属栏杆

(2)阳台栏杆(板)扶手。扶手是供人手扶持所用，有金属管、塑料、混凝土等类型，空

花栏杆上多采用金属管和塑料扶手，栏板和组合栏板多采用混凝土扶手。栏杆(板)、扶手及墙体的连接构造如图 8-38 所示。

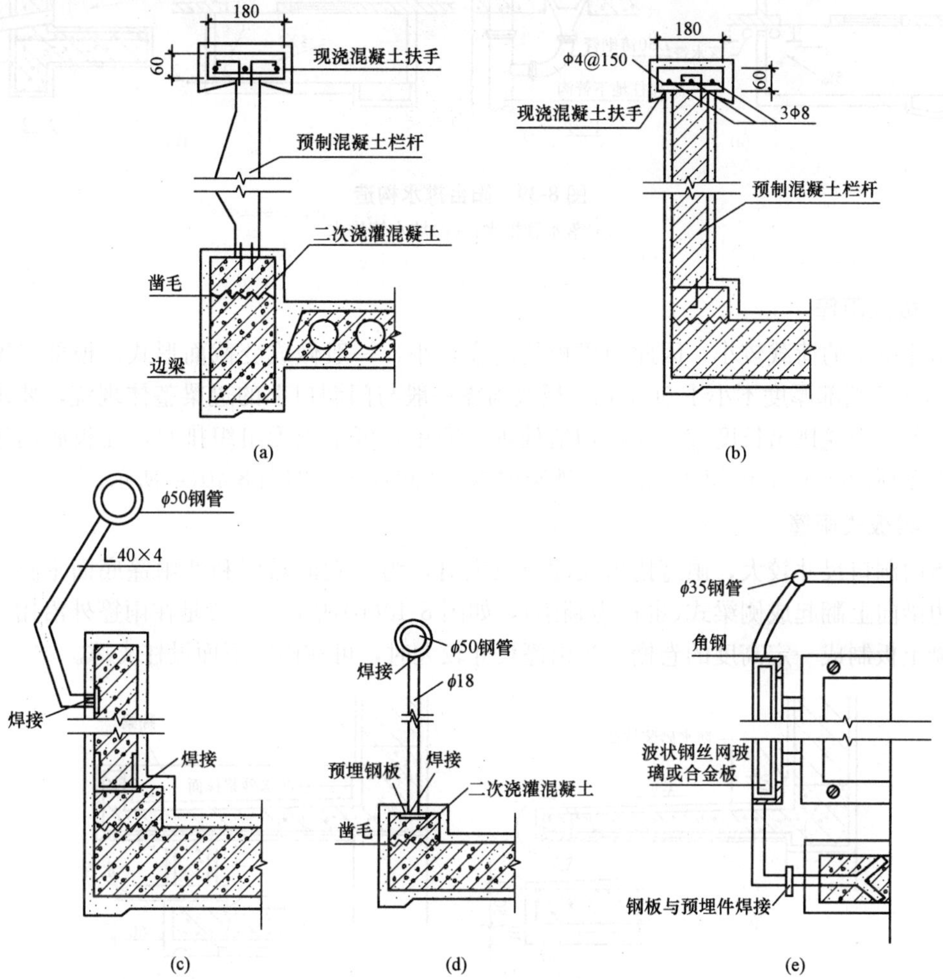

图 8-38　栏杆(板)、扶手及墙体的连接构造

(a)预制混凝土栏杆与混凝土扶手；(b)预制钢筋混凝土栏板和扶手；
(c)预制钢筋混凝土栏板与钢扶手；(d)金属栏杆与钢管扶手；(e)波状钢丝网玻璃栏板与钢扶手

4. 阳台的排水

为防止雨水流入室内，设计时应使阳台标高低于室内地面 20～50 mm，并在阳台一侧设排水孔，如图 8-39 所示。阳台排水主要有坡口管排水和落水管排水两种形式。低层或要求不高的建筑，阳台面向两侧做 5‰坡度，在阳台的外侧栏板设镀锌钢管或硬质塑料管，伸出阳台栏板外面不少于 80 mm，以防止落水溅到下面阳台上；落水管排水适用于高层建筑，为保证建筑立面效果，可在阳台内侧设地漏和排水立管。

8.6.2 雨篷

雨篷是建筑物外门顶部悬挑的水平挡雨构件。雨篷除具有保护大门不受侵害的作用外，还具有一定的装饰作用。雨篷按结构形式可分为板式和梁板式两种。

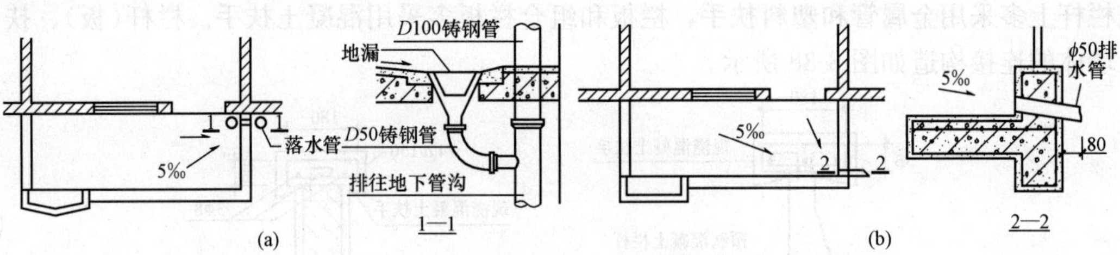

图 8-39　阳台排水构造

(a)落水管排水；(b)坡水管排水

1. 板式雨篷

雨篷所受的荷载较小，因此雨篷板的厚度较小，一般做成变截面形式，根部厚度不小于 70 mm，端部厚度不小于 50 mm。板式雨篷一般与门洞口上的过梁整体现浇，要求上下表面相平。雨篷挑出长度较小时，构造处理较简单，可采用无组织排水，在板底周边设滴水，雨篷顶面抹 15 mm 厚 1∶2 水泥砂浆内掺 5%防水剂，如图 8-40(a)所示。

2. 梁板式雨篷

当门洞口尺寸较大，雨篷挑出尺寸也较大时，为了立面需要和使雨篷底面平整，通常将周边梁向上翻起成侧梁式(也称为翻梁)，如图 8-40(b)所示，一般是在雨篷外沿用砖或钢筋混凝土板制成一定高度的卷檐。当雨篷尺寸较大时，可在雨篷下面设柱支撑。

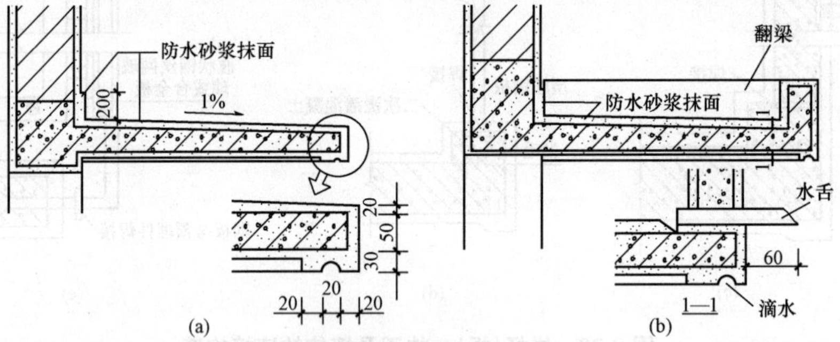

图 8-40　雨篷

(a)板式雨篷；(b)梁板式雨篷

模块小结

楼地层可分为楼板层和地坪层两种。楼板层一般由面层、结构层和顶棚层等几个基本层次组成，当房间对楼板层有特殊要求时，可加设相应的附加层。地坪层是分隔建筑物最底层房间与下部土壤的水平构件，它承受作用在其上面的各种荷载，并将这些荷载完全传递给地基。顶棚是位于楼板层最下面的装修层，应具有隔声、保温、隔热、防火等功能。顶棚的构造设计应从建筑功能、建筑声学、建筑照明、建筑热工、设备安装、管线敷设、维护检修和防火安全等多方面综合考虑。阳台是楼房建筑中各层伸出室外的平台，可供使用者在上面休息、眺望、晾晒衣物或从事其他活动。雨篷是建筑物外门顶部悬挑的水平挡雨构件。雨篷除具有保护大门不受侵害的作用外，还具有一定的装饰作用。

思考与练习

1. 楼板的设计应满足哪些要求？
2. 板材楼地面层施工应注意哪些事项？
3. 阳台的结构布置应符合哪些要求？

模块 9　楼梯与电梯

知识目标

(1)楼梯梯段、平台、栏杆与扶手，楼梯的类型，楼梯各组成部分的尺寸；

(2)现浇整体式钢筋混凝土楼梯、预制装配式钢筋混凝土楼梯；

(3)楼梯踏面防滑、栏杆扶手构造；

(4)台阶的构造做法、坡道的构造做法；

(5)电梯的组成、电梯的土建要求。

能力目标

(1)掌握楼梯的组成、类型和楼梯设计的尺寸要求；

(2)掌握现浇钢筋混凝土楼梯的结构形式，了解中小型预制装配式钢筋混凝土的结构形式；

(3)掌握楼梯的细部构造；

(4)熟悉台阶、坡道的设计要求及构造要求；

(5)了解电梯的组成、电梯的土建要求。

9.1　楼梯概述

楼梯、电梯、自动扶梯、爬梯、坡道和台阶都是建筑物的垂直交通设施。楼梯是有楼层的建筑物各个不同楼层之间上下联系的不可缺少的主要垂直交通设施，此外楼梯还要担负紧急情况下安全疏散的任务。楼梯坡度为 20°～45°；爬梯用于消防和检修，其坡度为 60°～90°；坡道用于建筑物入口处或走廊通道处，其坡度小于 15°；室外台阶用于室内外有高差的楼地面之间的联系，其坡度为 15°～20°；电梯主要用于中高层以上的建筑或有特殊要求的建筑；自动扶梯用于人流量大的公共建筑。其中楼梯的应用最为广泛。图 9-1 所示为楼梯实例。

9.1.1　楼梯的类型

楼梯是由连续行走的梯级、休息平台和围护安全的栏杆(或栏板)、扶手，以及相应的支托结构组成的用于楼层之间垂直交通的建筑部件。

楼梯的类型较多，在不同的建筑中可以采用不同的类型。

(1)楼梯按楼梯段的数量、构造和平面布置方式划分，常见的类型有单跑式(通常把楼

图 9-1　楼梯实例

梯段称为跑)、双跑式、三跑式、弧形和螺旋式等，如图 9-2 所示。

1)单跑式楼梯：是指从一个楼层沿着一个方向到另一个相邻楼层，只有一个不设中间平台的楼梯段组成的楼梯。其平面投影较长，多用于楼层高度较小的建筑中。

2)双跑式楼梯：是指从一个楼层到另一个相邻楼层，由两个楼梯段组成的楼梯。其包括双跑平行式、双跑直行式、转角式、双分式平行梯、双合式平行梯、剪刀式等。其中，双跑平行式楼梯的平面投影为矩形，便于与建筑物中的房间组合，所以应用最为广泛，无论工业还是民用建筑大多采用这种楼梯。双跑直行式楼梯由于平面投影较长，多用于楼梯间平面成长条形的建筑中。转角式楼梯占据房间一角，故多用于室内空间较小时的建筑。双分式平行、双合式平行及剪刀式楼梯，由于楼梯段相对较宽，且便于分散人流，故多用于人流较多的公共建筑中。

3)三跑式楼梯：是指从一个楼层到另一个相邻楼层，需要由三个转折的楼梯段组成的楼梯。其平面投影近似方形，故多用于楼梯间平面接近方形的建筑中。

4)弧形式楼梯：是指楼梯段的投影为弧形的楼梯。由于其造型优美，可以丰富室内空间的艺术效果，故多用于美观要求较高的公共建筑中。

5)螺旋式楼梯：是指楼梯踏步围绕一根或多根中央立柱布置、每个踏步均为扇形的楼梯。由于其踏步内窄外宽，行走不便，但造型优美，一般用于人流量少的居住建筑和公共建筑的大厅中。

(2)楼梯按位置划分，有室内楼梯和室外楼梯。

(3)楼梯按重要性划分，有主要楼梯和辅助楼梯。

(4)楼梯按材料划分，有木楼梯、钢楼梯和钢筋混凝土楼梯等。

9.1.2　楼梯的组成

楼梯主要是由楼梯段、平台、栏杆(或栏板)和扶手组成的，如图 9-3 所示。

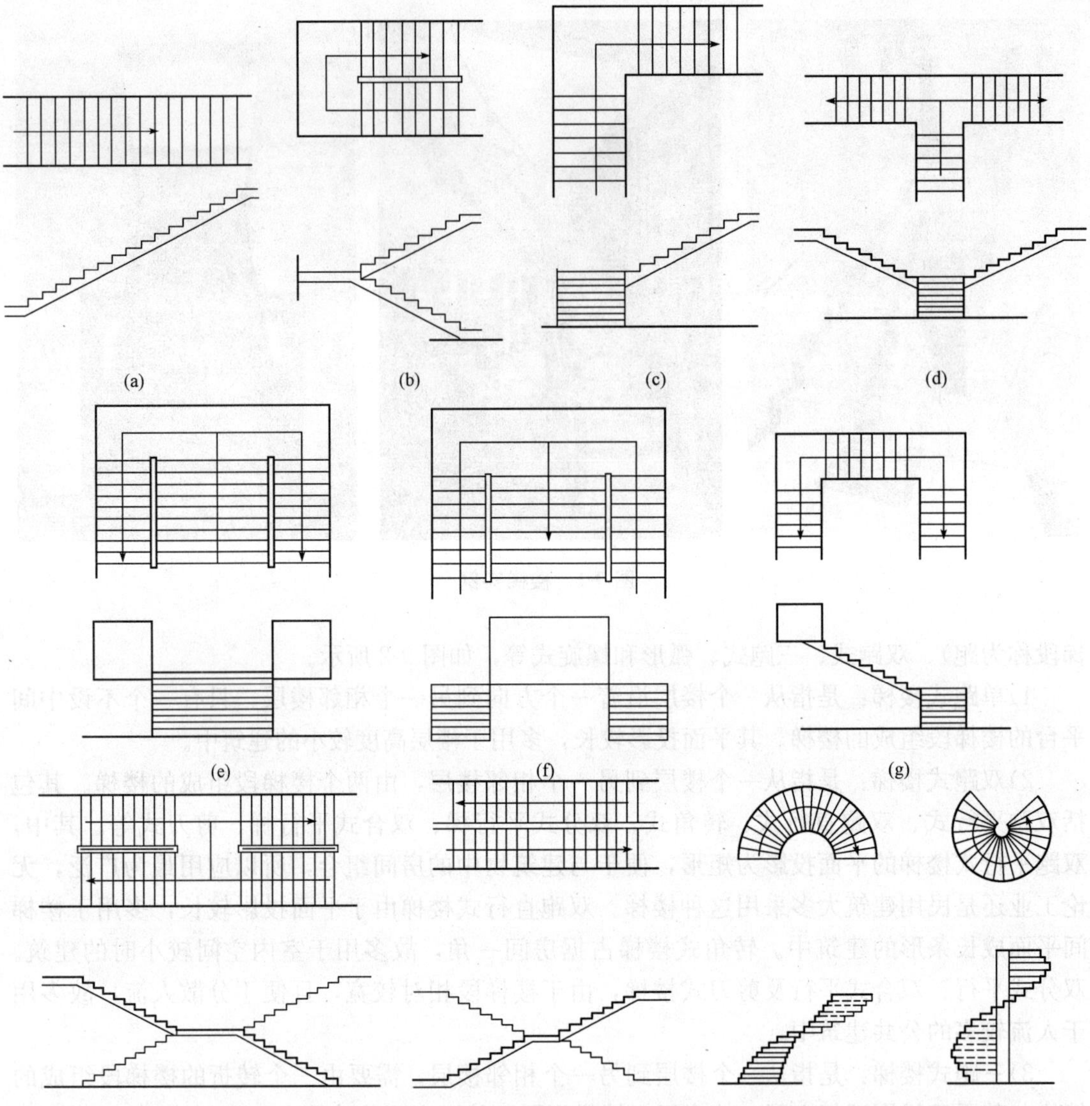

图 9-2　楼梯的类型

(a)单跑式；(b)双跑式；(c)转角式；(d)双分式一；

(e)双分式二；(f)双合式；(g)三跑式；

(h)剪刀式；(i)交叉式；(j)弧形式；(k)螺旋式

(1)楼梯段(或称为梯跑)。楼梯段是联系两个不同标高平台的倾斜构件，一般由踏步或踏步和斜梁组成。为减缓疲劳和安全起见，一般楼梯段踏步数不超过 18 级，不少于 3 级。

(2)平台。平台可分为中间平台和楼层平台。两楼层之间的平台称为中间平台，当踏步数超过 18 级时设中间平台。与楼层地面标高齐平的平台称为楼层平台，用来供人们调节疲劳和转换梯段方向。

由平台和梯段围成的空间称为楼梯井，宽度一般为 60～200 mm。

(3)栏杆(或栏板)和扶手。栏杆(或栏板)是指高度在人体胸部与腹部之间，用来保障人身安全或分割空间的防护分隔构件；栏杆(或栏板)顶部供人们依扶用的连续杆件，称为扶手。

当楼梯段宽度不大时，只在临空的一面设栏杆(或栏板)和扶手。当楼梯段较宽达三股人流时，应在靠墙一边加设靠墙扶手。当楼梯段特别宽达四股人流时，还应该在楼梯段中间增设中间扶手。

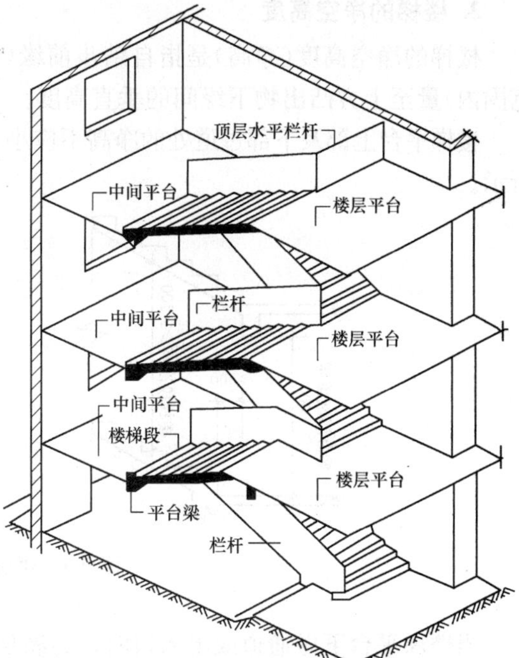

图 9-3 楼梯的组成

9.1.3 楼梯的尺度

1. 楼梯的坡度与踏步尺寸

楼梯的坡度一般为 20°～45°，一般楼梯的坡度不宜超过 38°，较为舒适的坡度为 26°34′，即高宽比为 1/2。

踏步由踏面和踢面组成。踏面是指踏步的水平面；踢面是指踏步的垂直面。踏步的尺寸应根据人体的尺度来决定。踏步宽常用 b 表示，高常用 h 表示，如图 9-4 所示。

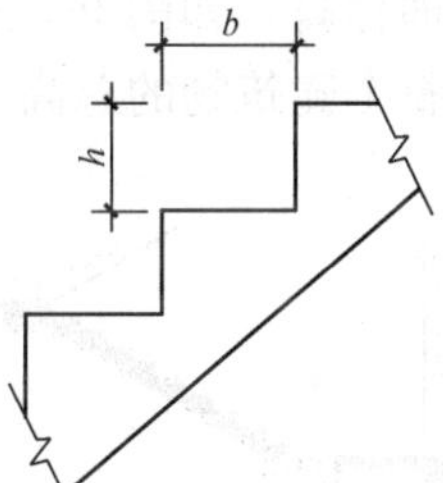

图 9-4 踏步的高、宽示意

为了人们使在楼梯上行走起来安全舒适，踏步的高宽比应根据楼梯坡度要求和不同类型人体自然踏步(步跑)要求来确定，即应符合最小宽度和最大高度的要求。例如，住宅公共楼梯踏步最小宽度为 260 mm，最大高度为 175 mm；住宅套内楼梯踏步最小宽度为 220 mm，最大高度为 200 mm；幼儿园、小学楼梯踏步最小宽度为 260 mm，最大高度为 150 mm。

2. 楼梯段与平台的宽度

楼梯段的宽度是指墙面到扶手中心线或扶手中心线之间的水平距离。其宽度应符合防火要求和人流股数的要求。供日常主要交通用的楼梯的楼梯段净宽应根据建筑物的使用特征确定，一般按每股人流 0.55 m＋(0～0.15)m 计算，且不少于两股人流。其中，0.55 m 为正常人体的宽度，(0～0.15)m 为人行走时的摆幅。一般双人通行时，为 1 100～1 400 mm，三人通行时，为 1 650～2 100 mm。住宅套内楼梯的楼梯段净宽，一边临空时，不小于 750 m；两侧有墙时不小于 900 mm。高层建筑疏散楼梯的最小宽度规定：居住建筑为 1.10 m；医院病房楼为 1.30 m；其他建筑为 1.20 m。

楼梯平台的宽度是指墙面到扶手中心线的水平距离。平台的宽度必须大于或等于楼梯段宽度。当平台上设有暖气片或消火栓时，应扣除其所占的宽度。

3. 楼梯的净空高度

楼梯的净空高度(净高)是指自踏步前缘(包括最高和最低一级踏步前缘线以外 0.30 m 范围内)量至上方凸出物下缘间的垂直高度。

楼梯平台上部及下部过道处的净高不应小于 2 m，楼梯段净高不宜小于 2.2 m，如图 9-5 所示。

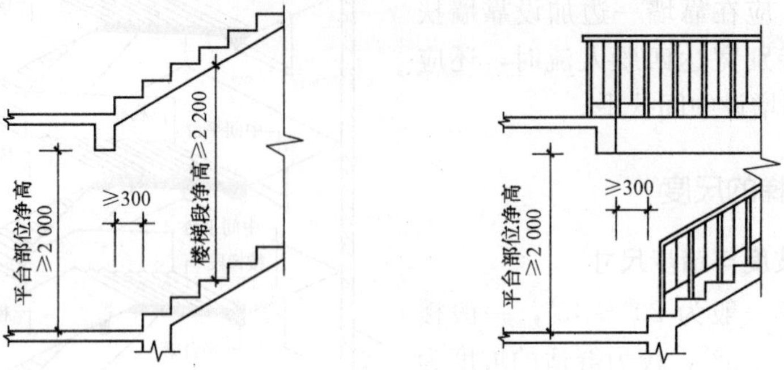

图 9-5　楼梯的净空高度

当楼梯平台下做通道或出入口时，为满足净空高度要求，可采取以下方法解决：

(1)不等楼梯段。将底层第一楼梯段加长，做成不等楼梯段，如图 9-6 所示。这种处理方式适用于楼梯间进深较大的情况。

(2)降低楼梯间入口处室内地面标高。第一段楼梯段长度与步数保持不变，降低楼梯间入口处室内地面标高，如图 9-7 所示。这种处理方式的楼梯构造简单，但是增加了室内外高差，提高了整个建筑物的总高度，造价较高。

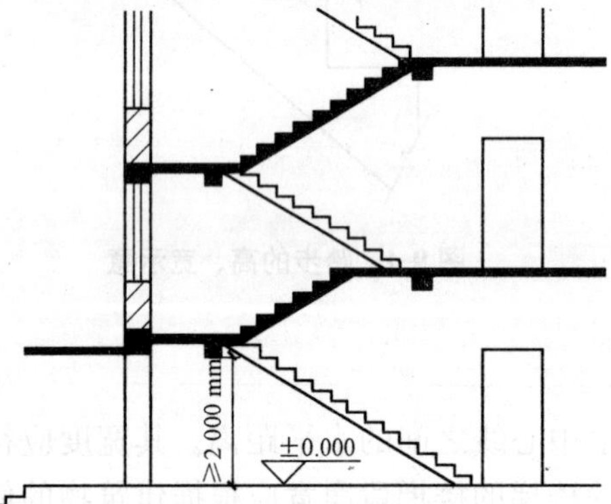

图 9-6　不等楼梯段

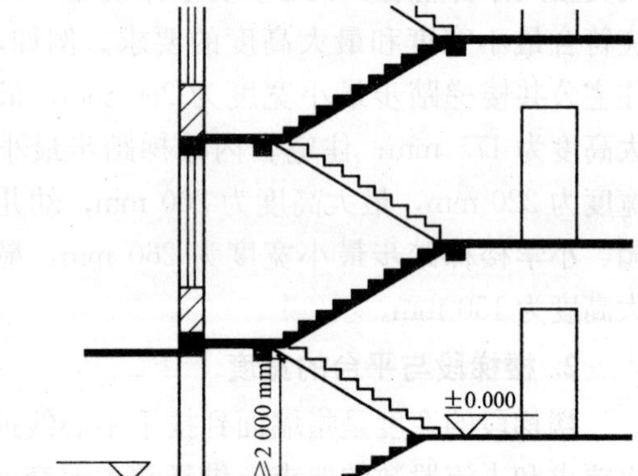

图 9-7　降低楼梯间入口处室内地面标高

(3)综合方法。将上述两种处理方法结合起来使用，既增加了室内外高差，又做成了不等楼梯段。这种处理方式对楼梯间进深和室内外高差要求都不太大，造价适中，应用较多。

4. 楼梯扶手高度

楼梯扶手高度是指自踏步前缘线量起至扶手上表面的垂直高度。

一般情况下，室内楼梯扶手高度不应小于 900 mm。靠梯井一侧水平扶手长度大于 0.5 m

时，其高度不应小于1.05 m。儿童用扶手高度一般为600 mm，当采用垂直杆件做栏杆时，其栏杆净距不应大于0.11 m，如图9-8所示。

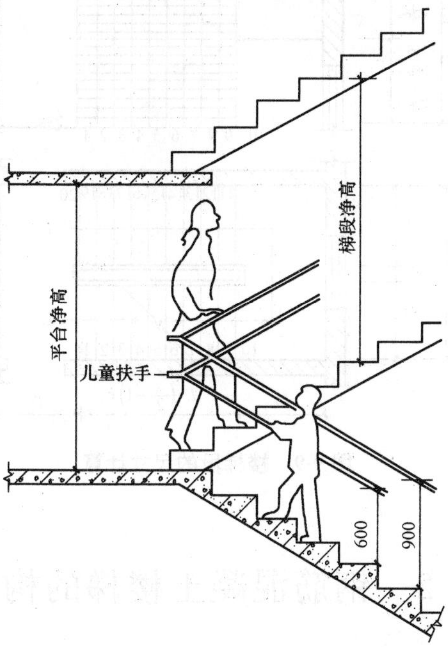

图9-8 楼梯扶手高度

5. 楼梯间尺寸的确定

已知楼梯间的开间、进深和层高，根据建筑物的性质和使用要求，按以下顺序确定楼梯各部分的尺寸：

(1)确定踏步的尺寸与数量。踏步的尺寸由公式 $2h+b=600\sim620$ mm 或 $b+h=450$ mm 计算，按建筑的使用性质及相关设计规范的规定，先假定出踏步的宽度 b，根据公式求出踏步的高度 h。

踏步的数量则根据房屋的层高来定，如层高为 H，则踏步的数量 $N=H/h$。

当为双跑平行楼梯时，踏步最好为偶数，如果求得的 N 为奇数，可重新调整步高 h，使 N 尽量成为偶数，以便于设计与施工。

(2)楼梯段的长度计算。楼梯段的长度取决于踏步的数量。当每层总的踏步级数 N 求出后，对于等跑楼梯段的长度 L，可按下式求得：

$$L=(N/2-1)b$$

(3)楼梯段宽度与平台宽度的计算。楼梯段宽度取决于楼梯间的开间宽度，如果楼梯间净宽为 A，两楼梯段之间的梯井宽为 C，则楼梯段的宽度为

$$B=(A-C)/2$$

平台宽度 $D\geqslant B$。

若楼梯间的尺寸不可调整，计算出的各部分尺寸不满足相关要求时，可以调整楼梯的类型、踏步的尺寸及数量等。若楼梯间的尺寸可以调整时，那么按模数调整楼梯间的尺寸，如图9-9所示。

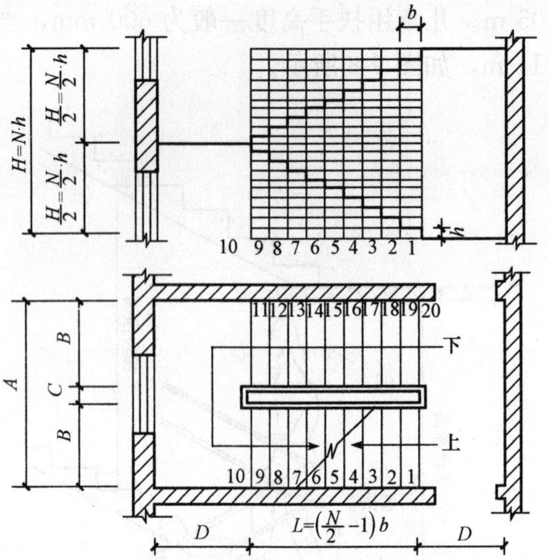

图 9-9　楼梯段的尺寸计算

9.2　钢筋混凝土楼梯的构造

9.2.1　现浇整体式钢筋混凝土楼梯

现浇整体式钢筋混凝土楼梯是指在施工现场就地支模、绑扎钢筋，将楼梯段与平台整浇在一起的整体式钢筋混凝土楼梯。

现浇整体式钢筋混凝土楼梯具有整体性好、刚度大、坚固耐久、尺寸灵活的特点，对抗震较为有利。但由于工序较多，模板耗费较多，湿作业多，施工速度慢，其多用于楼梯形式复杂、整体性要求高或对抗震设防要求较高的建筑中。

现浇整体式钢筋混凝土楼梯按楼梯段传力方式的不同，其结构形式可分为板式楼梯和梁板式楼梯两种，如图 9-10 所示。

1. 板式楼梯

板式楼梯[图 9-10(a)]是将楼梯段作为一块斜板，在斜板面上做成踏步，楼梯段的两端放在平台梁上，平台梁支承在墙或柱上的楼梯。其用于跨度较小的楼梯。

2. 梁板式楼梯

梁板式楼梯[图 9-10(b)]是楼梯段中设有斜梁，斜梁支承平台梁上，平台梁支承在墙或柱上的楼梯。其适用于跨度大的楼梯。

斜梁的位置可在楼梯段的上面，也可在楼梯段的下面；可以在临空一侧或下部中间设一根，也可以在楼梯段的两侧各设一根。斜梁在楼梯段上面时踏步为暗步，在楼梯段下面时踏步为明步。

9.2.2　预制装配式钢筋混凝土楼梯

预制装配式钢筋混凝土楼梯是在预制现场或施工现场将楼梯的组成构件预制成型，运到楼梯的相应部位，进行组装形成的楼梯。其施工速度快，湿作业少，但造价相对较高，

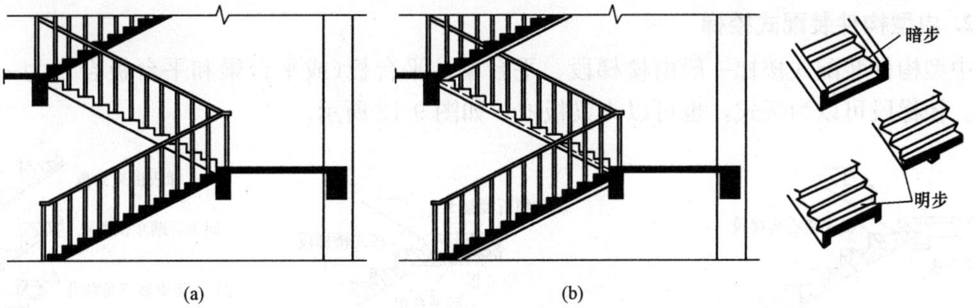

图 9-10　现浇整体式钢筋混凝土楼梯构造

(a)板式楼梯；(b)梁板式楼梯

楼梯的整体性能也差，有震动和地震的地区不适用，目前已经很少使用。

按构件大小的不同，预制装配式钢筋混凝土楼梯可分为小型构件装配式楼梯、中型构件装配式楼梯和大型构件装配式楼梯。

1. 小型构件装配式楼梯

小型构件装配式楼梯一般由踏步块、梯段梁、平台梁、平台板等组成。小型构件装配式楼梯可分为悬挑式、墙承式和梁承式，如图 9-11 所示。

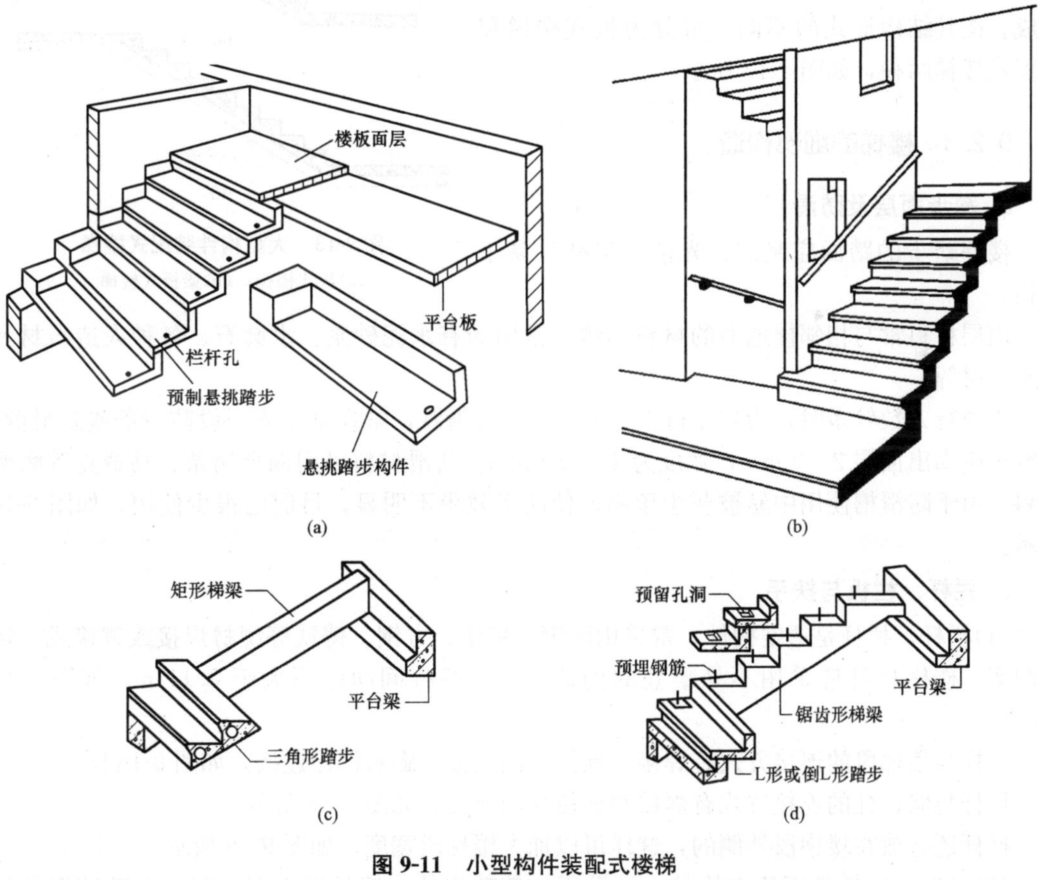

图 9-11　小型构件装配式楼梯

(a)悬挑式楼梯；(b)墙承式楼梯；(c)、(d)梁承式楼梯

2. 中型构件装配式楼梯

中型构件装配式楼梯一般由楼梯段、平台梁、平台板(或平台梁和平台板合二为一)等组成。楼梯段可以为板式，也可以为梁板式，如图 9-12 所示。

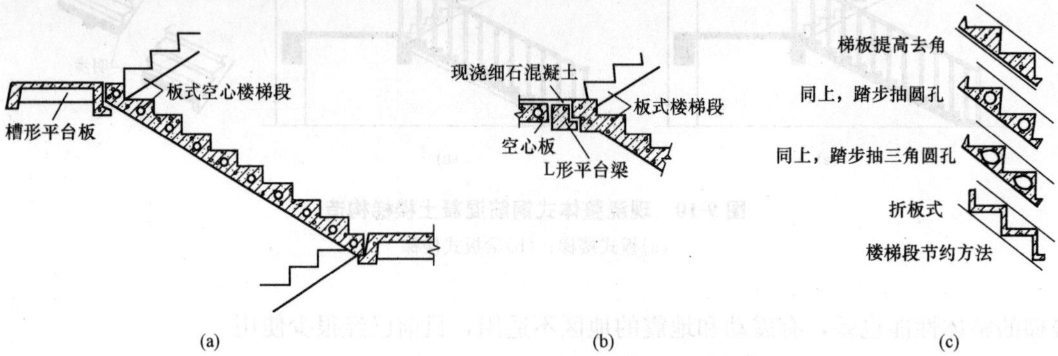

图 9-12　中型构件装配式楼梯

3. 大型构件装配式楼梯

大型构件装配式楼梯一般是指楼梯段与平台板合为一体，整个楼梯由两块带有楼梯段的折板组成。按其结构形式的不同，可分为板式楼梯和梁板式楼梯两种，如图 9-13 所示。

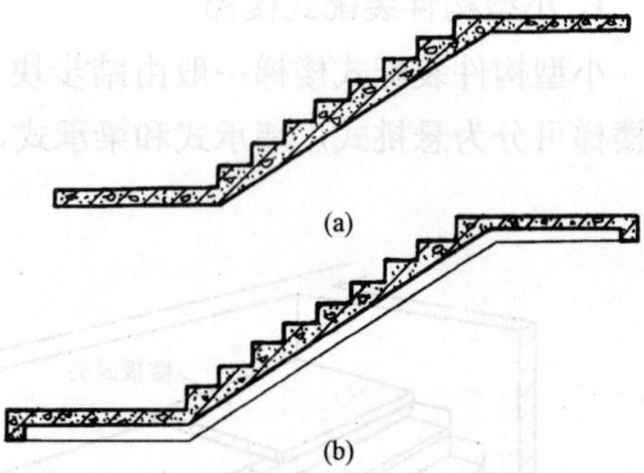

图 9-13　大型构件装配式楼梯

(a)板式楼梯；(b)梁板式楼梯

9.2.3　楼梯的细部构造

1. 踏步面层及防滑

楼梯踏步的踏面应坚固、光洁、耐磨且易于清扫。

面层材料常与相邻楼地面的材料一致，常用的有水泥砂浆、水磨石、各种人造石材和天然石材等。

当通行人数较多时，为防止行人在上下楼梯时滑跌，常在踏步表面设防滑条或防滑槽。防滑条应高出面层 2～3 mm，宽度为 10～20 mm。防滑材料可用铜金属条、马赛克等耐磨材料。由于防滑槽使用中易被灰尘填满，使防滑效果不明显，目前已很少使用，如图 9-14 所示。

2. 栏杆、栏板与扶手

(1)栏杆。栏杆是透空构件，常采用圆钢、扁钢、方钢、铸铁等型材焊接或铆接成一定的图案。楼梯栏杆应采用不易攀登的构造。垂直栏杆间净距不大于 0.11 m，如图 9-15 所示。

栏杆与楼梯段的连接方式有焊接、预留孔洞连接和膨胀螺栓连接，如图 9-16 所示。

栏杆与墙、柱的连接方式有焊接和预留孔洞连接，如图 9-17 所示。

栏杆还有放在楼梯段外侧的，这样可以加大楼梯段宽度，如图 9-18 所示。

(2)栏板。栏板是不透空构件，可采用加筋砖砌体、钢丝网水泥、塑料及玻璃钢等制作，目前常用玻璃钢做成，如图 9-19～图 9-21 所示。

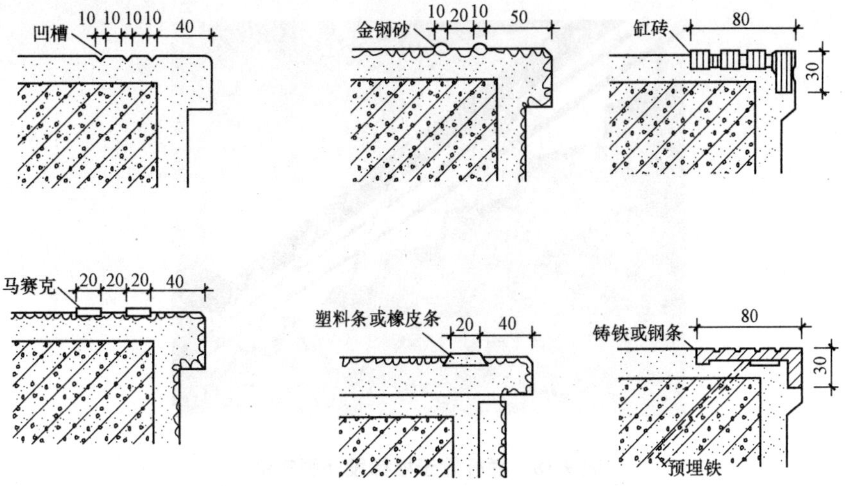

图 9-14　踏步防滑构造

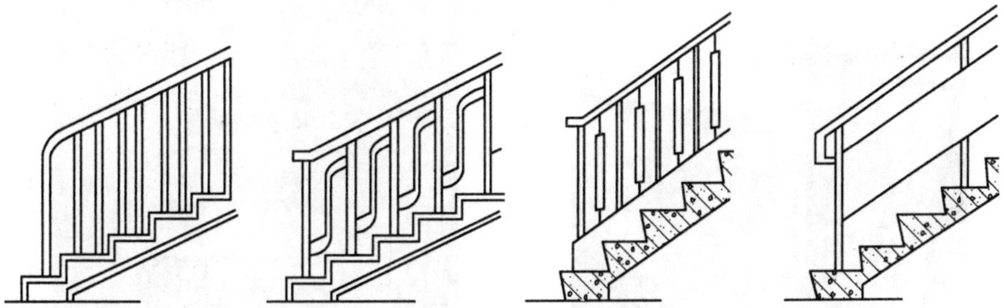

图 9-15　栏杆式样

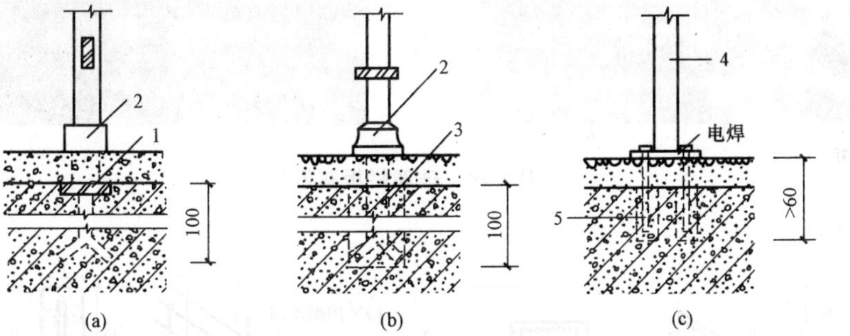

图 9-16　栏杆与楼梯段的连接方式

(a)与预埋钢板焊牢；(b)埋入预留孔；(c)立柱焊在底板上用膨胀螺栓锚固

1—预埋钢板；2—圆钢或扁钢；3—细石混凝土；4—钢管；5—膨胀螺栓

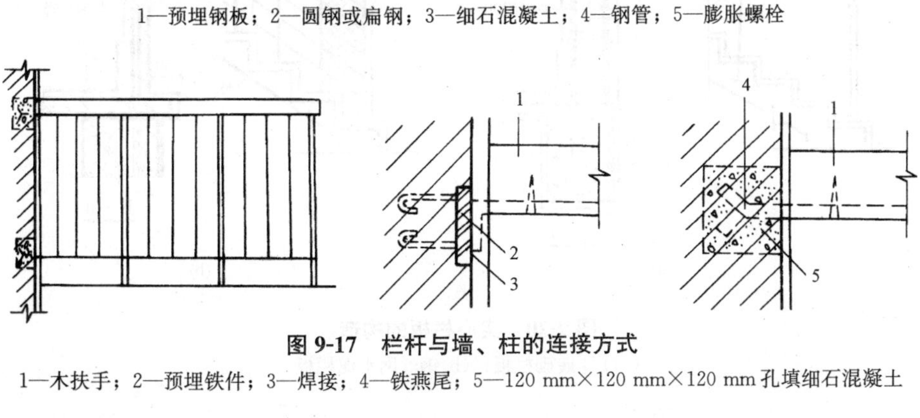

图 9-17　栏杆与墙、柱的连接方式

1—木扶手；2—预埋铁件；3—焊接；4—铁燕尾；5—120 mm×120 mm×120 mm 孔填细石混凝土

图 9-18　栏杆置于楼梯段外侧实例

图 9-19　玻璃栏板实例

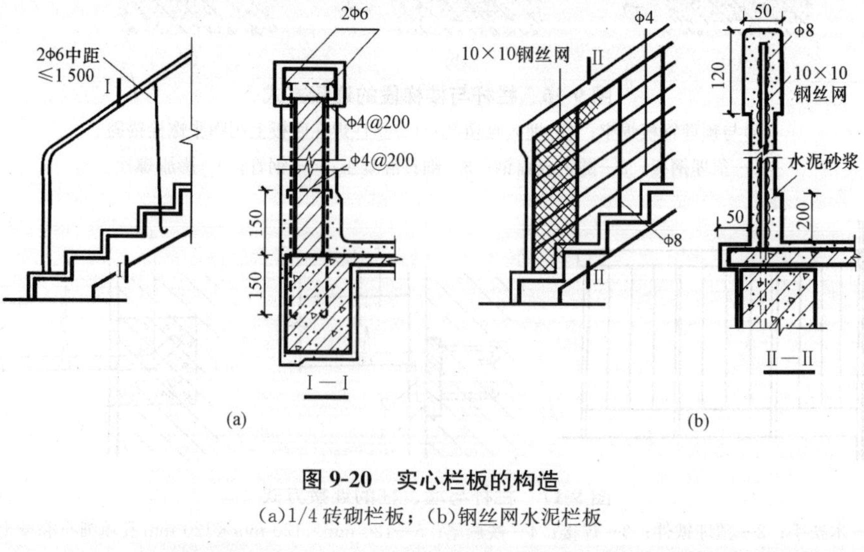

图 9-20　实心栏板的构造

(a)1/4 砖砌栏板；(b)钢丝网水泥栏板

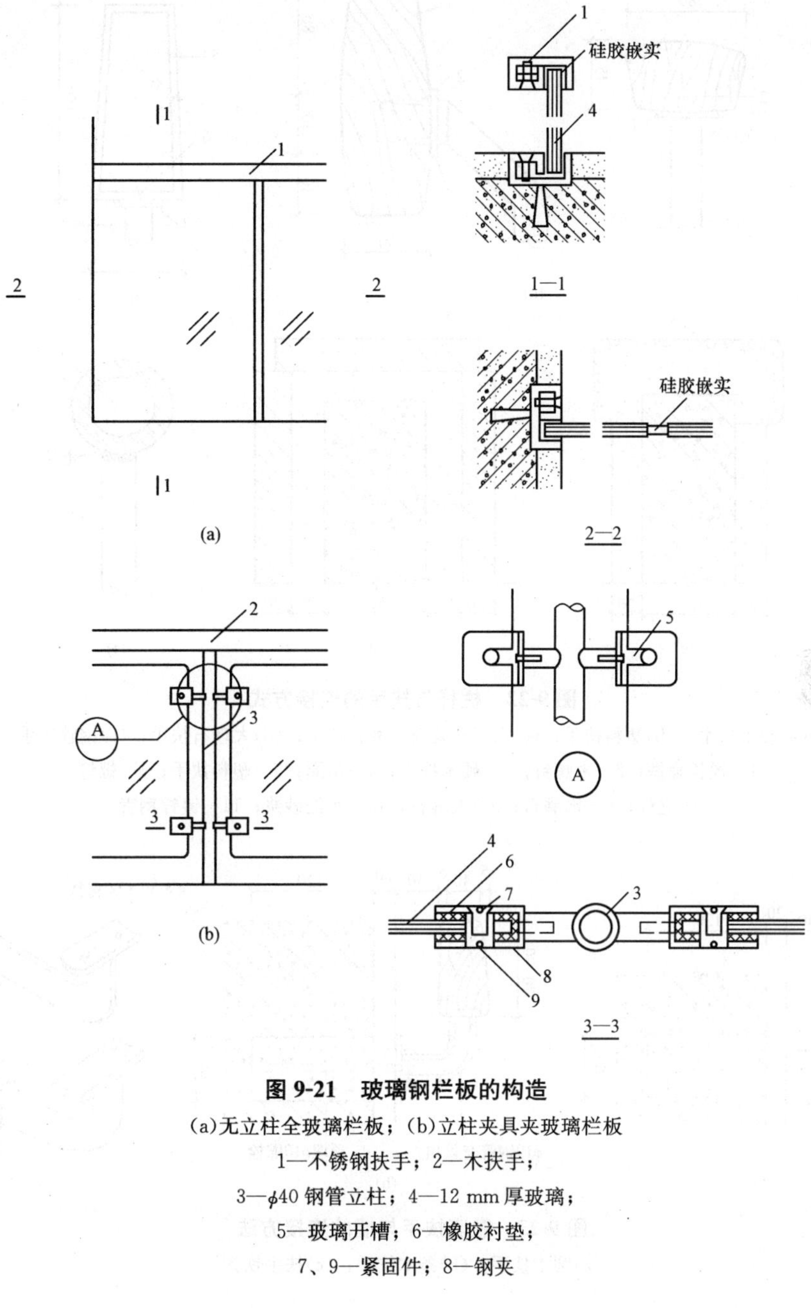

图 9-21 玻璃钢栏板的构造

(a)无立柱全玻璃栏板；(b)立柱夹具夹玻璃栏板

1—不锈钢扶手；2—木扶手；

3—ϕ40 钢管立柱；4—12 mm 厚玻璃；

5—玻璃开槽；6—橡胶衬垫；

7、9—紧固件；8—钢夹

(3)扶手。栏杆扶手常采用硬木、钢管、不锈钢钢管、塑料管、大理石等材料做成。玻璃钢栏板的上部可用塑料板、硬木等做扶手。不同材料的栏杆和不同材料的扶手连接有不同的方法。扶手与栏杆的连接方式有焊接、预留孔洞连接、木螺钉连接和扣接等，如图 9-22 所示。

靠墙扶手与墙的连接方法如图 9-23 所示。

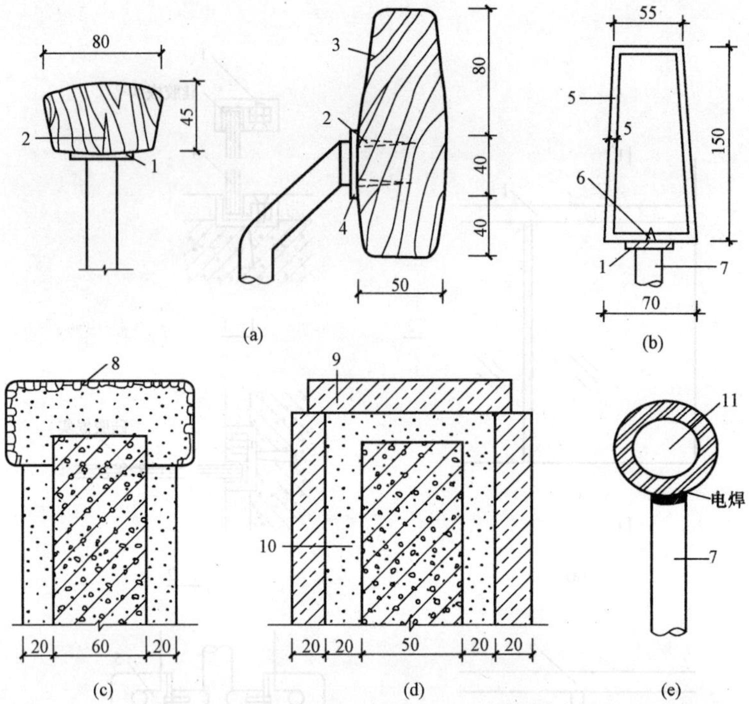

图 9-22　栏杆与扶手的连接方式

(a)硬木扶手；(b)塑料扶手；(c)水泥砂浆或水磨石扶手；(d)大理石扶手；(e)钢管扶手

1—通长扁铁；2—木螺钉；3—硬木扶手；4—垫圈；5—塑料扶手；6—螺钉；

7—立柱；8—水磨石；9—大理石；10—水泥砂浆；11—镀锌钢管

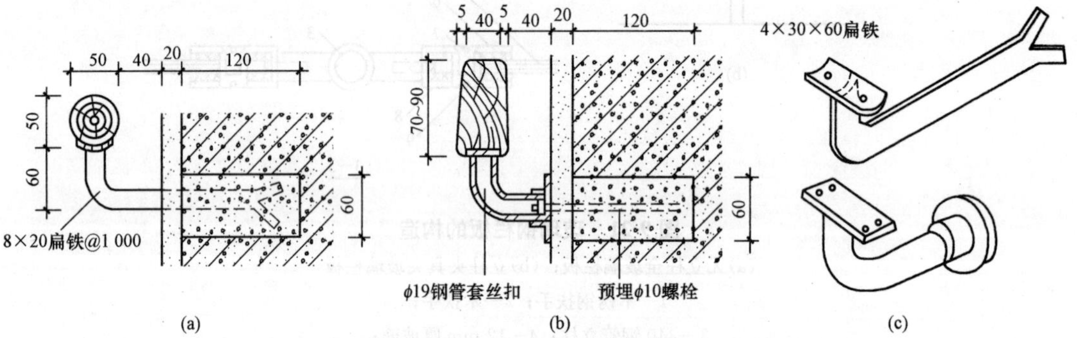

图 9-23　靠墙扶手与墙的连接方法

(a)圆木扶手；(b)条木扶手；(c)扶手铁脚

9.3　室外台阶与坡道的构造

台阶是指在室外或室内的地坪或楼层不同标高处设置的供人行走的阶梯；坡道是指连接不同标高的楼面、地面，供人行或车行的斜坡式交通道。台阶和坡道作为交通的附属设施，有时是必不可少的。

9.3.1 室外台阶

室外台阶实例如图 9-24 所示。

台阶由踏步和平台组成。室外台阶的踏步宽宜为 0.35 m 左右，高宽比不宜大于 1∶2.50。人员密集场所的台阶高度超过 0.7 m 时，其侧面宜有护栏措施，如用栏杆、花台、花池等。

图 9-24 室外台阶实例

室外台阶和建筑入口之间应留有一定宽度的缓冲平台，平台深度一般不小于 1 000 mm，平台面宜比室内地面低 20～50 mm，并向外找坡 1%～4%，以利于排水。平台的宽度应大于其所连通的门洞宽度，一般至少每边宽出 500 mm。

(1)台阶的形式。台阶的形式包括单面踏步、双面踏步、三面踏步、单面踏步带花池及单面踏步带坡道。

(2)台阶的构造。台阶的构造有实铺式和架空式两种，如图 9-25 所示。

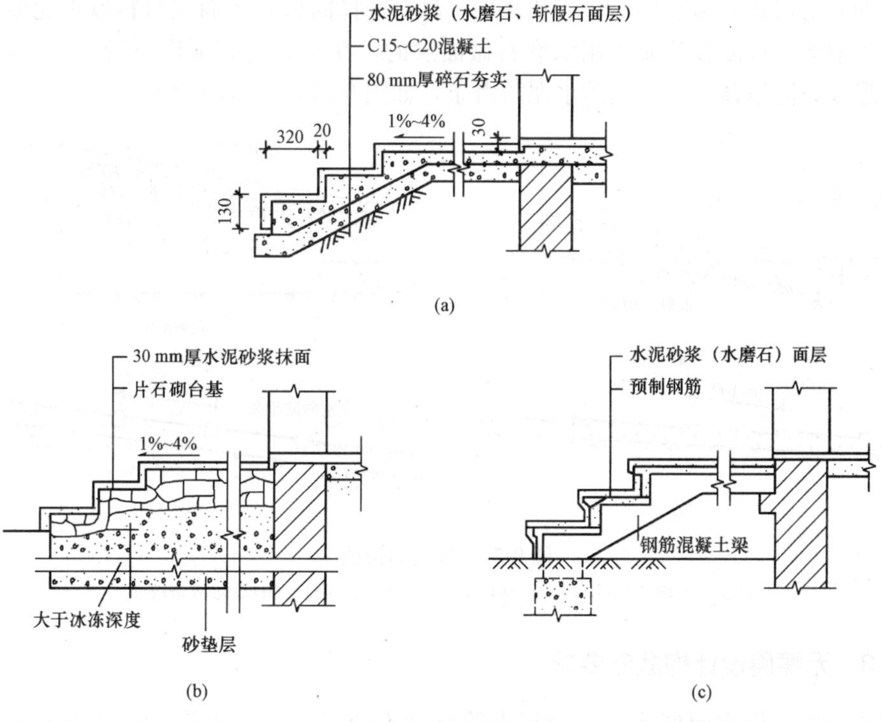

图 9-25 台阶的构造

(a)、(b)实铺式；(c)架空式

1)实铺式台阶构造组成包括基层、垫层和面层。基层采用素土夯实；垫层可采用卵石灌混合砂浆、三七灰土等；面层可采用混凝土、水泥砂浆、地砖、花岗岩、毛面条石等。季节性冻胀地区若土为冻胀性土，要注意防冻，一般在台阶下要换为非冻胀性土。

2)架空式台阶构造类似梁板式楼梯，台阶的踏步板放在两侧的斜梁上或地垄墙上。

大多数台阶采用实铺式，当台阶较高、尺寸较大时宜采用架空式。

9.3.2 坡道

坡道实例如图 9-26 所示。

图 9-26 坡道实例

室内坡道的坡度(高/长)不宜大于 1∶8，室外坡道的坡度不宜大于 1∶10，供少年儿童安全疏散的坡道及供轮椅使用的坡道坡度不应大于 1∶12。坡道的构造如图 9-27(a)、(b)所示。

坡道的构造层次宜为面层、垫层和基层，材料选择同台阶。面层材料以水泥砂浆居多，对经常处于潮湿、坡度较陡或采用水磨石做面层的，在其表面必须作防滑处理，坡道面层做成锯齿形或设防滑条，如金刚砂水泥防滑条，如图 9-27(c)、(d)所示。

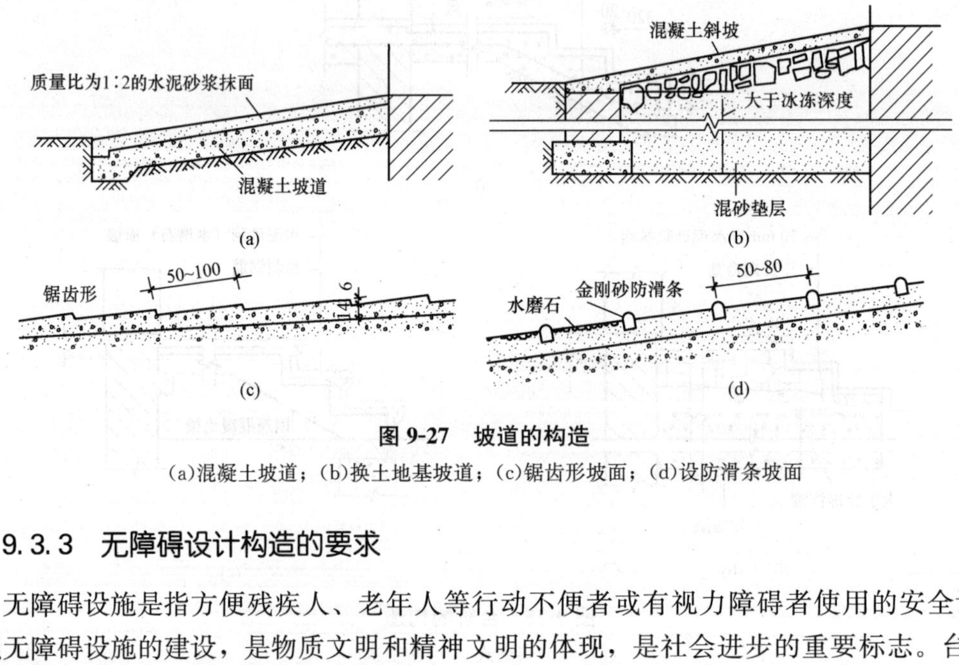

图 9-27 坡道的构造

(a)混凝土坡道；(b)换土地基坡道；(c)锯齿形坡面；(d)设防滑条坡面

9.3.3 无障碍设计构造的要求

无障碍设施是指方便残疾人、老年人等行动不便者或有视力障碍者使用的安全设施。加强无障碍设施的建设，是物质文明和精神文明的体现，是社会进步的重要标志。台阶和坡道的无障碍设计构造要求应符合《无障碍设计规范》(GB 50763—2012)的相关规定。

1. 台阶的无障碍设计规定

(1)公共建筑的室内外台阶踏步宽度不宜小于 300 mm，踏步高度不宜大于 150 mm，并应不小于 100 mm。

(2)踏步应设防滑条。

(3)三级及三级以上的台阶应在两侧设置扶手。

(4)台阶上行或下行的第一阶宜在颜色或材质上与其他阶有明显区别。

2. 轮椅坡道

轮椅坡道是指在坡度、宽度、高度、地面材质、扶手形式等方面方便乘轮椅者通行的坡道。轮椅坡道的设计应符合下列规定：

(1)轮椅坡道宜设计成直线形、直角形或折返形。

(2)轮椅坡道的净宽度不应小于 1.00 m。

(3)轮椅坡道的高度超过 300 mm 且坡度大于 1∶20 时，应在两侧设置扶手，坡道与休息平台的扶手应保持连贯。扶手应符合相关规定。

(4)轮椅坡道的最大高度和水平长度应符合表 9-1 的规定。

表 9-1　轮椅坡道的最大高度和水平长度

坡度	1∶20	1∶16	1∶12	1∶10	1∶8
最大高度/m	1.20	0.90	0.75	0.60	0.30
水平长度/m	24.00	14.40	9.00	6.00	2.40

(5)轮椅坡道的坡面应平整、防滑、无反光。

(6)轮椅坡道的起点、终点和中间休息平台的水平长度不应小于 1.5 m。

(7)轮椅坡道临空侧应设置安全阻挡措施。

(8)轮椅坡道应设置无障碍标志。无障碍标志应符合相关规定。

9.4　电梯及自动扶梯

9.4.1　电梯

随着社会的进步，人们的居住条件有了很大改善，电梯已广泛应用在建筑中。在高层建筑和一些多层建筑中电梯已成为必需的垂直交通设施，如住宅、办公楼、医院、商场等。它运行速度快，节省人力和时间，便于搬运货物。

1. 电梯的类型

电梯按使用性质可分为客梯、客货梯、货梯、病床梯和杂物梯；电梯按运行速度可分为低速(<2.5 m/s)、中速(2.5～5 m/s)和高速(5～10 m/s)电梯；电梯按载重量和乘客人数可分为 400 kg(5 人)、630 kg(8 人)、800 kg(10 人)、1 000 kg(13 人)、1 250 kg(16 人)和 1 600 kg(21 人)等。

2. 电梯的组成

电梯由轿厢、井道和机房组成，如图 9-28 所示。

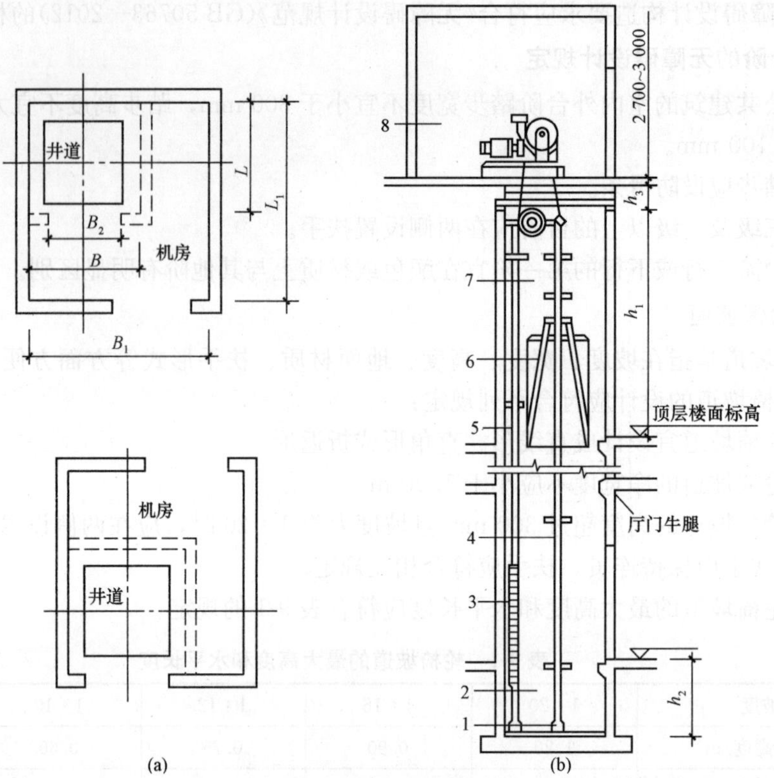

图 9-28　电梯组成示意

(a)平面；(b)剖面

1—缓冲器；2—地沟；3—平衡锤；4—轿厢导轨；

5—平衡锤导轨；6—轿厢；7—井道；8—机房

(1)轿厢供载人或载物之用，由生产厂家制作。

(2)井道是电梯运行的通道，其尺寸应根据电梯类型确定。井道内设有运行导轨、导轨撑架、平衡锤等。井道一般采用钢筋混凝土现浇而成，在每层停靠处设有门洞，门洞底部的井道内侧设置钢筋混凝土牛腿或钢架，以填充轿厢与井道的空隙，便于安装井道门。在井道底部设有地坑，一般地坑的底面距首层地面标高的垂直距离不小于 1.4 m。地坑的平面尺寸按电梯厂提供的要求设计。厅门牛腿滑槽构造如图 9-29 所示。

图 9-29　厅门牛腿滑槽构造

(3)机房是安装电梯的起重动力设备及控制系统的场所，一般设在电梯到达的顶层之上。为减少电梯运行时设备的噪声，一般在井道上部、机房下部设置隔声层，如图 9-30 所示。

9.4.2　自动扶梯

自动扶梯实例如图 9-31 所示。

自动扶梯是公共建筑物楼层间连续运输效率最高的垂直交通设施，适用于人流量大的公共场所，如超市、商场、车站、飞机场、地下通道等。

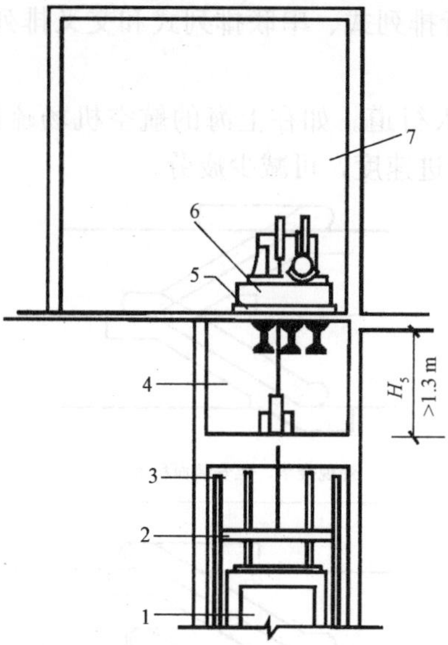

图 9-30　电梯机房隔振与隔声的处理

1—轿厢；2—横梁；3—井道；4—隔声层；5—弹性隔振垫；6—钢筋混凝土底座；7—机房

图 9-31　自动扶梯实例

自动扶梯由电动机驱动，牵引踏步或踏板连同栏杆扶手同步运行。自动扶梯可沿正、逆两个方向运行，可作竖向提升及下降使用；机器停转时可作普通楼梯使用。一般自动扶梯的坡度为 30°，运行速度为 0.5～0.7 m/s，宽度为 600 mm、800 mm、1 000 mm、1 200 mm。自动扶梯的基本尺寸如图 9-32 所示。

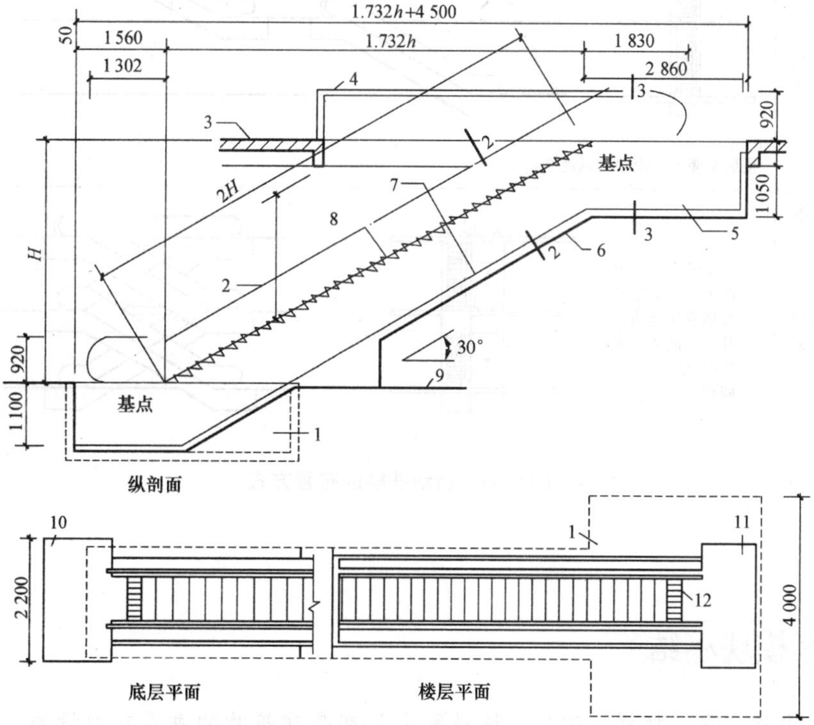

图 9-32　自动扶梯的基本尺寸

1—机房地坪位置；2—扶手带；3—楼层；4—上层栏杆；5—机房；6—外壳；7—栏板；8—活动梯级；9—底层；10—活动地板；11—活动梯板；12—横板

自动扶梯的布置方式主要有并联排列式、平行排列式、串联排列式和交叉排列式，如图 9-33 所示。

近年来，自动扶梯也可水平运行，作为自动人行道。如在上海的航空机场疏散大厅，乘客可以站在自动扶梯上，其方便了运货和加快行进速度，可减少疲劳。

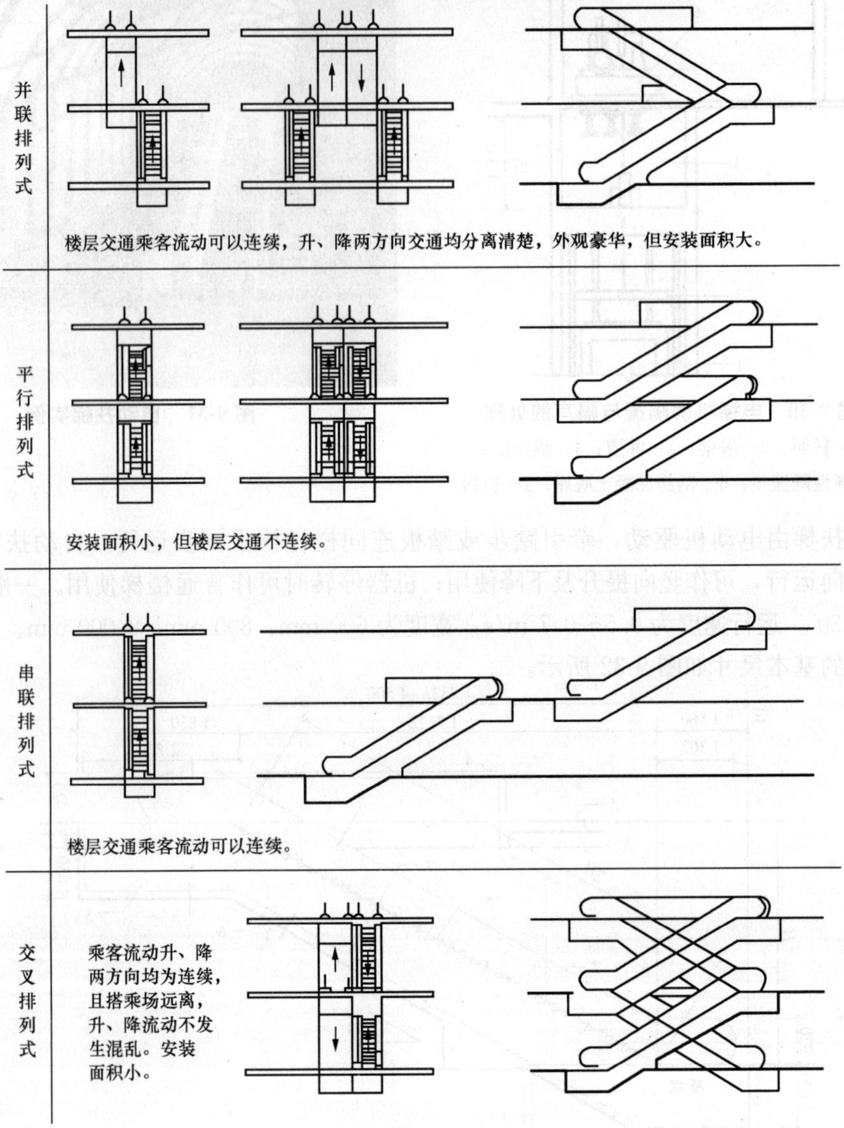

图 9-33　自动扶梯的布置方式

模块小结

楼梯、电梯、自动扶梯、爬梯、坡道和台阶都是建筑物的垂直交通设施。楼梯是有楼层的建筑物各个不同楼层之间上下联系的不可缺少的主要垂直交通设施，另外，还要担负紧急情况下安全疏散的任务。楼梯主要由楼梯段、平台、栏杆(或栏板)和扶手组成。台阶是指在室外或室内的地坪或楼层不同标高处设置的供人行走的阶梯；坡道是指连接不同标高的楼面、地面，供人行或车行的斜坡式交通道。台阶和坡道作为交通的附属设施，有时是必不可少的。在高层建筑和一些多层建筑中，电梯已成为必需的垂直交通设施。电梯运行速度快，节省人力和时间，便于搬运货物。自动扶梯是公共建筑物楼层间连续运输效率最高的垂直交通设施，适用于人流量大的公共场所，如超市、商场、车站、飞机场、地下通道等。

思考与练习

1. 楼梯的平面形式有哪几种？
2. 楼梯主要由哪几部分组成？各部分的作用是什么？
3. 楼梯的适宜坡度是多少？如何确定踏步尺寸？
4. 楼梯有哪些方面的尺寸规定？
5. 如何保证首层通行平台下的净高要求？
6. 现浇整体式钢筋混凝土楼梯的优、缺点有哪些？其种类有哪些？
7. 楼梯踏步的防滑措施有哪些？
8. 室外台阶有哪些尺寸要求？其构造如何？
9. 轮椅坡道的坡度、长度、宽度有何具体规定？
10. 电梯是如何分类的？其主要由哪几部分组成？

模块10　屋面

知识目标

(1)平屋面、坡屋面及屋面的设计要求；

(2)屋面坡度、屋面排水方式、排水组织设计；

(3)平屋面保温层的构造做法、屋面隔热的构造做法；

(4)坡屋面承重方案。

能力目标

(1)熟悉屋面的类型与设计要求；

(2)掌握有组织排水的方案，熟悉屋面排水设计内容；

(3)掌握平屋面的保温与隔热的构造做法；

(4)掌握坡屋面的承重方案，了解坡屋面的保温与隔热构造。

10.1　屋面概述

屋面是建筑物最上层的承重构件，是建筑物的重要组成部分。其作用：一是承重，承受其上部的全部荷载，并将这些荷载连同自重传递给墙、梁或柱；二是围护，屋面是建筑物最上层起覆盖作用的外围护构件，用以抵抗风、雨、雪、灰，避免日晒寒袭等自然因素的影响；三是美观，屋面的形式和色彩对建筑物的造型及城市空间景观有很大影响。

因此，设计屋面应满足坚固耐久、防水排水、节能(保温隔热)和美观的要求，同时，应考虑构造方案合理、自重轻、施工方便、造价低等因素。

10.1.1　屋面的坡度

10.1.1.1　屋面坡度的表示方法

屋面坡度的表示方法通常有斜率法、百分比法和角度法，如图10-1所示。

(1)斜率法是指屋面倾斜面的垂直投影长度与其水平投影长度之比，如1∶2、1∶5等。该法也可用一倒直角三角形在屋面的一侧标注，又称为倒直角三角形法。

(2)百分比法是指屋面倾斜面的垂直投影长度与其水平投影长度之比的百分率，如2%、3%等。

(3)角度法是指屋面倾斜面与水平面的夹角，如30°、45°等。

平屋面坡度小，多用百分比法；坡屋面坡度大，多用斜率法和角度法。

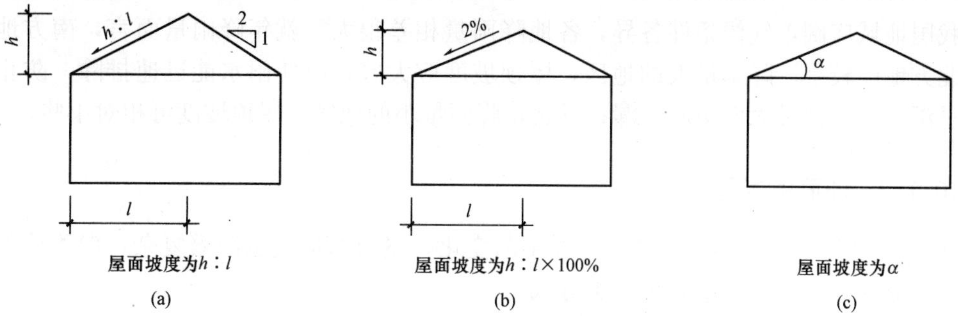

图 10-1　屋面坡度的表示方法

(a)斜率法；(b)百分比法；(c)角度法

10.1.1.2　影响坡度大小的因素

屋面的坡度大小直接影响屋面排水是否顺利，坡度的大小由屋顶结构类型、屋面基层类别、防水构造形式、材料性能及当地气候等条件确定。屋面坡度大小应适当，坡度过小易渗漏，坡度过大会浪费材料(除坡屋面外)，施工麻烦，故要合理确定坡面坡度。

1. 屋面防水材料与坡度的关系

当屋面材料的面积小、接缝多时，屋面漏水的可能性就增大，因此，应选择大坡度的屋面，以加快雨水排除速度，减少漏水可能性，如瓦屋面；当屋面材料面积大、拼缝少时，漏水的可能性就小，因此，可选择坡度较小的屋面，如卷材屋面和刚性防水屋面等。恰当的防水坡度应既能满足防水要求，又可以做到经济、节约。表 10-1、表 10-2 列举了各种屋面防水材料与坡度大小的关系。

表 10-1　平屋面的适用坡度

	序号	类别	适用坡度/%
平屋面	1	卷材屋面、涂膜防水屋面(正置式)	2～5
	2	倒置式屋面	3
	3	架空屋面	2～5
	4	种植土屋面	1～2
	5	蓄水屋面	0.5
	6	停车屋面	2～3

表 10-2　坡屋面的适用坡度

	序号	类别	适用坡度/%
坡屋面	1	块瓦	≥30
	2	沥青瓦	≥20
	3	波形瓦	≥20
	4	金属板屋面	≥5
	5	装配式轻型坡屋面	≥20
	6	防水卷材屋面	任何坡度

2. 降雨量大小与坡度的关系

我国地域广阔，气候条件各异，各地降雨量相差很大。就年降雨量而言，南方地区较大，北方地区较小。降雨量大的地区，屋顶坡度应大些，以使雨水能迅速排除，防止屋面积水过深、水压力过大而引起渗漏；反之，降雨量小的地区，屋顶坡度可相对小些。

10.1.2 屋面的类型

如图 10-2 所示，目前建筑的造型在不断变化，屋面的形式也纷繁复杂，但不论怎样变化，究其形式，大致有以下几种分类方式。

(a)　(b)　(c)　(d)

图 10-2 屋面的类型实例

(a)平屋面；(b)双层庑殿顶；(c)坡屋面；(d)曲面屋面

1. 按屋面外形分类

屋面按外形一般可分为平屋面、坡屋面、曲面屋面和其他形式屋面。

(1)平屋面。平屋面是指坡度小于 3%的屋面，可分为上人屋面和不上人屋面，在建筑中广泛采用，如图 10-3 所示。

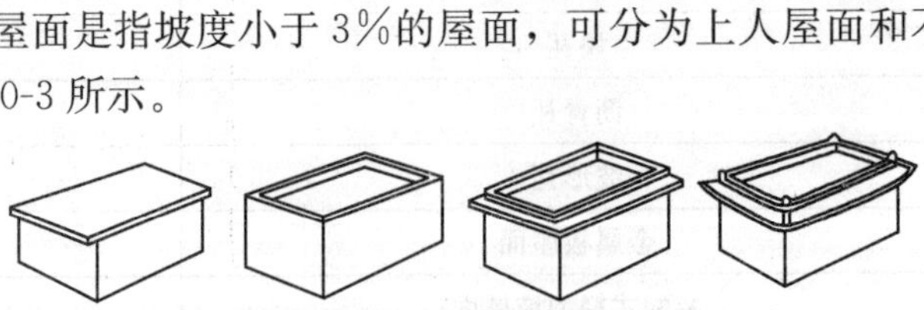

(a)　(b)　(c)　(d)

图 10-3 常见平屋面的形式

(a)挑檐；(b)女儿墙；(c)挑檐女儿墙；(d)叠顶

(2)坡屋面。《坡屋面工程技术规范》(GB 50693—2011)规定，坡屋面是指坡度大于等于3%的屋面。

坡屋面按其坡面的数目可分为单坡面、双坡面和四坡面等。这种屋面在我国传统建筑中应用十分广泛。近年来，为满足城市景观要求及因其自身具有良好的排水性能，坡屋面在民用建筑中得到了广泛的应用，如图 10-4 所示。

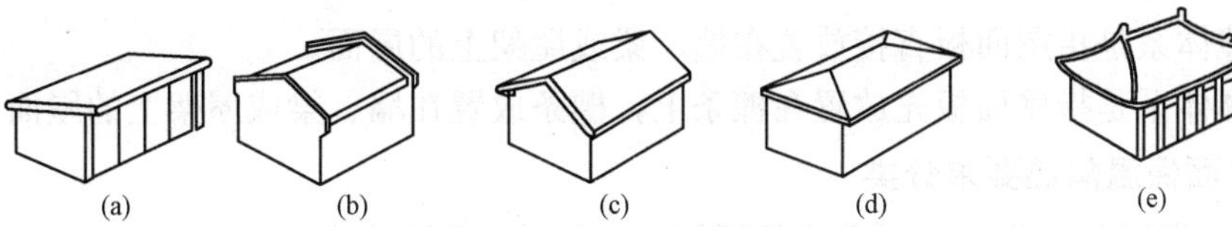

图 10-4　常见坡屋面的形式

(a)单坡面；(b)硬山两坡面；(c)悬山两坡面；(d)四坡面；(e)歇山面

(3)曲面屋面及其他形式屋面。曲面屋面(图 10-5)通常由各种网架、拱体、薄壳及悬索结构等构成；其他形式屋面如折板等，这类屋面结构的内力分布均匀，节约材料，适用于大空间和造型特殊的建筑屋面。

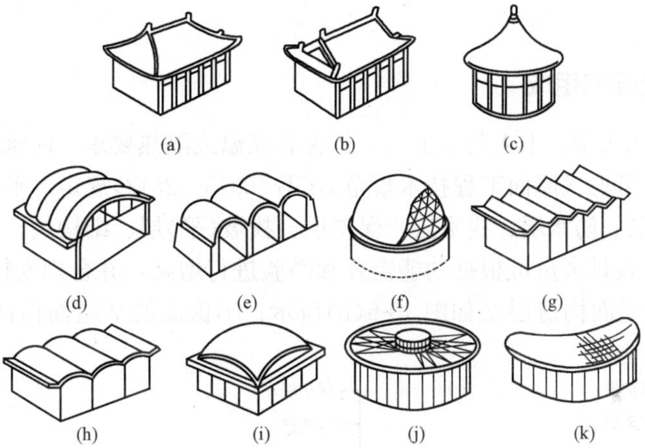

图 10-5　常见曲面屋面的形式

(a)庑殿面；(b)圆攒尖面；(c)卷棚面；(d)双曲拱屋面；
(e)砖石拱屋面；(f)球形网壳屋面；(g)V 形网壳屋面；(h)筒壳屋面；
(i)扁壳屋面；(j)车轮形悬索屋面；(k)鞍形悬索屋面

2. 按屋面防水材料分类

按屋面使用的防水材料，屋面可分为卷材防水屋面和非卷材防水屋面(如涂膜防水屋面、硬泡防水屋面、瓦屋面、复合防水屋面及金属板屋面等)。

(1)卷材防水屋面(又称为柔性防水屋面)是以防水卷材及相应的胶结材料分层粘贴而成作为防水层的屋面。

(2)涂膜防水屋面是采用高分子防水涂料分层涂刷形成不透水的薄膜层作为防水层的屋面。

(3)硬泡防水屋面是用现场喷涂成型的硬质聚氨酯泡沫塑料作为防水层的屋面。这种材料兼具防水、保温功能。

(4)瓦屋面是以各种瓦材作防水层的屋面，主要用于坡屋面。

(5)金属板屋面是指采用压型金属板或金属面绝热夹芯板的建筑屋面。

(6)装配式轻型坡屋面是以冷弯薄壁型钢屋架或木屋架为承重结构，由轻质保温隔热材料、轻质瓦材等装配组成的坡屋面系统。

3. 按屋面的传力形式分类

按屋面的传力形式，屋面可分为无檩体系和有檩体系。

(1)无檩体系是指屋面板直接放置在墙、梁或屋架上的屋面。

(2)有檩体系是指屋面板先放置在檩条上，檩条放置在墙、梁或屋架上的屋面。

4. 按屋面保温隔热要求分类

按屋面保温隔热要求屋面可分为保温屋面、隔热屋面和不保温屋面。

5. 按屋面的使用功能分类

按屋面的使用功能，屋面可分为上人屋面和不上人屋面。

10.2 平屋面的构造

10.2.1 平屋面的组成

根据屋面的防水等级、上人与不上人、是否有保温或隔热要求、防水材料的种类等的不同，屋面的构造也不同。《屋面工程技术规范》(GB 50345—2012)规定，平屋面的基本构造层次为保护层、隔离层、防水层、找平层、保温层、找坡(平)层、结构层。平屋面的各个层次如图 10-6(a)所示，设计人员可根据功能需要和经验进行增减，并合理安排各个层次的位置。设置隔汽层时的平屋面构造层次如图 10-6(b)所示；不保温的平屋面构造层次如图 10-6(c)所示。

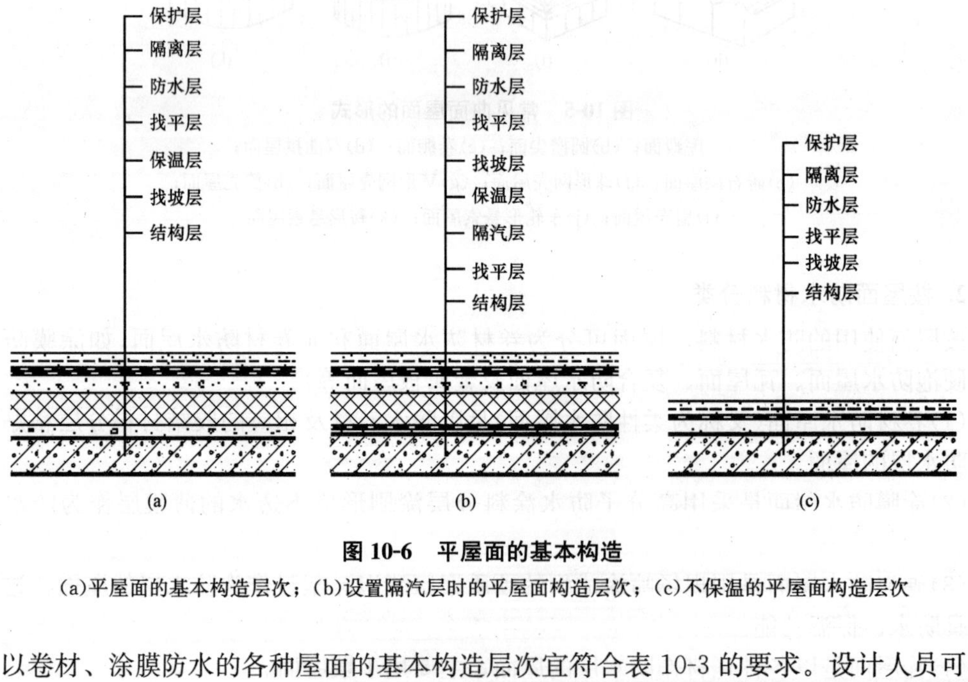

图 10-6 平屋面的基本构造

(a)平屋面的基本构造层次；(b)设置隔汽层时的平屋面构造层次；(c)不保温的平屋面构造层次

以卷材、涂膜防水的各种屋面的基本构造层次宜符合表 10-3 的要求。设计人员可根据建筑物的性质、使用功能、气候条件等因素进行组合。

表 10-3　卷材、涂膜防水屋面的基本构造层次

屋面类型	基本构造层次(自上而下)
卷材、涂膜防水屋面	保护层、隔离层、防水层、找平层、保温层、找平层、找坡层、结构层
	保护层、保温层、防水层、找平层、找坡层、结构层
	种植隔热层、保护层、耐根穿刺防水层、防水层、找平层、保温层、找平层、找坡层、结构层
	架空隔热层、防水层、找平层、保温层、找平层、找坡层、结构层
	蓄水隔热层、隔离层、防水层、找平层、保温层、找平层、找坡层、结构层
注：1. 表中结构层包括混凝土基层和木基层；防水层包括卷材和涂膜防水层；保护层包括块体材料、水泥砂浆、细石混凝土保护层； 2. 有隔汽要求的屋面，应在保温层与结构层之间设隔汽层。	

下面以卷材、涂膜防水屋面为例来说明对各个层次的要求及相关规定。

10.2.1.1　保护层

保护层是对防水层或保温层起防护作用的构造层。

柔性防水层上做保护层，能够保护柔性防水层免受臭氧、紫外线、腐蚀介质侵蚀，免受外力刺伤损害，降低防水层表面温度。有保护层与无保护层的使用寿命相比，一般可延长一倍至数倍。卷材或涂膜防水层上应设置保护层。

保护层的材料选用和设计与防水层材料性能及屋面使用功能有关，见表 10-4。

表 10-4　保护层材料的适用范围和技术要求

保护层材料	适用范围	技术要求
浅色涂料	不上人屋面	丙烯酸系反射涂料
铝箔	不上人屋面	0.05 mm 厚铝箔反色膜
矿物粒料	不上人屋面	不透明的矿物粒料
水泥砂浆	不上人屋面	20 mm 厚 1∶2.5 或 M15 水泥砂浆
块体材料	上人屋面	地砖或 30 mm 厚 C20 细石混凝土预制块
细石混凝土	上人屋面	40 mm 厚 C20 细石混凝土或 50 mm 厚 C20 细石混凝土内配 $\phi 4@100$ 双向钢筋网片

1. 不上人屋面保护层

不上人屋面保护层主要解决柔性防水层的日光暴晒问题，防止紫外线照射；有条件的，还可解决热老化问题。不上人屋面保护层可采用预制板、浅色涂料或铝箔或粒径为 10～30 mm 的卵石。

2. 上人屋面保护层

随着我国城市化进程的不断深入，城市人均用地仅为发达国家的 1/4，城市空间作为一种不可再生的资源，必须加以利用，只要有可能，就要按上人屋面设计，也就是按能够进行简单的户外活动的要求进行设计，以方便住在高处的人们进行户外活动。

上人屋面保护层可采用块体材料、细石混凝土材料等。上人屋面保护层设计应符合下列规定：

(1)块体保护层。采用块体保护层时，应在防水层上设置隔离层。为避免高温时块体膨胀隆起，块料保护层应设分格缝，其纵横间距不宜大于 10 m，宽度宜为 20 mm，并应用密封材料嵌填，可兼具辅助防水的作用。块体保护层与女儿墙和山墙之间也应设置宽度不小于 20 mm 的分格缝，以免块体膨胀推裂女儿墙或山墙，并用密封胶嵌填。

(2)细石混凝土保护层。细石混凝土保护层是在防水层上铺设隔离层后直接浇筑细石混凝土，一般厚度为 40～50 mm，有时还配以钢筋作为使用面层。

细石混凝土保护层表面应抹平压光，避免出现起皮、起砂现象，并作分格处理，分格间距不应大于 6 m，宜设在板端或支承梁处，分格缝处配筋断开，缝宽宜为 10～20 mm，同时应用密封材料嵌填。

细石混凝土保护层处理得当是很好的辅助防水层，但荷载大、跨度大的结构不能采用，且对柔性防水层的维修困难，一旦维修，先要掀去细石混凝土保护层，给施工带来困难，还增加了费用。

注意：上人屋面除供人活动外，还有一些用作屋顶停车场、屋顶绿化种植等，这类上人屋面的荷载较大，可在防水卷材或低强度等级砂浆隔离层上设置厚为 60～80 mm、内配双向钢筋网片的混凝土保护层，再在上面设置使用面层。

10.2.1.2 隔离层

隔离层是消除相邻两种材料之间的粘结力、机械咬合力、化学反应等不利影响的构造层。隔离层的作用是找平、隔离。由于保护层与防水层之间存在粘结力和机械咬合力，当刚性保护层膨胀变形时，其会对防水层造成损坏，故在块体材料、水泥砂浆、细石混凝土等刚性保护层与卷材、涂膜防水层之间应设置隔离层，同时，可防止保护层施工时对防水层的损坏。

隔离层可采用干铺塑料膜、土工布或卷材，也可铺抹低强度等级砂浆，不同隔离层材料的适用范围和技术要求应符合表 10-5 的规定。

表 10-5 不同隔离层材料的适用范围和技术要求

隔离层材料	适用范围	技术要求
塑料膜	块体材料、水泥砂浆保护层	0.4 mm 厚聚乙烯膜或 3 mm 厚发泡聚乙烯膜
土工布	块体材料、水泥砂浆保护层	200 g/m^2 聚酯无纺布
卷材	块体材料、水泥砂浆保护层	石油沥青卷材一层
低强度等级砂浆	细石混凝土保护层	10 mm 厚黏土砂浆，石灰膏：砂：黏土＝1：2.4：3.6
		10 mm 厚石灰砂浆，石灰膏：砂＝1：4
		5 mm 厚掺有纤维的石灰砂浆

10.2.1.3 防水层

防水层是能够隔绝水而不使水向建筑物内部渗透的构造层。应按不同的屋面防水等级和设防要求来选择防水材料的种类和所需的防水道数。

(1)防水材料的种类。平屋面的主防水层有卷材防水层、涂膜防水层和复合防水层三种。

1)卷材防水层是指采用防水卷材经纵、横向搭接形成整体的防水层。防水卷材主要有合成高分子卷材和高聚物改性沥青卷材两类。

常用的合成高分子卷材有三元乙丙橡胶防水片材、氯化聚乙烯防水卷材、氯化聚乙烯-橡胶共混防水卷材、聚氯乙烯防水卷材(P型)等。高聚物改性沥青卷材常用的有APP改性沥青防水卷材(聚酯胎或玻纤胎)、SBS改性沥青防水卷材(聚酯胎或玻纤胎)、自黏橡胶沥青防水卷材(聚乙烯膜或铝箔)等。

2)涂膜防水层是指采用防水涂料在施工现场涂刷固化形成的防水层。防水涂料按照主要组成材料可分为高分子防水涂料、聚合物水泥防水涂料和改性沥青防水涂料。

3)复合防水层是指由彼此相溶的卷材和涂料组合而成的防水层。一般要求涂膜在下，卷材在上。

相溶性是指相邻两种材料之间互不产生有害的物理和化学作用的性能，如防水材料与基层处理剂、胶粘剂、密封膏、涂料保护层之间；两种防水材料复合使用时；基层处理剂与密封膏之间等。“互不产生有害的物理和化学作用”既指材料之间不会发生影响产品性能的化学反应，也包括施工过程中和形成复合防水层后不会产生不利的影响，如卷材施工过程中破坏已经成膜的涂料，涂料固化过程中造成卷材起鼓等。

(2)防水道数。《屋面工程技术规范》(GB 50345—2012)规定，应根据建筑物的性质、重要程度、使用功能要求确定防水等级，并进行相应等级设防；对于有特殊要求的建筑屋面，应进行专项防水设防。屋面防水分为两个等级，见表10-6。不同的防水等级有不同的防水道数要求。

表10-6 屋面防水等级和设防要求

防水等级	建筑类别	设防要求
Ⅰ级	重要的建筑和高层建筑	两道防水设防
Ⅱ级	一般建筑	一道防水设防

所谓一道防水设防是指具有独立防水能力的一个防水层。防水层可以是卷材，也可以是涂膜。但其最小厚度必须满足规范的有关规定。无论单一还是复合使用的材料必须达到一定的厚度才是一道防水设防。两种不同卷材或同一种卷材上下并用时称为叠层，如果叠层厚度仅为一道设防厚度，也只能算一道。因此，一道防水设防可以用单一材料，也可以采用两种材料复合成为一道防水设防。

不同的屋面防水等级对防水材料的要求有所不同，《屋面工程技术规范》(GB 50345—2012)中规定了每道防水层的最小厚度，见表10-7～表10-10。

表10-7 每道卷材防水层的最小厚度

mm

防水等级	合成高分子防水卷材	高聚物改性沥青防水卷材		
		聚酯胎、玻纤胎、聚乙烯胎	自黏聚酯胎	自黏无胎
Ⅰ级	1.2	3.0	2.0	1.5
Ⅱ级	1.5	4.0	3.0	2.0

表 10-8　每道涂膜防水层的最小厚度　　mm

防水等级	合成高分子防水涂膜	聚合物水泥防水涂膜	高聚物改性沥青防水涂膜
Ⅰ级	1.5	1.5	2.0
Ⅱ级	2.0	2.0	3.0

表 10-9　每道复合防水层的最小厚度　　mm

防水等级	合成高分子防水卷材+合成高分子防水涂膜	自黏聚合物改性沥青防水卷材(无胎)+合成高分子防水涂膜	高聚物改性沥青防水卷材+高聚物改性沥青防水涂膜	聚乙烯丙纶卷材+聚合物水泥防水胶结材料
Ⅰ级	1.2+1.5	1.5+1.5	3.0+2.0	(0.7+1.3)×2
Ⅱ级	1.0+1.0	1.2+1.0	3.0+1.2	0.7+1.3

表 10-10　每道附加防水层的最小厚度　　mm

附加层材料	最小厚度
合成高分子防水卷材	1.2
高聚物改性沥青防水卷材(聚酯胎)	3.0
合成高分子防水涂料、聚合物水泥防水涂料	1.5
高聚物改性沥青防水涂料	2.0
注：涂膜附加层应夹铺胎体增强材料。	

需要指出的是，下列情况不得作为屋面的一道防水设防：混凝土结构层；Ⅰ型喷涂硬泡聚氨酯保温层；装饰瓦及不搭接瓦；隔汽层；细石混凝土层；卷材或涂膜厚度不符合规范规定的防水层。

10.2.1.4　找平层

找平层是在屋面结构板或填充层上起整平、找坡或加强作用的构造层。

找平层可做可不做，以不做为好。如在现浇钢筋混凝土屋面板上直接做柔性防水层，就宜直接将板面压实抹光，不做找平层。在预制混凝土屋面板上直接做防水层时，必须做找平层，且应选细石混凝土做找平层，最好加钢筋网片。在材料找坡时，找坡层上应设找平层。防水层设在保温隔热层上时，保温隔热层上也宜设找平层。找平层厚度和技术要求见表 10-11。

表 10-11　找平层厚度和技术要求

找平层分类	适用的基层	厚度/mm	技术要求
水泥砂浆	整体现浇混凝土板	15～20	1∶2.5 水泥砂浆
	整体材料保温层	20～25	
细石混凝土	装配式混凝土板	30～35	C20 混凝土，宜加钢筋网片
	板状材料保温层		C20 混凝土

在预制板上直接做柔性防水层时，找平层应设分格缝。分格缝设置在垂直于屋脊的预

制板端。强度较低的保温隔热层或找坡层上也应设置分格缝，缝宽一般为5～20 mm，纵、横向间距不应大于6 m。现浇混凝土板的找平层上一般不设缝。为减少找平层开裂可采用配筋细石混凝土或纤维水泥砂浆。施工时，也应采取必要的措施，如增加砂浆的和易性、减少水胶比等，从而减少砂浆裂缝。

10.2.1.5　隔汽层

隔汽层是指阻止室内水蒸气渗透到保温层内的构造层。

《平屋面建筑构造》(12J201)中规定，在我国严寒及寒冷地区且室内空气湿度大于75%，其他地区室内空气湿度常年大于80%，或采用纤维状保温材料时，保温层下应选用气密性、水密性好的材料做隔汽层。温水游泳室、公共浴室、厨房操作间、开水房等的屋面应设置隔汽层。除此之外，建议少设隔汽层。在正置式屋面中隔汽层应设置在结构层上、保温层下。

隔汽层是一道很弱的防水层，却具有较好的蒸汽渗透阻。其大多选用气密性、水密性好的防水卷材或涂料，并宜选择蒸汽渗透阻较大者。为了提高抵抗基层的变形能力，隔汽层采用卷材时宜优先采用空铺法铺贴。

隔汽层做法同防水层，应沿周边墙面向上连续铺设，高出保温层上表面不得小于150 mm，隔汽层周边不需与保温层上的防水层连接。这是由于隔汽层不是防水层，与防水设防无关；另外隔汽层施工在前，保温层和防水层施工在后，几道工序无法做到同步，防水层与墙面交接处的泛水处理与隔汽层无关。

当局部设置隔汽层时，隔汽层应扩大至潮湿房间以外至少1.0 m处。

10.2.1.6　屋面排气构造设计

封闭式保温层或保温层干燥有困难的卷材屋面，宜采取排气构造措施。如当地湿度大、在雨期施工或保温隔热材料含湿量大等，宜设排气屋面，如图10-7所示。

屋面排气构造设计应符合下列规定：

(1)找平层设置的分格缝可兼作排气道，排气道的宽度宜增大为40 mm，一般用PVC管。

(2)排气道应纵、横贯通，并应与大气连通的排气道相通，排气孔可设在檐口下或纵、横排气道的交叉处。

(3)排气道纵、横间距宜为6 m，屋面面积每36 m^2 宜设置一个排气孔，排气孔应作防水处理。

(4)在保温层下也可铺设带支点的塑料板形成排气层，通过排气孔与大气连接。一般不采用。

10.2.2　平屋面的保温与隔热

屋面工程的绝热有设置保温层或隔热层两种做法。保温层是减少屋面热交换作用的构造层；隔热层是减少太阳辐射热向室内传递的构造层。我国大部分地区冬冷夏热，冬季采暖、夏季制冷。按节能要求在屋面上设置导热系数小的绝热材料形成保温层，冬冷时阻止室内热量向外散发，夏季时阻止室外热量传入室内。夏热冬暖地区则可以采用隔热做法：在屋面上设置架空板、蓄水池、覆土种植、喷涂热反射涂料等措施，阻止室外热量传入室内。

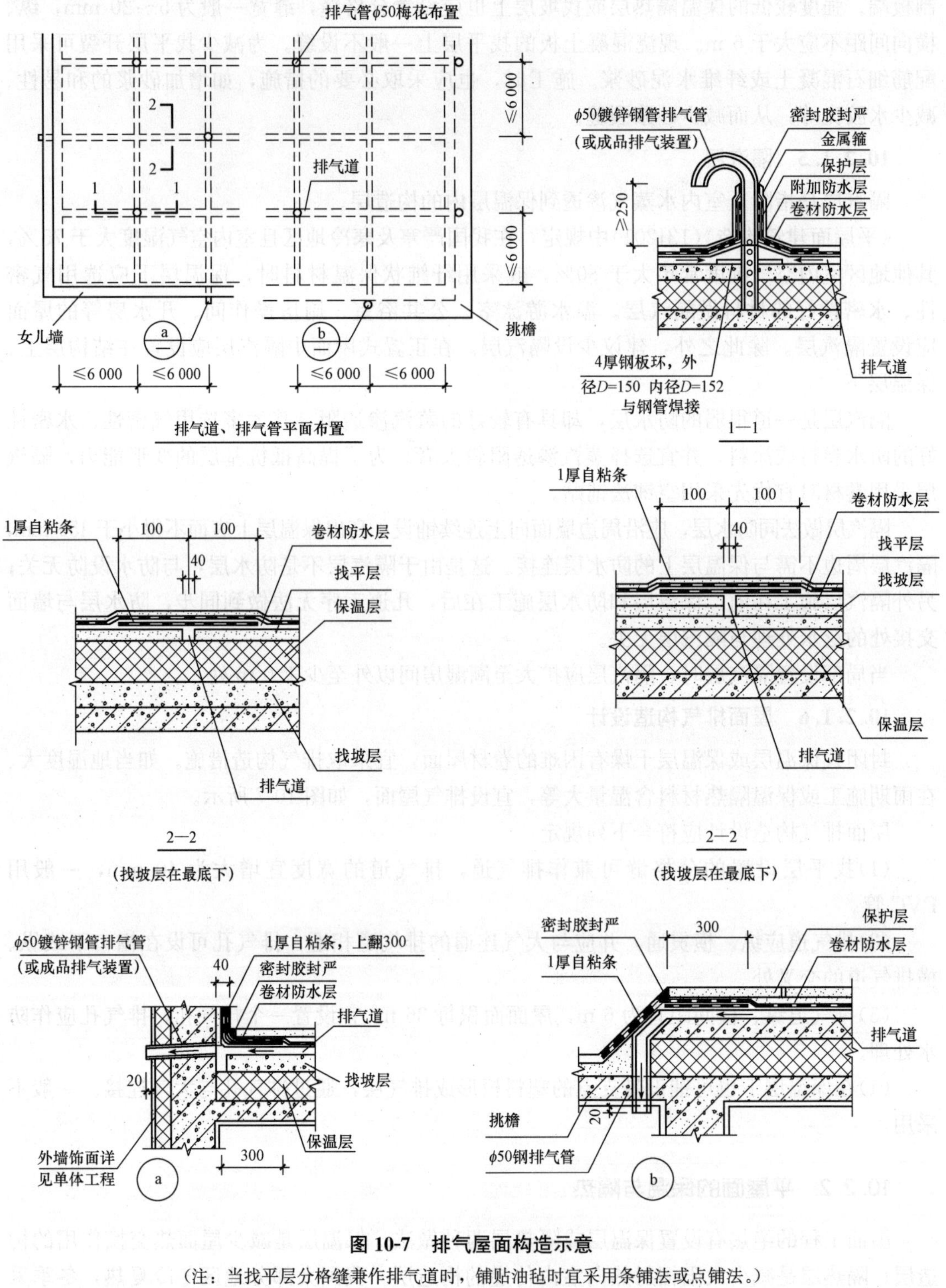

图 10-7　排气屋面构造示意

(注：当找平层分格缝兼作排气道时，铺贴油毡时宜采用条铺法或点铺法。)

除保温隔热的作用外，保温隔热层还有减小屋面结构层温差变形、减少基层裂缝及外墙与屋面交接处产生裂缝的概率的作用。因此，只要条件允许，屋面均应设置保温隔热层。

保温隔热层设计包括绝热材料的选择、厚度的确定和技术要求。其厚度应按现行建筑节能标准计算确定。

10.2.2.1 保温层

1. 保温材料

屋面保温层应根据屋面所需传热系数或热阻选择轻质、高效的保温材料，以保证屋面保温性能和使用要求。保温层有三种类型，即板状材料保温层、纤维材料保温层、整体材料保温层。保温层及其绝热材料见表 10-12。

表 10-12 保温层及其绝热材料

保温层	绝热材料
板状材料保温层	聚苯乙烯泡沫塑料、硬质聚氨酯泡沫塑料、膨胀珍珠岩制品、泡沫玻璃制品、加气混凝土砌块、泡沫混凝土砌块
纤维材料保温层	玻璃棉制品，岩棉、矿渣棉制品
整体材料保温层	喷涂硬泡聚氨酯、现浇泡沫混凝土

2. 保温层的位置

防水层与保温隔热层的位置关系有：防水层设置在保温隔热层上，称为正置式；防水层设置在保温隔热层下，称为倒置式；两道防水层分别设置在保温隔热层的上、下。这三种设置方式在防水构造中均有使用。

防水层设置在保温隔热层上的做法是较常见的、科学合理的构造做法。防水层可以保护吸水率较高的保温隔热层，避免其被雨水侵蚀，降低保温效果。

防水层设置在保温隔热层下的倒置式做法一般很少采用，前提是保温隔热层采用吸水率低且长期浸泡不腐烂的绝热材料，如挤塑型聚苯乙烯泡沫塑料板、硬泡聚氨酯板、硬泡聚氨酯防水保温复合板、泡沫玻璃等。严寒及多雪地区不宜采用此做法。

两道防水层分别设置在保温隔热层的上、下是近年来开始出现的做法，其相当于将正置式屋面的隔汽层强化，可与吸水率较高的保温隔热层结合使用，达到隔汽和防水的目的，增加的费用并不多；其缺点是上层防水层一旦失效，保温隔热层就会进水，从而使保温效果大大降低。

10.2.2.2 隔热层

在我国南方地区，夏季时间较长、气温较高，随着人们生活条件的不断改善，对住房的隔热要求也逐渐提高。屋面隔热层设计应根据地域、气候、屋面形式、建筑环境、使用功能等条件，采取种植、架空或蓄水等隔热措施，并经技术经济比较确定。从发展趋势看，由于绿色环保及美化环境的要求，采用种植隔热方式将胜于架空隔热和蓄水隔热。

1. 种植屋面

种植屋面的构造层次应包括植被层、种植土、过滤层、排(蓄)水层、保护层、耐根穿刺防水层、防水层、找平层、找坡层、保温层和结构层。

种植隔热层所用材料及植物等应与当地气候条件相适应，并应符合环境保护的要求。

种植土应根据种植植物的要求选择综合性能良好的材料，其厚度应根据不同种植土和植物种类等确定。

种植隔热层宜根据植物种类及环境布局的需要进行分区布置，分区布置应设挡墙或挡板；过滤层宜采用200～400 g/m^2 的土工布，过滤层应沿种植土周边向上铺设至种植土高度；排水层材料应根据屋面功能及环境、经济条件等进行选择；种植土四周应设挡墙，挡墙下部应设泄水孔，并与排水出口连通。

种植隔热层的屋面坡度大于20%时，其排水层、种植土应采取防滑措施。屋面坡度大于50%时，防滑难度大，故不宜采用种植隔热层。

2. 架空屋面

我国广东、广西、湖南、湖北、四川等省属于夏热冬暖地区，为解决炎热季节室内温度过高的问题，多采用架空隔热层措施。

架空屋面是为防止太阳直接照射屋面上表面，利用架空层内空气的流动，减少太阳辐射热向室内传递，故宜在屋顶通风良好的建筑物上采用。由于城市建筑密度不断加大，不少城市中高层建筑林立，这造成风力减弱、空气对流较差，严重影响架空隔热层的隔热效果。

架空隔热层宜在屋顶有良好通风的建筑物上采用，适用于夏季炎热和较炎热地区，不宜在寒冷地区采用。

架空屋面自上而下的基本构造做法是在卷材、涂膜屋面或倒置式屋面上做支墩(或支架)和架空板，如图10-8所示。其构造层次为架空隔热层、保护层、防水层、找平层、找坡层、保温层和结构层。

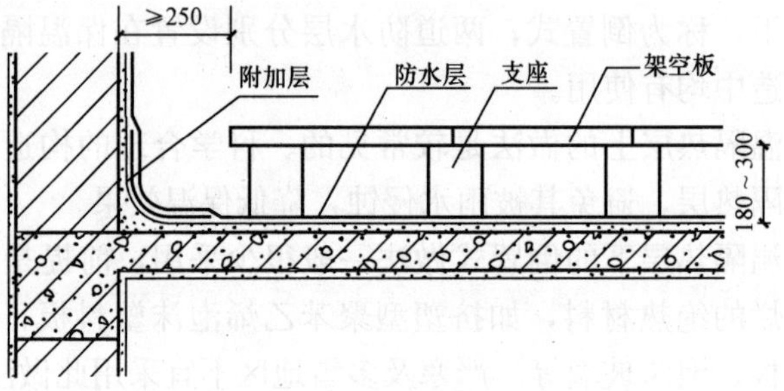

图10-8 架空屋面的构造层次(简图)

架空屋面坡度不宜大于5%，一般为2%～5%。架空隔热制品一般采用配双向钢筋网片的细石混凝土板，原来使用的大阶砖、配镀锌钢丝的水泥板，因强度低、易破碎、使用寿命短，已逐渐被淘汰。

架空隔热层的关键是确保通风，因此，应有一定的架起高度，宜为180～300 mm，如混凝土砌块架空为190 mm，砖墩架空为240 mm或180 mm，纤维水泥架空板凳架空为200 mm；屋面一般没有女儿墙和山墙，若有，架空板与女儿墙的距离应不小于250 mm；进风口宜设置在当地炎热季节最大频率风向的正压区，出风口宜设置在负压区；当屋面宽度大于10 m时，架空隔热层中部应设置通风屋脊。

3. 蓄水屋面

蓄水屋面是在屋面上蓄积一定厚度的水，利用水分蒸发吸收阳光辐射热和空气中的热量，减少屋面吸收的热能，从而达到隔热的目的。

蓄水隔热层的蓄水池一般应采用强度等级不低于C25、抗渗等级不低于P6的现浇混凝土。由于地震设防地区和振动较大的建筑物上易开裂造成渗漏，不适合采用；另外，我国目前蓄水池均为敞开式的，冬季如果不将水排除，则易冻冰而导致胀裂损坏，故不宜在北方寒冷地区、地震设防地区和振动较大的建筑物上采用，适用于炎热地区的一般民用建筑。

为保证蓄水池的防水可靠性，蓄水屋面蓄水池内宜采用 20 mm 厚渗透结晶型防水砂浆抹面，且池底排水坡度不宜大于 0.5%。

为防止蓄水面积过大而引起屋面开裂及损坏防水层，蓄水隔热层应划分为若干蓄水区并设分仓缝。蓄水区每区的边长不宜大于 10 m，在变形缝的两侧应分成两个互不连通的蓄水区。长度超过 40 m 的蓄水屋面应分仓设计，分仓隔墙可采用现浇混凝土或砌体砌筑。

蓄水池的蓄水深度宜为 150～200 mm；低于此深度隔热效果不理想，高于此深度会加重荷载，隔热效果提高并不大，且当水较深时，夏季白天水温升高，晚间水温降低放热，反而导致室温增加。蓄水隔热层设置人行通道，是为了使用过程中的管理。

蓄水池应设排水管、溢水口和给水管，排水管用于清理时排水，应与排水出口连通；溢水口用于暴雨水位过高时的有组织排水，溢水口距离分仓墙顶面的高度不得小于 100 mm；给水管用于补充水分。

10.3　坡屋面的构造

《坡屋面工程技术规范》(GB 50693—2011)规定，坡度大于等于 3%的屋面叫作坡屋面。

由于坡屋面排水快，防渗漏，造型美，空间利用率高，在蓝天、白云、绿树的映衬下，显得突出、雅致，使人易于接近，更好地美化了环境、丰富了生活。所以，近年来坡屋面在建筑中得以广泛应用。

坡屋面与平屋面相比，除坡度不同外，还有其不足之处：一是坡屋面构造复杂，施工烦琐，工期长；二是材料用料多，建筑空间虽有一部分被利用(阁楼)，但要设天窗、楼梯和承重楼板等；三是坡屋面受热面积大，是热岛效应的制造者、强化者；四是坡屋面维修不便。

目前，坡屋面的类型主要有两种：一种是屋顶下的空间不被利用、坡度较小的坡屋面，这种坡屋面形成了双层屋顶，保温隔热效果好，但浪费材料和空间，一般都是为了造型和排水的需要而设；另一种是屋顶下的空间被利用、坡度较大的坡屋面，这种屋顶可以设置开启窗，以达到明亮、舒适、通风良好的效果，可作为家庭的书房、活动房、仓库或公建的办公用房等。坡屋面实例如图 10-9 所示。

10.3.1　坡屋面的组成

坡屋面工程设计应遵循“技术可靠、因地制宜、经济适用”的原则。

坡屋面工程设计包括：确定屋面防水等级、屋面坡度，选择屋面工程材料，防水、排水系统设计，保温隔热设计，通风系统设计，抗震设计，防火设计，防雷设计等。

1. 坡屋面的防水等级

根据国家建筑标准设计图集《坡屋面建筑构造(一)》(09J202－1)，坡屋面工程设计应根据建筑物的性质、重要程度、地域环境、使用功能的要求，以及屋面防水层设计使用年限，分为一级防水和二级防水，见表 10-13。

图 10-9　坡屋面实例

表 10-13　坡屋面防水等级

项　目	坡屋面防水等级	
	一级	二级
防水层设计使用年限	≥20 年	≥10 年

注：1. 大型公共建筑、医院、学校等重要建筑屋面的防水等级为一级，其他为二级。
　　2. 工业建筑屋面的防水等级按使用要求确定。

2. 坡屋面坡度

根据建筑物高度、风力、环境等因素，确定坡屋面类型、坡度和防水垫层。

防水垫层是指坡屋面中通常铺设在瓦材或金属板下面的防水材料。其根据坡屋面的类型来选用，见表 10-14。从表中可以看出，瓦屋面、一级压型金属板屋面和装配式轻型坡屋面应选防水垫层。

表 10-14　屋面的类型、坡度和防水垫层

坡度与垫层	屋面类型						
	沥青瓦屋面	块瓦屋面	波形瓦屋面	金属板屋面		防水卷材屋面	装配式轻型坡屋面
				压型金属板屋面	夹芯板屋面		
适用坡度/%	≥20	≥30	≥20	≥5	≥5	≥3	≥20
防水垫层	应选	应选	应选	一级应选 二级宜选	—	—	应选

3. 坡屋面的组成

《坡屋面工程技术规范》(GB 50963—2011)中，根据防水材料将坡屋面分为瓦屋面、金属板屋面、防水卷材及装配式轻型坡屋面，并对其材料的构造作了相关规定。近年来，随着建筑设计的多样化，为了满足造型和艺术的要求，有较大坡度的屋面工程也越来越多地采用了瓦屋面。瓦是最古老的建筑材料之一，也是最主要的屋面材料之一。故这里主要介绍瓦屋面。

坡屋面从结构上讲，一般包括结构层、防水垫层、保温隔热层和屋面瓦四个部分。由于技术的发展和推进，这四个结构层次在有的体系中体现并不明显，如保温隔热层和结构复合保温隔热层同时作为防水垫层、保温隔热层和瓦复合等。

10.3.2 坡屋面的基本构造

1. 结构层

坡屋面的结构层一般为现浇钢筋混凝土屋面板，也可称为无檩体系屋面。

现浇钢筋混凝土坡屋面的常用形式有单坡屋面、双坡屋面、四坡屋面、曼莎屋面(图 10-10)和拱形屋面等几种。其中，曼莎屋面是折线或复折线屋面的统称，屋面通过折线被分成现浇钢筋混凝土上下几个屋面，上屋面坡度小，下屋面坡度大。

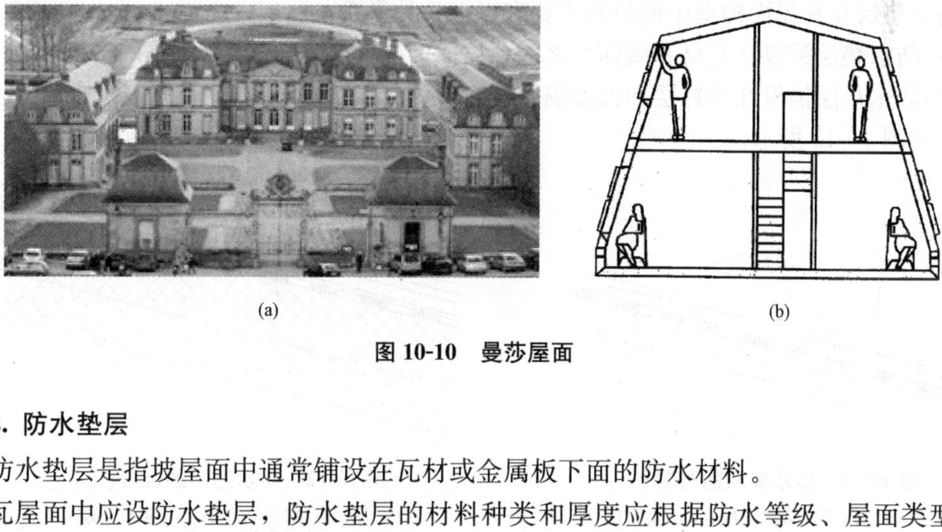

(a)　　　　(b)

图 10-10　曼莎屋面

2. 防水垫层

防水垫层是指坡屋面中通常铺设在瓦材或金属板下面的防水材料。

瓦屋面中应设防水垫层，防水垫层的材料种类和厚度应根据防水等级、屋面类型、屋面坡度和所采用的瓦材或板材等选择，见表 10-15 和表 10-16。

表 10-15　瓦屋面的防水等级和防水做法

防水等级	防水做法
Ⅰ	瓦+防水层
Ⅱ	瓦+防水垫层

表 10-16　一级设防瓦屋面的主要防水垫层种类和最小厚度

防水垫层种类	最小厚度/mm
自粘聚合物沥青防水垫层	1.0
聚合物改性沥青防水垫层	2.0

续表

防水垫层种类	最小厚度/mm
波形沥青通风防水垫层	2.2
SBS、APP改性沥青防水卷材	3.0
自粘聚合物改性沥青防水卷材	1.5
高分子类防水卷材	1.2
高分子类防水涂料	1.5
沥青类防水涂料	2.0
复合防水垫层(聚乙烯丙纶防水垫层＋聚合物水泥防水胶黏材料)	2.0(0.7＋1.3)

有空气间层隔热要求的屋面，应选择隔热防水垫层；瓦屋面采用纤维状材料做保温隔热层或湿度较大时，保温隔热层上宜增设透气防水垫层。防水垫层可空铺、满粘或机械固定。当屋面坡度＞50％时，防水垫层宜采用机械固定或以满粘法施工；防水垫层的搭接宽度不得小于100 mm。屋面防水等级为一级时，固定钉穿透非自粘防水垫层，钉孔部位应采取密封措施。

防水垫层在瓦屋面构造中的位置主要有以下几种形式：

(1)防水垫层铺设在瓦材和屋面板之间，屋面为内保温隔热构造，如图10-11所示。

(2)防水垫层铺设在持钉层和保温隔热层之间，应在防水垫层上铺设配筋细石混凝土持钉层，如图10-12所示。

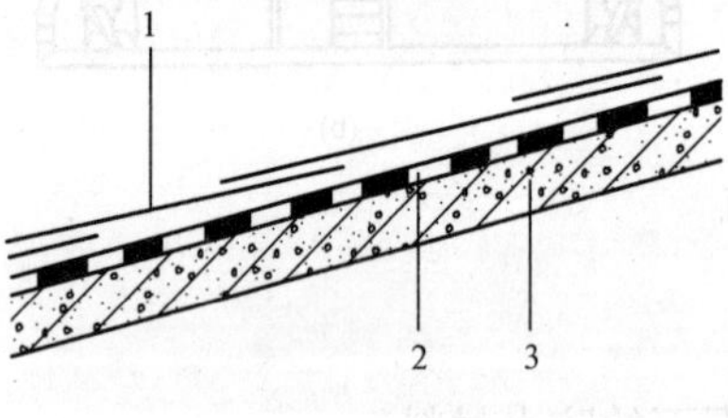

图10-11　防水垫层的位置(一)

1—瓦材；2—防水垫层；3—屋面板

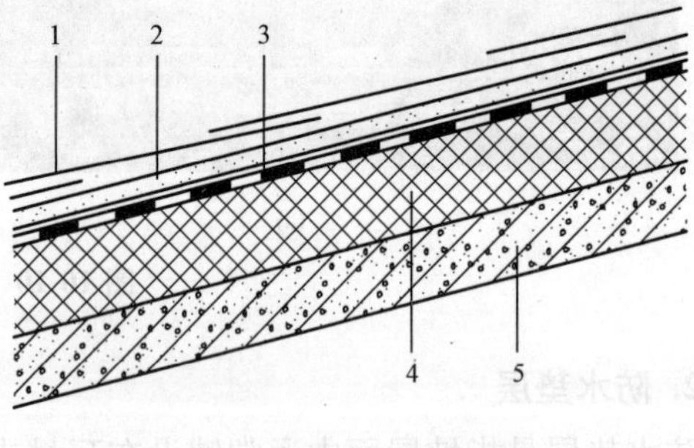

图10-12　防水垫层的位置(二)

1—瓦材；2—持钉层；3—防水垫层；4—保温隔热层；5—屋面板

(3)防水垫层铺设在保温隔热层和屋面板之间，瓦材应固定在配筋细石混凝土持钉层上，如图10-13所示。

(4)防水垫层或隔热防水垫层铺设在挂瓦条和顺水条之间，防水垫层宜呈下垂凹形，如图10-14所示。

(5)波形沥青通风防水垫层，应铺设在挂瓦条和保温隔热层之间，如图10-15所示。

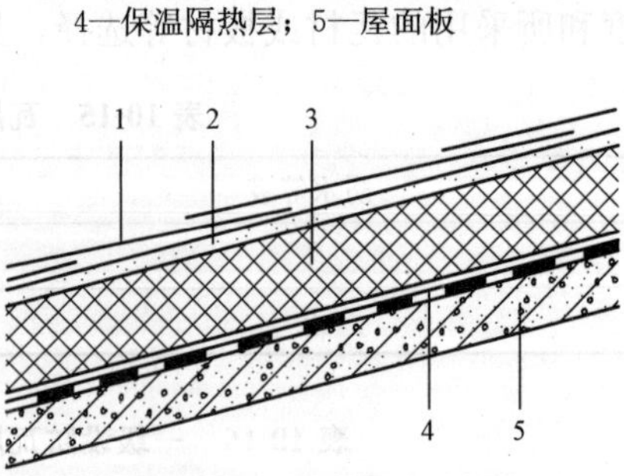

图10-13　防水垫层的位置(三)

1—瓦材；2—持钉层；3—保温隔热层；4—防水垫层；5—屋面板

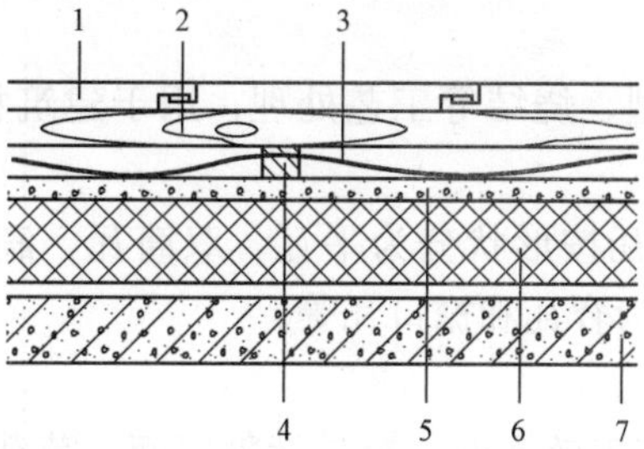

图 10-14　防水垫层的位置(四)

1—瓦材；2—挂瓦条；3—防水垫层；4—顺水条；
5—持钉层；6—保温隔热层；7—屋面板

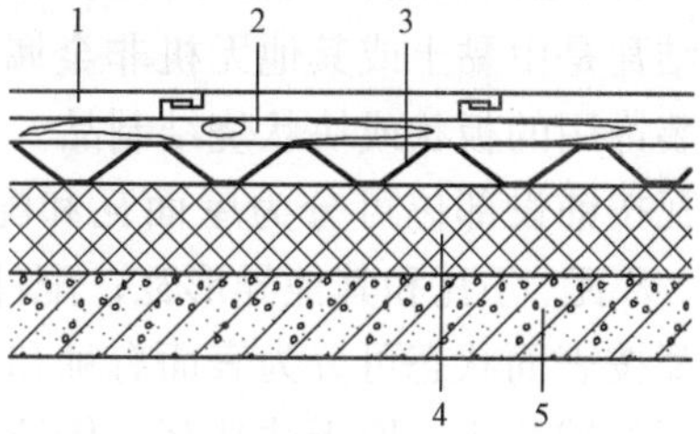

图 10-15　防水垫层的位置(五)

1—瓦材；2—挂瓦条；3—波形沥青通风防水垫层；
4—保温隔热层；5—屋面板

3. 保温隔热构造

坡屋面保温构造形式主要有采用绝热材料的保温屋面、采用通风和反射构造的通风隔热屋面。

(1)保温屋面。坡屋面保温隔热材料可采用硬质聚苯乙烯泡沫塑料保温板、硬质聚氨酯泡沫保温板、喷涂硬泡聚氨酯、岩棉、矿棉或玻璃棉等，其厚度应经过节能计算确定。不宜采用散状保温材料。

1)采用加气混凝土砌块卧浆铺砌的保温屋面，宜选配轻质瓦。

2)选用重质瓦时，须采用防止下滑措施，包括脊处预埋钢筋及檐处反梁。其构造层次为：混凝土屋面板、绝热材料、配筋的纤维细石混凝土板或配置钢筋网片的纤维防水水泥砂浆基层、防水垫层、顺水条、挂瓦条、瓦。

3)现喷硬泡聚氨酯绝热材料时，构造层次为：混凝土屋面板、挂瓦条(加高 30 mm，开排水口)，条间喷涂聚氨酯硬泡。

4)选择挤塑聚苯板或硬质聚氨酯泡沫板时，也可采用混凝土屋面板、防水垫层、顺水条、挂瓦条(加高 30 mm)、条间干铺保温板、瓦。

(2)通风隔热屋面。

1)单一隔热的屋面，可采用金属隔热膜，必须与空气间层结合使用方可达到效果。防水垫层或隔热防水垫层铺设在挂瓦条和顺水条之间，防水垫层宜呈下垂凹形。

2)采用通风构造的隔热屋面包括通风檐口、通风屋脊和通风防水垫层。波形沥青通风防水垫层，应铺设在挂瓦条和保温隔热层之间。

4. 屋面瓦

屋面瓦可分为块瓦、沥青瓦(即油毡瓦)和波形瓦，如图 10-16 所示。

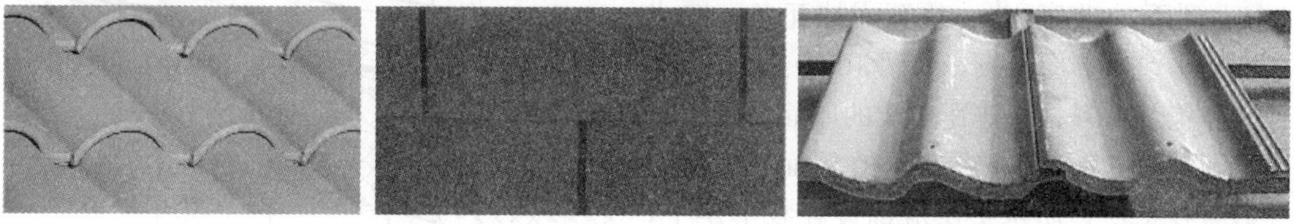

(a)　(b)　(c)

图 10-16　瓦的外形

(a)块瓦；(b)沥青瓦；(c)波形瓦

(1)块瓦屋面构造。块瓦分为烧结瓦和混凝土瓦。

烧结瓦是由黏土或其他无机非金属原料，经成型、烧结等工艺处理，用于建筑物屋面覆盖及装饰用的板状或块状烧结制品。

块瓦按铺设部位可分为屋面瓦和配件瓦。屋面瓦按形状分为平瓦、双筒瓦、滴水瓦、沟头瓦、S瓦、J瓦和其他异形瓦；配件瓦按功能分为脊瓦和檐口瓦等。

块瓦按表面状态可分为表面有釉和表面无釉两种。

块瓦的铺装应采取干法挂瓦，传统的湿法卧瓦施工效率低、容易污染屋面、荷载较大、外观不易平齐，不宜湿法卧瓦施工。

干法挂瓦采用经过防腐处理的木质挂瓦条，用钢钉或射钉按合理的间距固定于屋面基层，一步到位地达到瓦片的平整与搭接长度的要求，并用钢钉将瓦片与挂瓦条固定牢靠。

1)一般保温屋面。保温隔热层上铺设细石混凝土保护层作持钉层时，防水垫层应铺设在持钉层上，构造层次(由上到下的顺序)为：块瓦、挂瓦条、顺水条、防水垫层、持钉层、保温隔热层、屋面板，如图10-17所示。

2)保温隔热屋面。保温隔热层镶嵌在顺水条之间时，应在保温隔热层上铺设防水垫层，构造层次(由上到下的顺序)为：块瓦、挂瓦条、防水垫层或隔热防水垫层、保温隔热层、顺水条、屋面板，如图10-18所示。

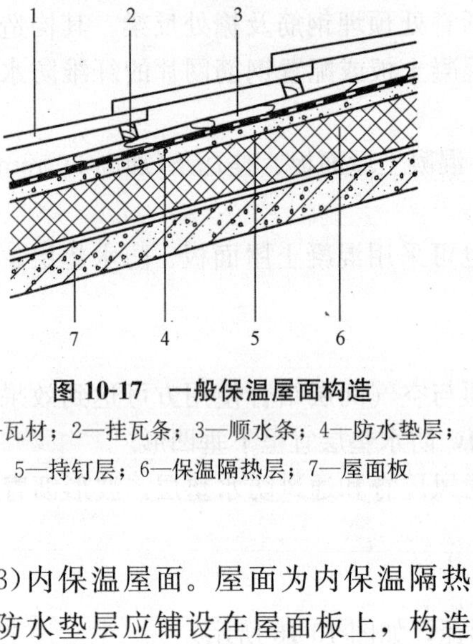

图 10-17　一般保温屋面构造

1—瓦材；2—挂瓦条；3—顺水条；4—防水垫层；5—持钉层；6—保温隔热层；7—屋面板

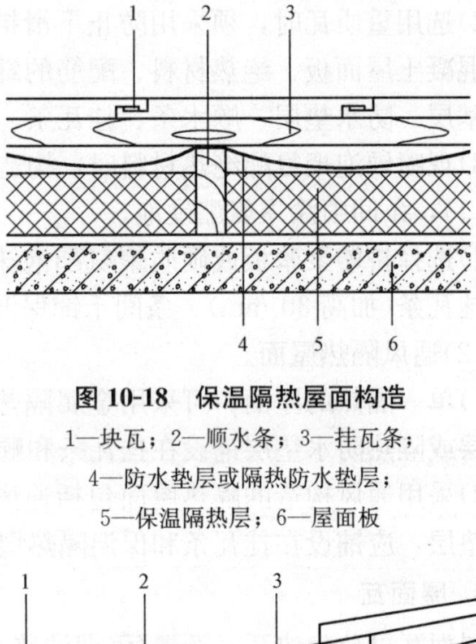

图 10-18　保温隔热屋面构造

1—块瓦；2—顺水条；3—挂瓦条；4—防水垫层或隔热防水垫层；5—保温隔热层；6—屋面板

3)内保温屋面。屋面为内保温隔热构造时，防水垫层应铺设在屋面板上，构造层次(由上到下的顺序)为：块瓦、挂瓦条、顺水条、防水垫层、屋面板，如图10-19所示。

4)绝热材料具有挂瓦功能的屋面。采用具有挂瓦功能的保温隔热层时，在屋面板上做水泥砂浆找平层，防水垫层应铺设在找平层上，保温层应固定在防水垫层上，构造层次(由上到下的顺序)为：块瓦、有挂瓦功能的保温隔热层、防水垫层、找平层(兼作持钉层)、屋面板，如图10-20所示。

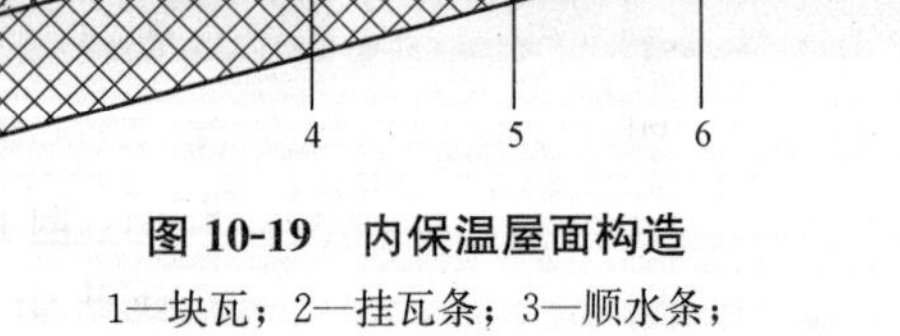

图 10-19　内保温屋面构造

1—块瓦；2—挂瓦条；3—顺水条；4—防水垫层；5—屋面板；6—保温隔热层

(2)沥青瓦屋面构造。沥青瓦是以玻璃纤维为胎基，经渗涂石油沥青后，一面覆盖彩色矿物粒料；另一面撒以隔离材料制成的柔性瓦状屋面的防水片材。其过去被称为油毡瓦、多彩沥青油毡瓦和玻纤沥青瓦。

沥青瓦可分为平面沥青瓦(单层瓦)和叠合沥青瓦(叠层瓦)，叠层瓦比单层瓦的屋面立体感更强。平面沥青瓦适用于防水等级为Ⅱ级的坡屋面，叠合沥青瓦适用于防水等级为Ⅰ级或Ⅱ级的坡屋面。沥青瓦的规格一般为 1 000 mm×333 mm，厚度不小于 2.6 mm，平均每平方米用量为 7 片。沥青瓦的固定方式以钉为主、粘结为辅。

沥青瓦屋面的基本层次(由上到下的顺序)为：沥青瓦、持钉层、防水层或防水垫层、保温层、结构层，如图 10-21 所示。

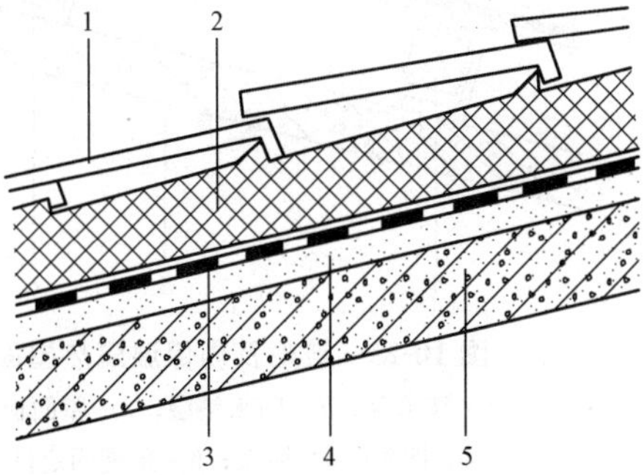

图 10-20　绝热材料具有挂瓦功能的屋面构造

1—块瓦；2—带挂瓦条的保温板；
3—防水垫层；4—找平层；5—屋面板

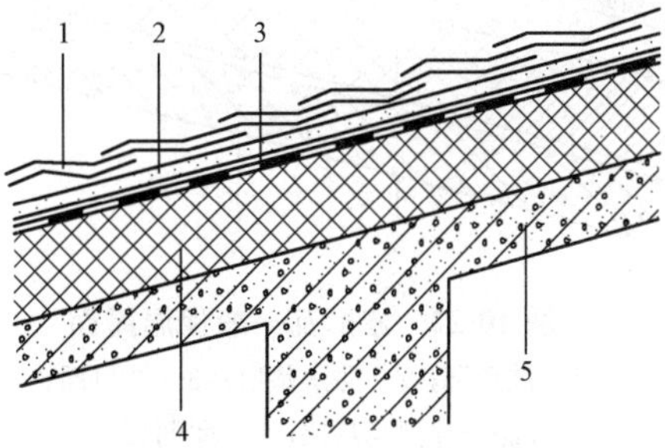

图 10-21　沥青瓦屋面构造

1—沥青瓦；2—持钉层；3—防水垫层；
4—保温层；5—屋面板

持钉层的厚度应符合表 10-17 的要求。

表 10-17　沥青瓦屋面持钉层的厚度

序号	持钉层的材料	厚度/mm
1	木板	≥20
2	胶合板或定向刨花板	≥11
3	结构用胶合板	≥9.5
4	细石混凝土	≥35

(3)波形瓦。波形瓦可分为沥青波形瓦、树脂波形瓦、纤维水泥波形瓦、聚氯乙烯塑料波形瓦、玻纤增强聚酯波形瓦五类，适用于防水等级为Ⅱ级的坡屋面。其中，沥青波形瓦是由植物纤维在特定的温度和压力下，浸渍沥青压制而成的波形瓦材，具有较好的隔热性和耐腐蚀性。

波形瓦屋面的基本层次(由上到下的顺序)为：波形瓦、持钉层、防水层或防水垫层、保温层、结构层。

波形瓦屋面承重层为混凝土屋面板和木屋面板时，如果有保温要求，可以设置外保温隔热层；不设屋面板的屋面，可设置内保温隔热层。波形瓦由于尺寸较大、安装简单等，在有檩体系中得到广泛应用，可不设望板，直接将波形瓦固定在檩条上。

1)一般保温屋面。屋面板上铺设保温隔热层，保温隔热层上做细石混凝土持钉层(细石混凝土层中的配筋应与屋面板的预埋钢筋头固定)时，防水垫层应铺设在持钉层上，波形瓦应固定在持钉层上，不用顺水条、挂瓦条。构造层次(由上到下的顺序)为：波形瓦、防水垫层、持钉层、保温隔热层、屋面板，如图 10-22 所示。

2)内保温隔热屋面。采用内保温隔热时，屋面板铺设在木檩条上，防水层应铺设在屋面板上，木檩条固定在钢屋架上，角钢固定件长应为 100～150 mm，波形瓦固定在屋面板上，构造层次(由上到下的顺序)为：波形瓦、防水垫层、屋面板、木檩条、屋架，如图 10-23 所示。

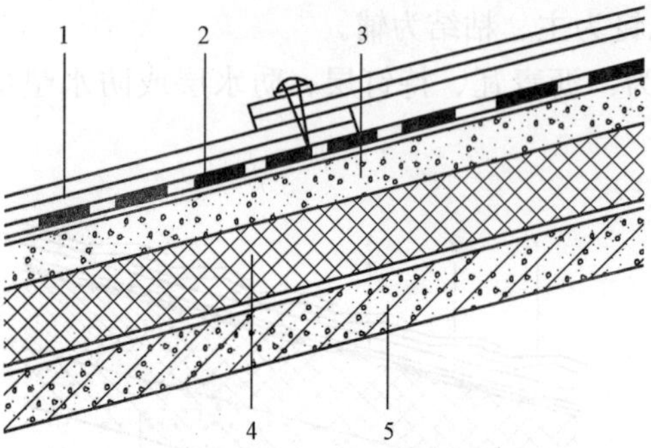

图 10-22 波形瓦一般保温屋面

1—波形瓦；2—防水垫层；3—持钉层；4—保温隔热层；5—屋面板

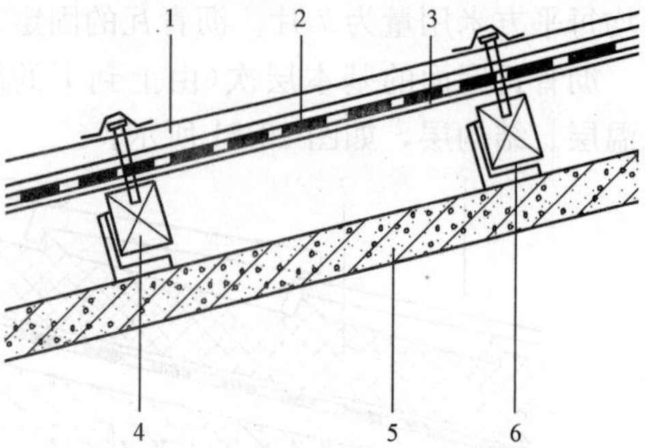

图 10-23 波形瓦内保温隔热屋面

1—波形瓦；2—防水垫层；3—屋面板；4—檩条；5—屋架；6—角钢固定件

10.3.3 坡屋面的采光和通风

坡屋面下可利用的空间称为斜屋面，要更好地满足各种使用要求，必须具有良好的天然采光和自然通风，因此，坡屋面上应设置凸出屋面的老虎窗和斜屋顶窗。

老虎窗(图 10-24)的造型多样，可根据建筑物的不同需要而定，如立面可做成三角形、四边形、五边形和圆形等。

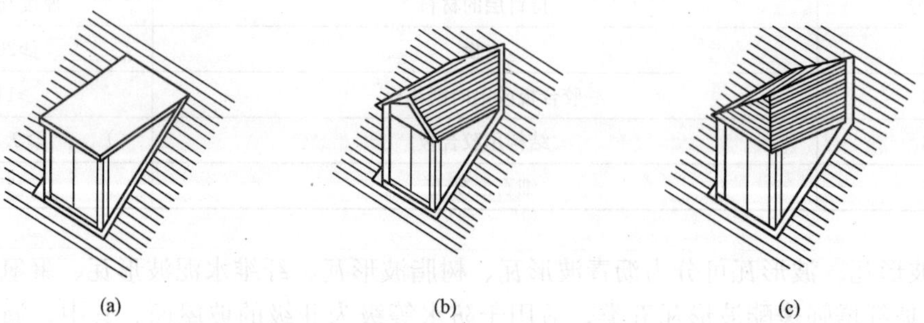

图 10-24 老虎窗

(a)一坡水；(b)两坡水；(c)三坡水

斜屋面窗是安装在斜屋面上、平行于屋面且可开启的窗。其类型有与屋面平行的直口或“八”字口斜屋面窗、“八”字口组合式斜屋面窗、斜十立组合式屋面窗的单窗或组合窗和屋脊组合式斜屋面窗等。玻璃面积相同的斜屋面窗要比老虎窗进光量多 40%左右，能提供更充足的光线和视野，如图 10-25 所示。

注意：为了加强窗洞口周围屋面板的强度，防止屋面雨雪的侵入以及便于窗的安装，常在现浇钢筋混凝土屋面板斜屋面窗洞周围设置凸出屋面的环状反梁。为了增加采光量，常把斜屋面窗洞口的上、下侧壁做成倾斜的喇叭口状，使洞口的上侧壁平行于地面，使洞口的下侧壁垂直于地面。

为解决好斜屋面内的通风，屋面窗可开启的面积不应小于该房间地板面积的1/20。

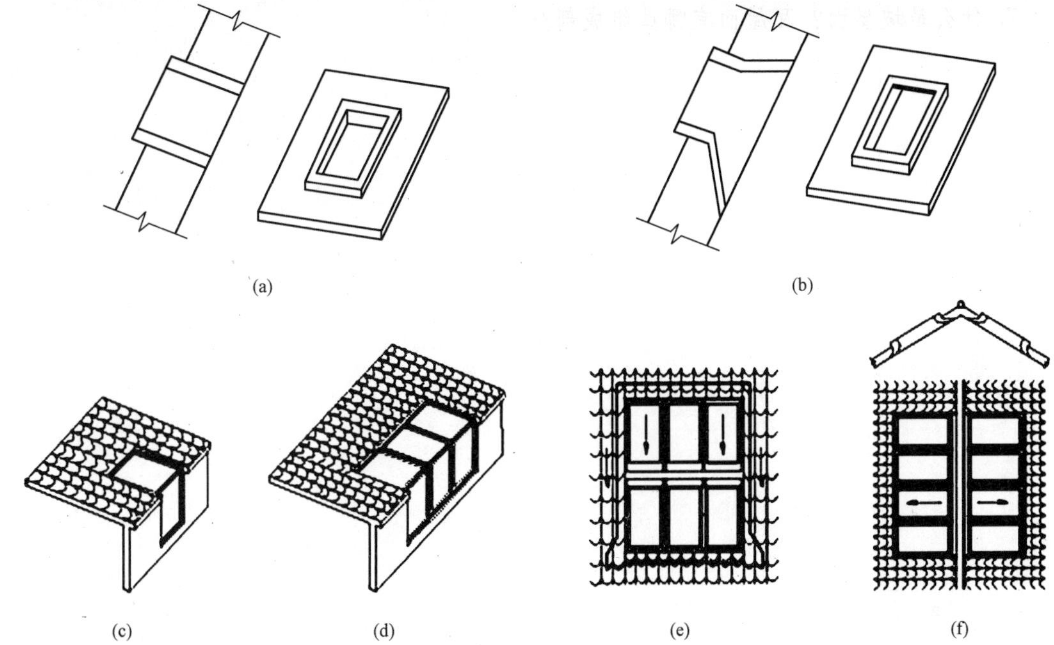

图 10-25　斜屋面窗

(a)与屋面平行的直口斜屋面窗反梁；(b)与屋面平行的“八”字口斜屋面窗反梁；
(c)斜＋立组合式屋面窗的单窗；(d)斜＋立组合式屋面窗的组合窗；
(e)、(f)屋脊组合式斜屋面窗

模块小结

屋面是建筑物最上层的承重构件，是建筑物的重要组成部分。屋面具有承重作用、围护作用和美观作用。屋面的坡度大小直接影响屋面排水是否顺利，坡度的大小由屋面结构类型、屋面基层类别、防水构造形式、材料性能及当地气候等条件确定。平屋面的基本构造层次为保护层、隔离层、防水层、找平层、保温层、找坡(平)层、结构层。屋面工程的绝热有设置保温层或隔热层两种做法。屋面保温层应根据屋面所需传热系数或热阻选择轻质、高效的保温材料，以保证屋面保温性能和使用要求。

思考与练习

1. 屋面的作用是什么？有哪些设计要求？
2. 什么是平屋面？其坡度是怎样形成的？
3. 屋面的排水方式有哪些？其适用于何种屋面？
4. 什么是卷材防水屋面？目前常用的卷材有哪些？

5. 平屋面的保温材料有哪些？保温层的位置有哪几种？

6. 什么是防水垫层？什么屋面需要设置防水垫层？

7. 什么是坡屋面？瓦屋面有哪些组成部分？

模块 11 门和窗

知识目标

(1)门、窗的作用，门、窗的要求；
(2)门的分类、木门的构造组成、门的安装；
(3)窗的分类、木窗的构造组成、窗的安装；
(4)塑钢、铝合金门、窗的安装；
(5)遮阳的作用、构造。

能力目标

(1)了解门、窗的作用和要求；
(2)掌握门的分类、熟悉木门的构造与组成；
(3)掌握窗的分类，熟悉木窗的构造与组成；
(4)熟悉塑钢、铝合金门、窗的选型和连接构造；
(5)了解建筑中遮阳的作用与形式。

11.1 门和窗概述

门和窗是房屋建筑的围护构件，对保证建筑物的安全、坚固、舒适起着重要的作用，门的作用是供交通出入及分隔、联系建筑空间，有时也起通风和采光作用。窗的作用是采光、通风、观察和递物。另外，门和窗对建筑物的外观及室内装修造型影响也很大。因此，对门和窗的要求是坚固耐久、开启方便、便于维修，同时，要求门和窗保温、隔热、防火与防水。

11.1.1 门的分类与特点

(1)门按其构造材料可分为木门、铝合金门、塑钢门、彩板门、玻璃钢门、钢门等。木门自重轻、开启方便、易加工，所以在民用建筑中应用广泛。

(2)门按其在建筑物中所处的位置可分为内门和外门。内门位于内墙上，起分隔作用，如隔声、阻挡视线等；外门位于外墙上，起围护的作用。

(3)门按其使用功能可分为一般门和特殊门。一般门是满足人们最基本要求的门；特殊门除满足人们的基本要求外，还必须有特殊功能，如保温、隔声、防火、防护等。

(4)门按其构造形式可分为镶板门、拼板门、夹板门、百叶门等。

(5)门按门扇的开启方式可分为平开门、推拉门、弹簧门、折叠门、卷帘门、旋转门等(图 11-1)。

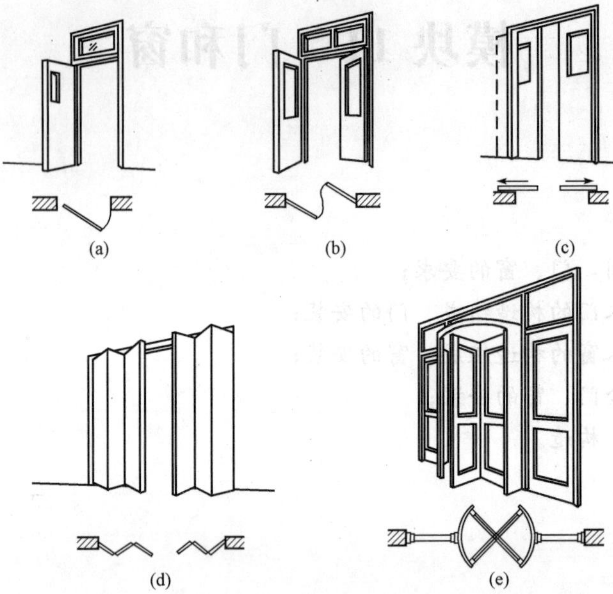

图 11-1　门的开启方式

(a)、(b)平开门；(c)推拉门；(d)折叠门；(e)旋转门

1)平开门：门扇与门框用铰链连接，门扇水平开启，有单扇、双扇及向内开、向外开之分。平开门构造简单，开启灵活，安装维修方便。

2)推拉门：门扇可沿着轨道左右滑行从而实现启闭，有单扇和双扇之分，开启后，门扇可隐藏在墙体的夹层中或贴在墙面上。推拉门开启时不占空间，受力合理，不易变形，但构造较复杂。

3)弹簧门：门扇与门框用弹簧铰链连接，门扇水平开启，可分为单向弹簧门和双向弹簧门，其最大优点是门扇能够自动关闭。

4)折叠门：门扇由一组宽度约为 600 mm 的窄门扇组成，窄门扇之间采用铰链连接。开启时，窄门窗相互折叠推移到侧边，占用空间少，但构造复杂。

5)卷帘门：门扇由金属叶片相互连接而成，在门洞的上方设转轴，通过转轴的转动来控制叶片的启闭。卷帘门的特点是开启时不占使用空间，但加工制作复杂，造价较高。

6)旋转门：门扇由三扇或四扇通过中间的竖轴组合起来，通过在两侧的弧形门套内水平旋转来实现启闭。旋转门有利于室内的隔视线、保温、隔热和防风沙，并且对建筑立面有较强的装饰性。

11.1.2　窗的分类与特点

(1)窗按其构造材料可分为铝合金窗、塑钢窗、彩板窗、木窗、钢窗等。铝合金窗和塑钢窗材质好、坚固耐久、密封性好，在建筑工程中应用广泛；而木窗由于耐久性差、易变形、不利于节能，国家已限制使用。

(2)窗按层数可分为单层窗和双层窗。单层窗构造简单、造价低，适用于一般建筑；双层窗保温隔热效果好，适用于对建筑要求高的建筑。

(3)窗按窗扇的开启方式可分为固定窗、平开窗、悬窗、立转窗、推拉窗、百叶窗等(图 11-2)。

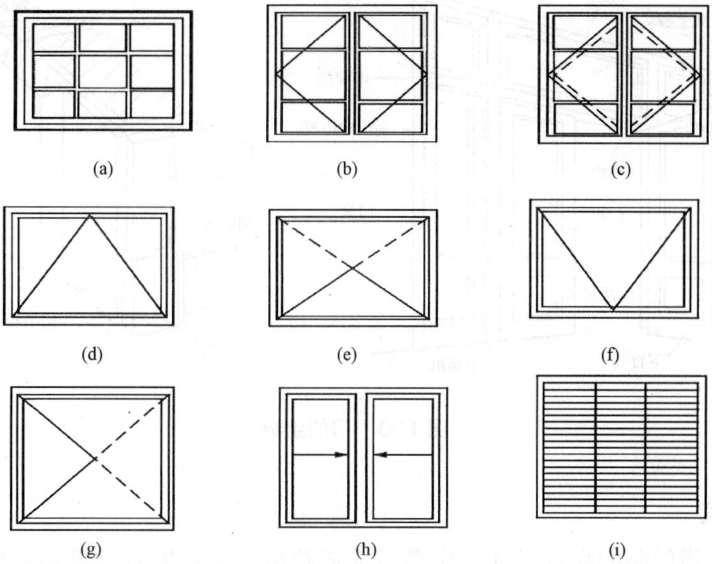

图 11-2 窗的开启方式

(a)固定窗；(b)平开窗(单层外开)；(c)平开窗(双层内外开)；(d)上悬窗；(e)中悬窗；(f)下悬窗；(g)立转窗；(h)推拉窗；(i)百叶窗

1)固定窗：将玻璃直接镶嵌在窗框上，不设可活动的窗扇。固定窗一般用于只要求有采光、眺望功能的窗，如走道的采光窗和一般窗的固定部分。

2)平开窗：窗扇一侧用铰链与窗框相连，窗扇可向外或向内水平开启。平开窗构造简单，开关灵活，制作与维修方便，在一般建筑中采用较多。

3)悬窗：窗扇绕水平轴转动的窗。其按照旋转轴的位置可分为上悬窗、中悬窗和下悬窗。上悬窗和中悬窗的防雨、通风效果好，常用作门上的亮子和不方便手动开启的高侧窗。

4)立转窗：窗扇绕垂直中轴转动的窗。这种窗通风效果好，但不严密，不宜用于寒冷和多风沙的地区。

5)推拉窗：窗扇沿着导轨或滑槽推拉开启的窗，有水平推拉窗和垂直推拉窗两种。推拉窗开启后不占室内空间，窗扇的受力状态好，适宜安装大玻璃，但通风面积受限制。

6)百叶窗：窗扇一般用塑料、金属或木材等制成小板材，与两侧框料连接，有固定式和活动式两种。百叶窗的采光效率低，主要用于遮阳、防雨及通风。

11.2 门的构造

11.2.1 门的组成与尺度

1. 门的组成

门一般由门框、门扇、五金零件及附件组成(图 11-3)。门框是门与墙体的连接部分，由上框、边框、中横框和中竖框组成。门扇一般由上、中、下冒头和边梃组成骨架，中间固定门芯板。五金零件包括铰链、插销、门锁、拉手等。附件有贴脸板、筒子板等。

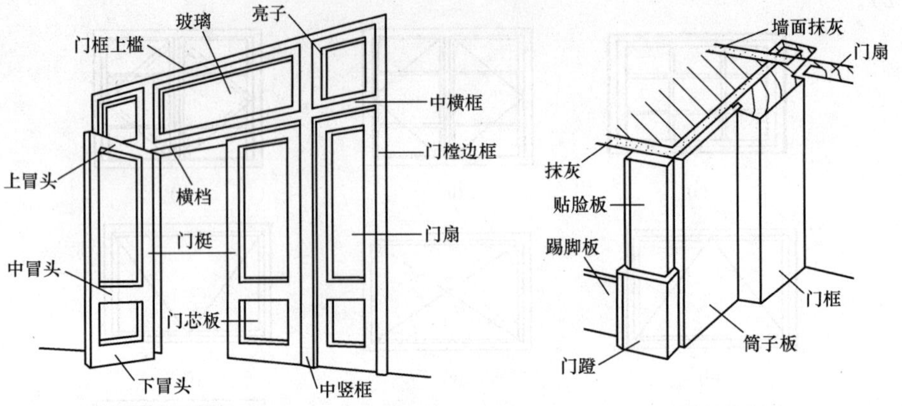

图 11-3　门的组成

2. 门的尺度

门的尺度是指门洞的高宽尺寸，应满足人流疏散，搬运家具、设备的要求，并应符合《建筑模数协调标准》(GB/T 50002—2013)的规定。一般情况下，公共建筑的单扇门的宽度为950～1 000 mm，双扇门的宽度为 1 500～1 800 mm，高度为 2.1～2.3 m；居住建筑的门可略小些，外门的宽度为 900～1 000 mm，房间门的宽度为 900 mm，厨房门的宽度为 800 mm，厕所门的宽度为 700 mm，高度统一为 2.1 m。供人日常生活活动进出的门，门扇的高度通常为1 900～2 100 mm，单扇门的宽度为 800～1 000 mm，辅助房间如浴厕、储藏室的门的宽度为 600～800 mm，腰头窗的高度一般为 300～900 mm。工业建筑的门可按需要适当提高。

11.2.2　木门的构造

木门主要由门框、门扇、腰头窗、贴脸板(门线)、筒子板(垛头板)和配套五金件等部分组成。

1. 门框

门框的断面形状与尺寸取决于门扇的开启方式和门扇的层数，由于门框要承受各种撞击荷载和门扇具有重量作用，其应有足够的强度和刚度，故其断面尺寸较大(图 11-4)。

门框用料一般分为四级，净料宽为 135、115、95、80(mm)四种，厚度为 52、67(mm)两种。框料厚薄与木材优劣有关，一般采用松和杉；大门可为(60～70)mm×(140～150)mm(毛料)，内门可为(50～70)mm×(100～120)mm，有纱门时用料宽度不宜小于 150 mm。

门框在洞口中的位置如图 11-5 所示。

2. 门扇

木门门扇的做法很多，常见的有镶板门、夹板门、拼板门、玻璃门和弹簧门等。

(1)镶板门：由上、中、下冒头和边梃组成骨架，中间镶嵌门芯板，门芯板可采用 15 mm 厚的木板拼接而成，也可采用胶合板、硬质纤维板或玻璃等(图 11-6)。

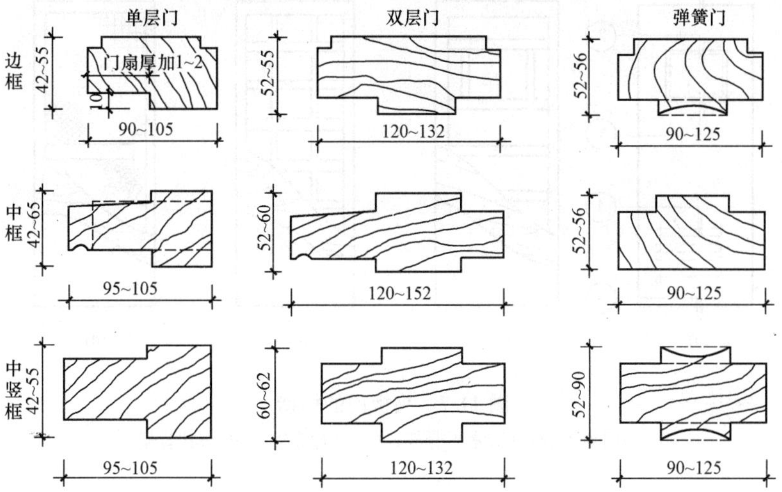

图 11-4　平开木门门框的断面形状与尺寸

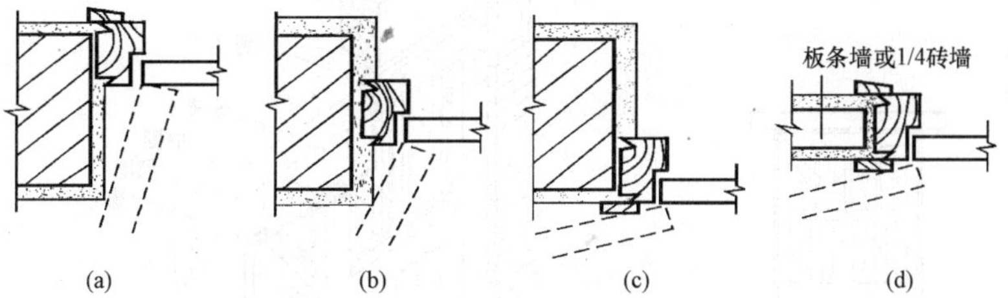

图 11-5　门框在洞口中的位置

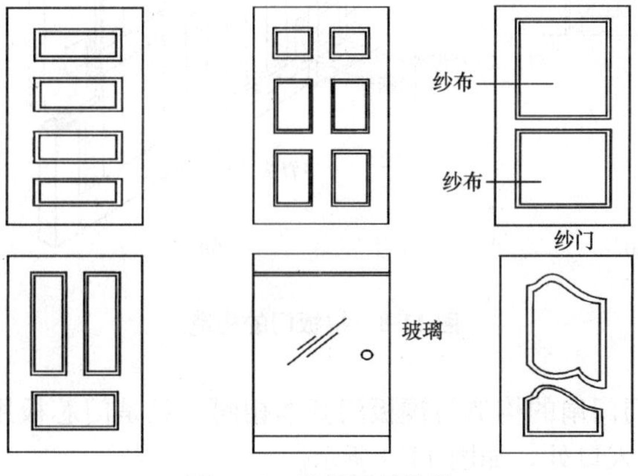

图 11-6　镶板门的构造

(2)夹板门：用小截面的木条(35 mm×50 mm)组成骨架，在骨架的两面铺钉胶合板或纤维板等(图 11-7)。

(3)拼板门：拼板门的构造与镶板门相同，由骨架和拼板组成，只是拼板门的拼板用35～45 mm 厚的木板拼接而成，因而其自重较大，但其坚固耐久，多用于库房、车间的外门(图 11-8)。

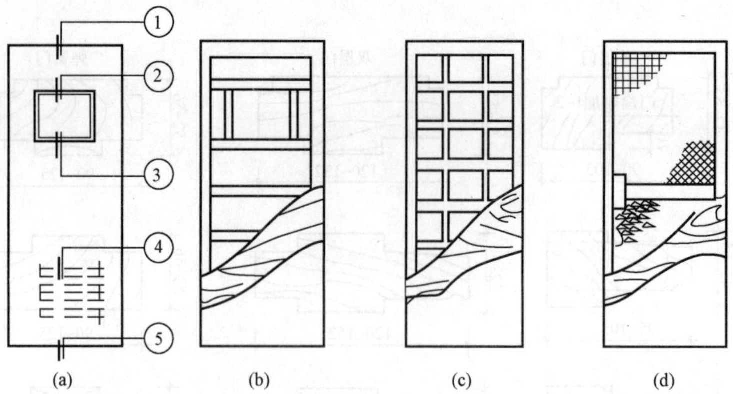

图 11-7　夹板门的构造

(a)门窗外观；(b)水平骨架；(c)双向骨架；(d)格状骨架

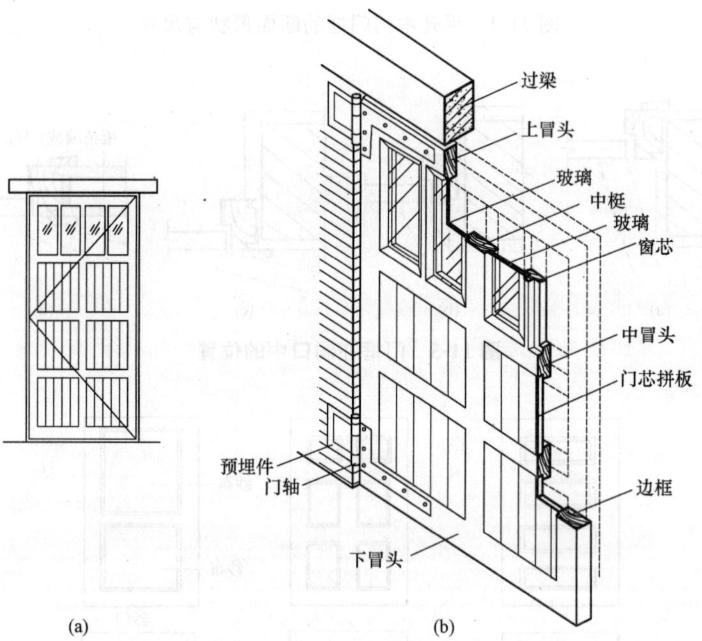

图 11-8　拼板门的构造

(4)玻璃门：玻璃门门扇的构造与镶板门基本相同，只是门芯板用玻璃代替，玻璃门用在要求采光与透明的出入口处，如图 11-9 所示。

(5)弹簧门：单面弹簧门多为单扇，常用于需要调节温度及遮挡气味的房间，如厨房、厕所等；双面弹簧门适用于公共建筑的过厅、走廊及人流较多的房间。弹簧门须用硬木，门扇的厚度为 42～50 mm，上冒头及边框的宽度为 100～120 mm，下冒头的宽度为 200～300 mm(图 11-10)。

11.2.3　铝合金门的构造

铝合金门多为半截玻璃门，有推拉和平开两种开启方式。推拉铝合金门有 70 系列和

90 系列两种。

当采用平开的开启方式时，门扇边梃的上、下端要用地弹簧连接(图 11-11)。

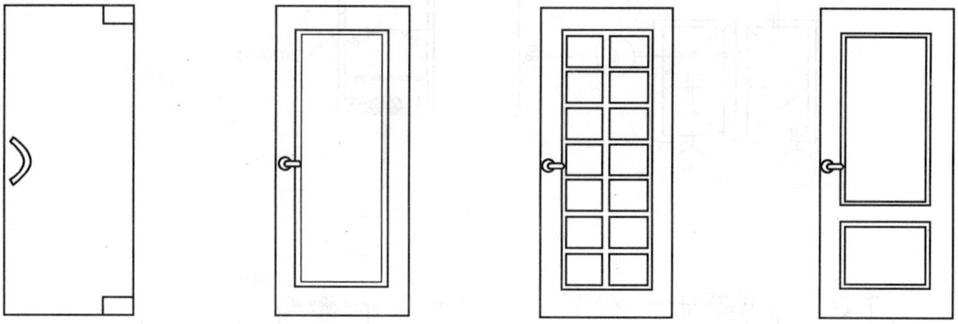

(a)　(b)　(c)　(d)

图 11-9　玻璃门的构造

(a)钢化玻璃一整片的门；(b)四方框里放入压条，固定住板玻璃的门；
(c)装饰方格中放入玻璃的门；(d)腰部下镶板上面装玻璃的门

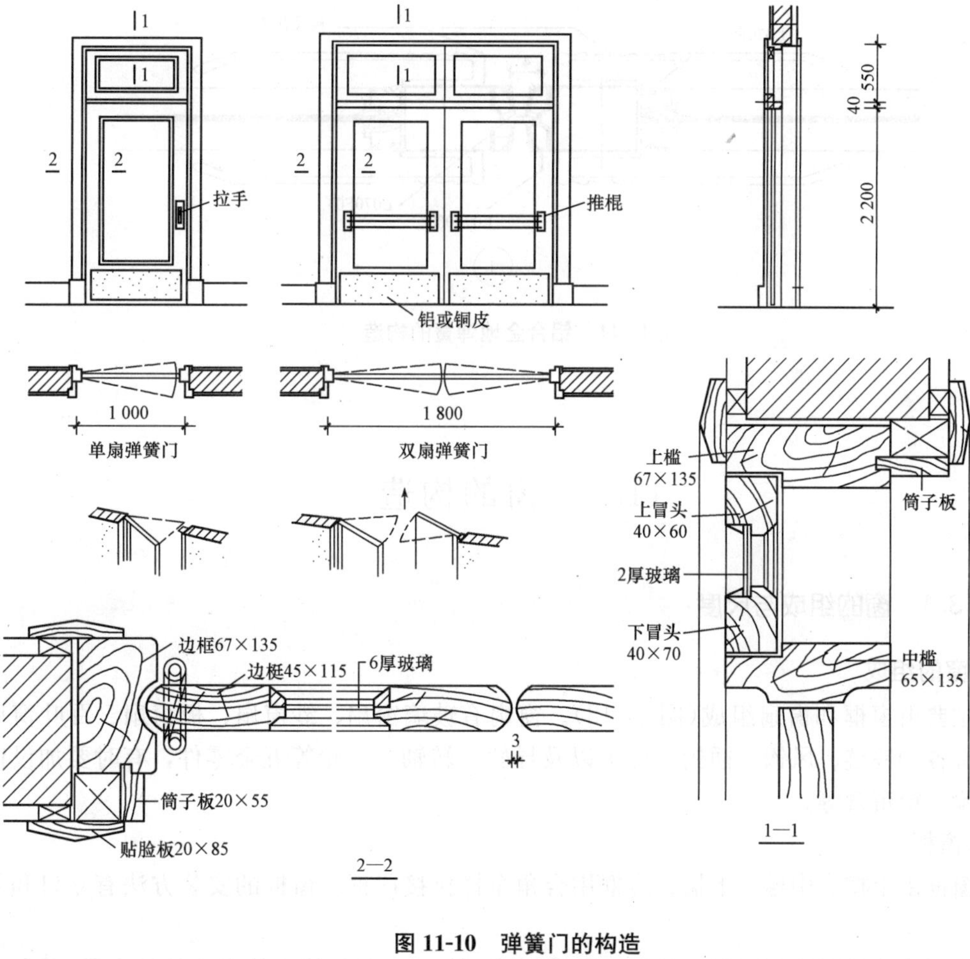

图 11-10　弹簧门的构造

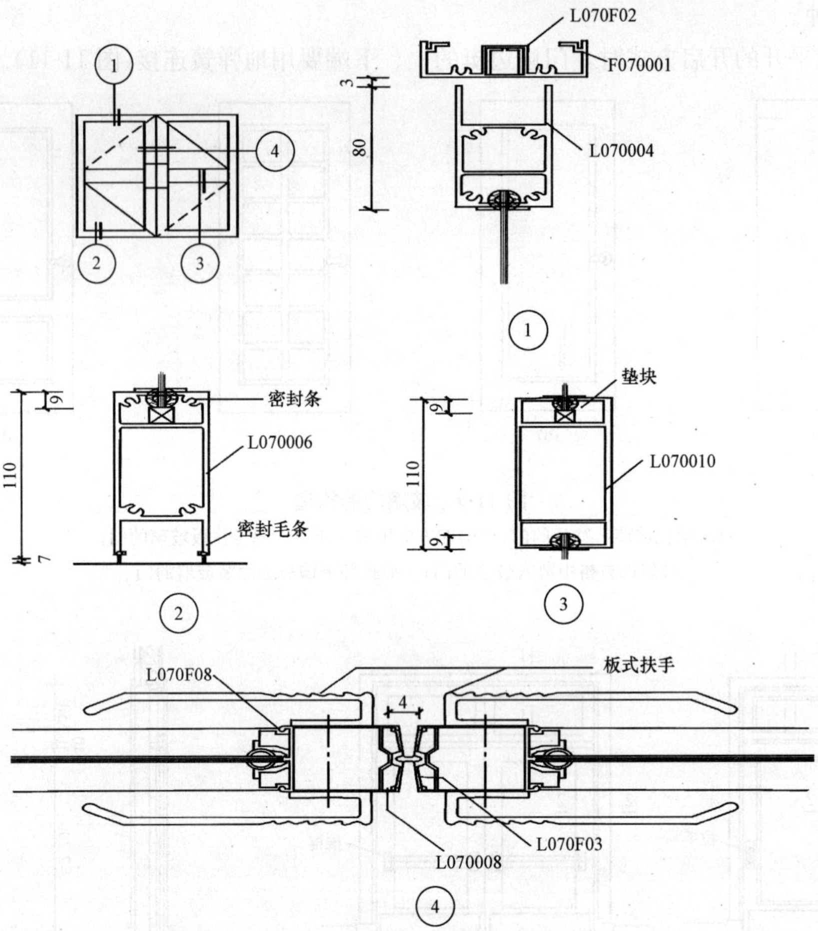

图 11-11　铝合金地弹簧的构造

11.3　窗的构造

11.3.1　窗的组成与尺度

1. 窗的组成

窗主要由窗框和窗扇组成(图 11-12)。窗扇有玻璃窗扇、纱窗扇、板窗扇、百叶窗扇等。还有各种铰链、风钩、插销、拉手以及导轨、转轴、滑轮等五金零件，有时要加设窗台、贴脸、窗帘盒等。

(1)窗框。

1)窗框由上槛、中槛、下槛、边框用合角全榫拼接成框。窗框的安装方法有立口和塞口两种。

①立口：施工时先将窗樘安装好后砌窗间墙。上、下档各伸出约半砖长的木段(羊角或走头)，在边框外侧每 500～700 mm 设一木拉砖(木鞠)或铁脚砌入墙身。该安装方法的特

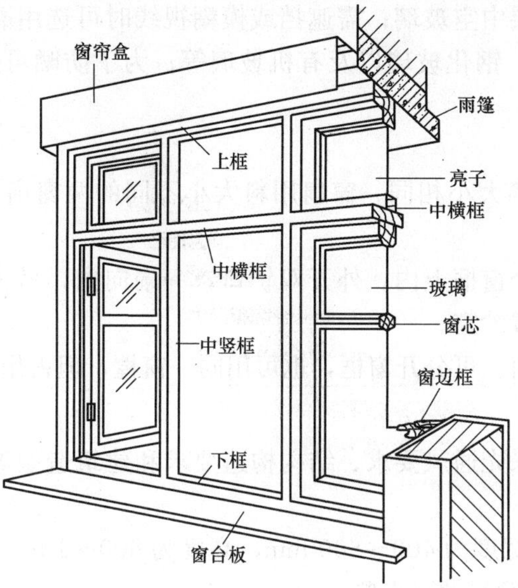

图 11-12　窗的组成

点是窗框与墙的连接紧密，但施工不便，窗樘及其临时支撑易被碰撞，较少采用。

②塞口：在砌墙时先留出窗洞，以后再安装窗框。为了加强窗樘与墙的联系，窗洞两侧每隔 500～700 mm 砌入一块半砖大小的防腐木砖(窗洞每侧应不少于两块)，安装窗樘时用长钉或螺钉将窗樘钉在木砖上，也可在樘子上钉铁脚，再用膨胀螺钉在墙上或用膨胀螺钉直接把樘子钉于墙上。

2)将窗框装于墙上时应注意以下几点：

①塞樘子的窗樘每边应比窗洞小 10～20 mm；

②为了抵御风雨，外侧须用砂浆嵌缝，也可加钉压缝条或用油膏嵌缝，寒冷地区应用纤维或毡类(如毛毡、矿棉、麻丝或泡沫塑料绳等)垫塞；

③靠墙一面易受潮变形，常在窗樘外侧开槽，并作防腐处理。

3)安装窗框与窗扇时应注意以下几点：

①一般窗扇都用铰链、转轴或滑轨固定在窗樘上。通常在窗框上做铲口，深为 10～12 mm，也可钉小木条形成铲口。为提高防风雨能力，可适当增加铲口深度(约为 15 mm)或钉密封条，或在窗框留槽，形成空腔的回风槽。

②外开窗的上口和内开窗的下口，一般须做披水板及滴水槽以防止雨水内渗，同时，在窗框内槽及窗盘处做积水槽及排水孔将渗入的雨水排除。

4)窗框断面形状与尺寸。一般尺度的单层窗窗樘的厚度常为 40～50 mm，宽度为 70～95 mm，中竖梃双面窗扇需加厚一个铲口的深度 10 mm，中横档除加厚 10 mm 外，若要加披水，一般还要加宽 20 mm 左右。

(2)窗扇。

1)平开玻璃窗。平开玻璃窗一般由上、下冒头和左、右边梃榫接而成，有的中间还设窗棂。窗扇的厚度为 35～42 mm，一般为 40 mm。上、下冒头及边梃的宽度视木料材质和窗扇大小而定，一般为 50～60 mm，下冒头可较上冒头适当加宽 10～25 mm，窗棂的宽度为 27～40 mm。

平开玻璃窗常用玻璃厚度为 3 mm，面积较大的窗可采用 5 mm 或 6 mm。为了满足隔声保温等需要可采用双层中空玻璃；需遮挡或模糊视线时可选用磨砂玻璃或压花玻璃；为了安全可采用夹丝玻璃、钢化玻璃以及有机玻璃等；为了防晒可采用有色、吸热和涂层、变色等种类的玻璃。

2)双层窗。

①子母窗扇：由玻璃大小相同、窗扇用料大小不同的两窗扇合并而成，用一个窗框，一般为内开。

②内外开窗：在一个窗框上内、外开双铲口，一扇向内，另一扇向外，必要时内层窗扇在夏季还可取下或换成纱窗。

③大小扇双层内开窗：可分开窗框，也可用同一窗樘，但占用室内空间。

2. 窗的尺度

窗的尺度一般根据采光通风要求、结构构造要求和建筑造型等因素决定，同时应符合模数制要求。

一般平开窗的窗扇宽度为400～600 mm，高度为800～1 500 mm，亮子高度为300～600 mm，固定窗和推拉窗尺寸可大些。

11.3.2 铝合金窗的构造

铝合金窗多采用水平推拉式的开启方式，窗扇在窗框的轨道上滑动开启。窗扇与窗框之间用尼龙密封条进行密封，以避免金属材料之间相互摩擦。玻璃卡在铝合金窗框料的凹槽内，并用橡胶压条固定(图 11-13)。

铝合金窗一般采用塞口的方法安装，固定时，窗框与墙体之间采用预埋铁件、燕尾铁脚、金属膨胀螺栓、射钉固定等方式连接(图 11-14)。

11.3.3 塑钢窗的构造

塑钢窗是以 PVC 为主要原料制成空腹多腔异型材，中间设置薄壁加强型钢，经加热焊接而成的一种新型窗，它具有导热系数低，耐弱酸碱，无须油漆，气密性、水密性、隔声性良好等优点(图 11-15)。

塑钢窗的开启方式及安装构造与铝合金窗基本相同。

11.3.4 节能窗的构造

节能窗是从热力学的观点来考虑如何减少热量的流失，减少能量的浪费，从而达到节能的目的。选择节能窗主要从三个方面着手：第一，从窗的结构设计考虑；第二，从窗体材料考虑，节能玻璃是关键；第三，从窗框材料考虑。

目前，在建筑中常用的节能窗型为平开窗和固定窗。平开窗分内外平开窗、正规的铝合金平开窗。其窗扇和窗扇间、窗扇和窗扇框间一般均应用良好的橡胶做密封压条。在窗扇关闭后，密封橡胶压条压得很紧，密封性能很好，很少有空隙，良好的密封条即便有空隙也是微乎其微的，很难形成对流，这种窗型的热量流失主要是玻璃和窗框窗扇型材的热传导和辐射，如果能很好地解决上述玻璃和型材的热传导，平开窗的节能性能会得到有力的保证。从结构上讲，平开窗在节能方面有明显的优势，平开窗可称为真正的节能窗型固定窗，窗框嵌在墙体内，玻璃直接安在窗框上，玻璃和窗框的接缝以前用胶条密封，因胶

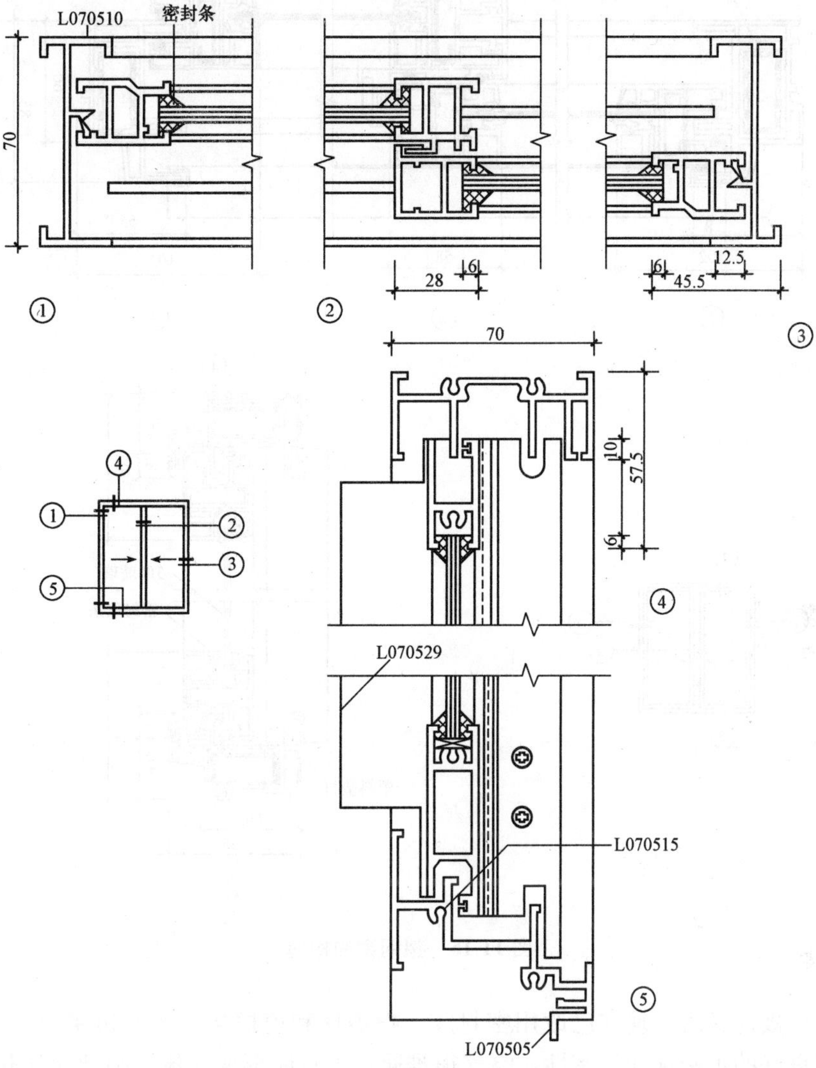

图 11-13　铝合金窗的构造

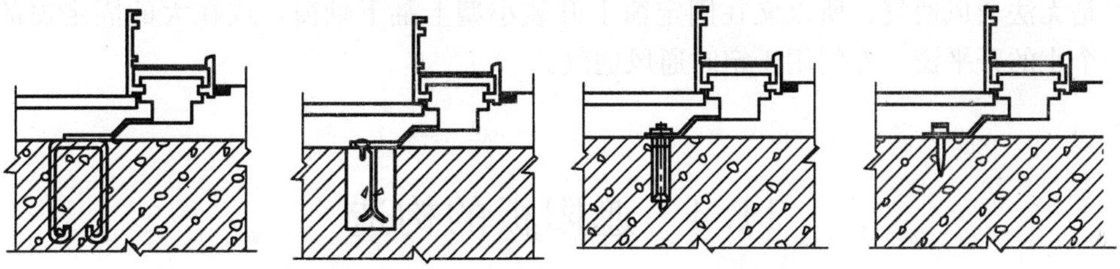

(a)　(b)　(c)　(d)

图 11-14　铝合金窗框与墙体的固定方式

(a)预埋铁件；(b)燕尾铁脚；(c)金属膨胀螺栓；(d)射钉

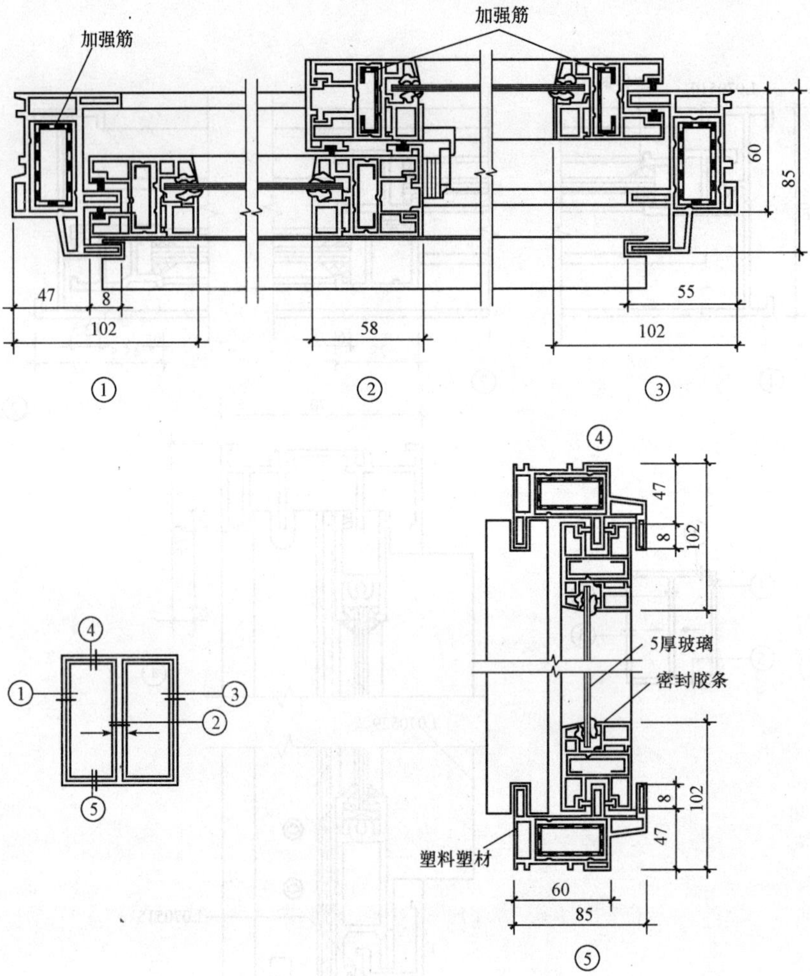

图 11-15　塑钢窗的构造

条受冷热变化极易脱落，现在已改用密封胶，把玻璃和窗框接触的四边密封。如密封胶密封严密，有良好的水密性和气密性，空气很难通过密封胶形成对流，因此对流热损失极小，玻璃和窗框的热传导是损失的源泉。对大面积玻璃和少量窗框型材，在材料形式上采取有效措施，可以大大提高节能效果。从结构上讲，固定窗是节能效果最理想的窗型。固定窗的缺点是无法通风通气，所以又在固定窗上开装小型上翻下翻窗，或在大的固定窗的一侧安装一个小的开平窗，专门用于定时通风通气。

11.4　遮阳板的构造

11.4.1　遮阳板的作用

遮阳是为了防止阳光直接射入室内，避免夏季室内温度过高和产生眩光而采取的构造措施。建筑遮阳措施有三种：一是绿化遮阳；二是调整建筑物的构配件；三是在窗洞口周围设置专门的遮阳设施来遮阳。遮阳设施有活动遮阳板和固定遮阳板两种类型，如图 11-16 所示。

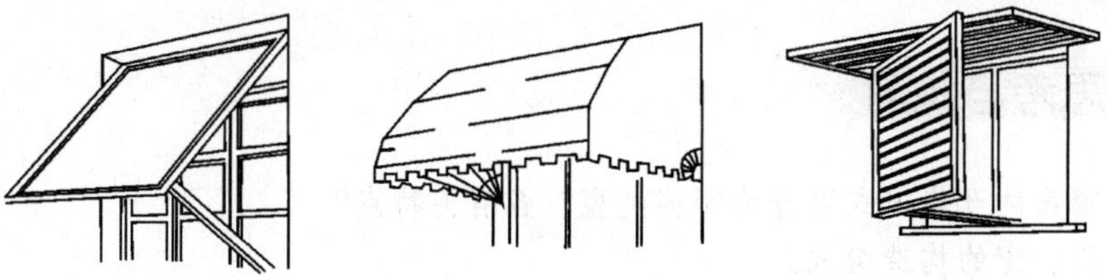

图 11-16 遮阳的形式

11.4.2 固定遮阳板的形式

固定遮阳板的基本形式有水平式、垂直式、综合式和挡板式(图 11-17)。

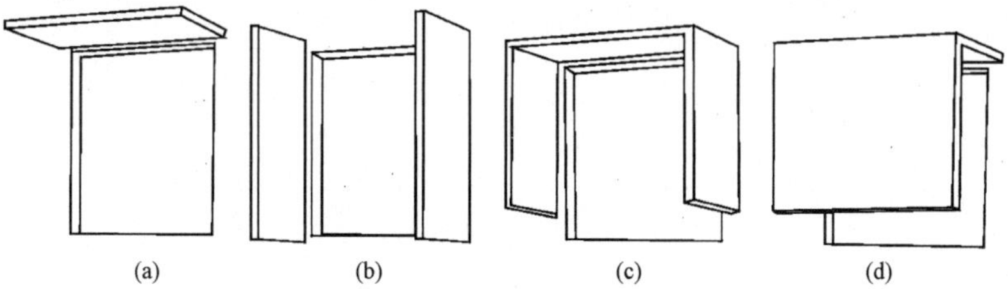

图 11-17 固定遮阳板的基本形式

(a)水平式；(b)垂直式；(c)综合式；(d)挡板式

(1)水平式遮阳板，主要遮挡太阳高度角较大时从窗口上方照射下来的阳光，主要适用于朝南的窗洞口。

(2)垂直式遮阳板，主要遮挡太阳高度角较小时从窗口侧面射来的阳光，主要适用于南偏东、南偏西及其附近朝向的窗洞口。

(3)综合式遮阳板，它是水平式和垂直式遮阳板的综合，能遮挡从窗口两侧及前上方射来的阳光。遮阳效果比较均匀，主要适用于南、东南、西南及其附近朝向的窗洞口。

(4)挡板式遮阳板，主要遮挡太阳高度角较小时从窗口正面射来的阳光，适用于东、西及其附近朝向的窗洞口。

在实际工程中，遮阳可由基本形式演变出造型丰富的其他形式。如为避免单层水平式遮阳板的出挑尺寸过大，可将水平式遮阳板重复设置成双层或多层；当窗间墙较窄时，可将综合式遮阳板连续设置；可将挡板式遮阳板结合建筑立面处理，使之或连续或间断。同时，遮阳的形式要与建筑立面符合。

模块小结

门和窗是房屋建筑的围护构件，对保证建筑物的安全、坚固、舒适起着重要的作用。门的作用是供交通出入及分隔、联系建筑空间，有时也起通风和采光作用。窗的作用是采光、通风、观察和递物。门一般由门框、门扇、五金零件及附件组成。窗主要由窗框和窗扇组成。建筑遮阳措施有三种：一是绿化遮阳；二是调整建筑物的构配件；三是在窗洞口周围设置专门的遮阳设施来遮阳。遮阳设施有活动遮阳板和固定遮阳板两种类型。

思考与练习

1. 门按窗扇的开启方式可分为哪些类型？各有何特点？
2. 简述门、窗的构造组成。
3. 常用的木门门扇有哪些？各有何特点？
4. 简述铝合金窗的构造。

模块 12　变形缝

知识目标

(1)伸缩缝、沉降缝、防震缝的概念；
(2)伸缩缝、沉降缝、防震缝的设置原则；
(3)变形缝在墙体、楼地面、屋面各位置的构造做法。

能力目标

(1)熟悉变形缝的概念；
(2)掌握变形缝的设置原则；
(3)掌握变形缝在墙体、楼地面、屋顶各位置的构造处理方法。

12.1　变形缝的概念和类型

12.1.1　变形缝的概念

由于温度变化、地基不均匀沉降和地震等外界因素的影响，建筑物结构内部将产生附加应力和变形，其会造成建筑物的开裂和变形，甚至引起结构破坏，影响建筑物的使用与安全。为了避免发生这种情况，通常在房屋结构薄弱的部位设置构造缝，把建筑物分成若干个相对独立的部分，以保证各部分能自由变形。这种预留的人工构造缝称为变形缝。

12.1.2　变形缝的类型

变形缝按其功能的不同可分为伸缩缝、沉降缝和防震缝三种。

1. 伸缩缝

伸缩缝，也称为温度缝，是指为了避免由温度变化引起的破坏，沿建筑物长度方向每隔一定距离预留一定宽度的缝隙。伸缩缝的宽度一般为 20～30 mm。伸缩缝的间距与结构材料、类型、施工方式、环境因素有关。砌体房屋和钢筋混凝土结构房屋伸缩缝的最大间距分别见表 12-1 和表 12-2。

表 12-1　砌体房屋伸缩缝的最大间距

屋盖或楼盖类别		间　距/m
整体式或装配整体式钢筋混凝土结构	有保温层或隔热层的屋盖、楼盖	50
	无保温层或隔热层的屋盖	40

续表

屋盖或楼盖类别		间　距/m
装配式无檩体系钢筋混凝土结构	有保温层或隔热层的屋盖、楼盖	60
	无保温层或隔热层的屋盖	50
装配式有檩体系钢筋混凝土结构	有保温层或隔热层的屋盖	75
	无保温层或隔热层的屋盖	60
瓦材屋盖、木屋盖或楼盖、轻钢屋盖		100

注：1. 对烧结普通砖、多孔砖、配筋砌块砌体房屋取表中数值；对石砌体、蒸压灰砂砖、蒸压粉煤灰砖和混凝土砌块房屋取表中数值乘以 0.8 的系数。当有实践经验并采取有效措施时，可不遵守本表规定。
2. 在钢筋混凝土屋面上挂瓦的屋盖应按钢筋混凝土屋盖采用。
3. 按本表设置的墙体伸缩缝，一般不能同时防止由钢筋混凝土屋盖的温度变形和砌体干缩变形引起的墙体局部裂缝。
4. 层高大于 5 m 的烧结普通砖、多孔砖、配筋砌块砌体结构单层房屋，其伸缩缝间距可按表中数值乘以 1.3。
5. 温差较大且变化频繁的地区和严寒地区不采暖的房屋及构筑物墙体的伸缩缝的最大间距，应按表中数值予以适当减小。
6. 墙体的伸缩缝应与结构的其他变形缝重合，在进行立面处理时，必须保证缝隙的伸缩作用。

表 12-2　钢筋混凝土结构房屋伸缩缝的最大间距

结　构　类　型		室内或土中/m	露天栏/m
排架结构	装配式	100	70
框架结构	装配式	75	50
	现浇式	55	35
剪力墙结构	装配式	65	40
	现浇式	45	30
挡土墙、地下室墙壁等类结构	装配式	40	30
	现浇式	30	20

注：1. 装配整体式结构的伸缩缝间距，可根据结构的具体情况取表中装配式结构与现浇式结构之间的数值。
2. 框架-剪力墙结构或框架-核心筒结构房屋的伸缩缝间距，可根据结构的具体布置情况取表中框架结构与剪力墙结构之间的数值。
3. 当屋面无保温或隔热措施时，框架结构、剪力墙结构的伸缩缝间距宜按表中露天栏的数值取用。
4. 现浇挑檐、雨罩等外露结构的伸缩缝间距不宜大于 12 m。

2. 沉降缝

沉降缝是为了预防建筑物各部分出现由不均匀沉降引起的房屋破坏，在建筑物某些部位设置的从基础到屋面全部断开的变形缝。当建筑物有下列情况时，应考虑设置沉降缝：

(1)同一建筑物相邻两部分高差在两层以上或超过 10 m 时。

(2)建筑物建造在地基承载力相差较大的土壤上时。

(3)建筑物的基础承受的荷载相差较大时。

(4)原有建筑物和新建、扩建的建筑物之间。

(5)相邻基础的宽度和埋深相差悬殊时。

(6)建筑物体型比较复杂，连接部位又比较薄弱时。

设沉降缝时，应从基础到所有构件均设缝断开，地基越软弱，建筑高度越大，沉降缝的宽度越大。沉降缝的宽度与地基情况和建筑物的高度有关，见表 12-3。

表 12-3　沉降缝的宽度

地基情况	建筑物的高度	沉降缝的宽度/mm
一般地基	$H<5$ m	30
	$H=5\sim10$ m	50
	$H=10\sim15$ m	70
软弱地基	2～3 层	50～80
	4～5 层	80～120
	5 层以上	>120
湿陷性黄土地基		≥30，<70

3. 防震缝

防震缝的作用是将建筑物分成若干体型简单、结构刚度均匀的独立单元，以防止建筑物的各部分在地震时相互拉伸、挤压或扭转，造成变形和破坏。当建筑物有下列情况时，应考虑设置防震缝：

(1)当建筑平面形体复杂且有较长的凸出部分时，设缝将它们分开，使各部分平面形成简单规整的独立单元。

(2)建筑物立面高差在 6 m 以上，或建筑有错层且错层楼板高差较大时。

(3)建筑物相邻部分的结构刚度和质量相差较大时。

(4)地基沉降不均匀，各部分沉降差较大等。

防震缝的宽度与结构形式、设防烈度等有关，一般为 50～70 mm。

12.2　变形缝的构造

12.2.1　伸缩缝的构造

伸缩缝要求将建筑物的墙体、楼层、屋面等地面以上的构件在结构和构造上全部断开，由于基础埋置在地下，受温度变化影响较小，故不必断开。

1. 墙体伸缩缝的构造

根据墙体的厚度和所用材料不同，伸缩缝可做成平缝、高低缝和企口缝等形式，如图 12-1 所示。伸缩缝的宽度一般为 20～30 mm。为减小外界环境对室内环境的影响以

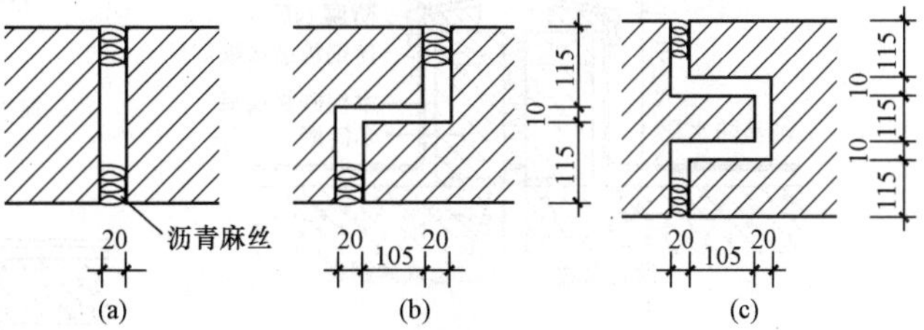

图 12-1　墙体伸缩缝的构造

(a)平缝；(b)高低缝；(c)企口缝

及考虑建筑立面处理的要求，需对伸缩缝进行嵌缝和盖缝处理，缝内一般填沥青麻丝、油膏、泡沫塑料等材料，当缝口较宽时，还应用镀锌薄钢板、彩色钢板、铝皮等金属调节片覆盖，一般外侧缝口用镀锌薄钢板或铝合金片盖缝，内侧缝口用木盖缝条盖缝。

2. 楼地板层伸缩缝的构造

楼地板层伸缩缝的位置和缝宽应与墙体、屋面变形缝一致。伸缩缝的处理应满足地面平整、光洁、防滑、防水和防尘等要求，可用油膏、沥青麻丝、橡胶、金属等弹性材料进行封缝，然后在上面铺钉活动盖板或橡胶、塑料板等地面材料。顶棚盖缝条只固定一侧，以保证两侧构件能自由伸缩变形。楼地板层伸缩缝的构造如图 12-2 所示。

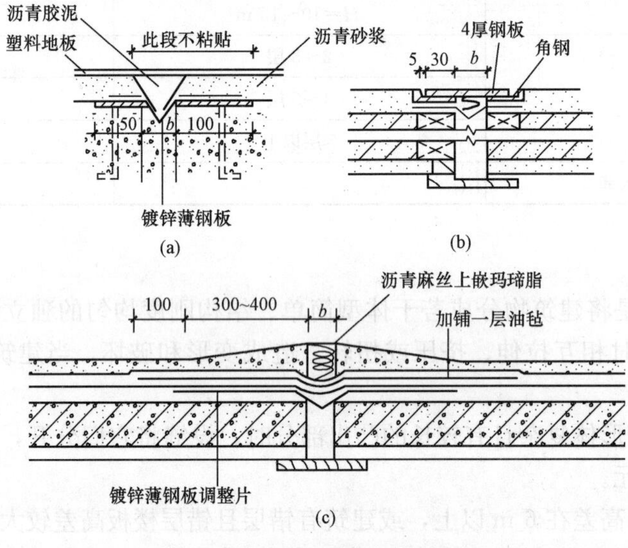

图 12-2　楼地板层伸缩缝的构造

(a)、(b)为一般做法构造；(c)为防水层楼面做法构造

3. 屋面伸缩缝的构造

屋面伸缩缝的处理应考虑屋面的防水构造和使用功能要求。一般不上人屋面，如卷材防水屋面，可在伸缩缝两侧加砌矮墙，并作泛水处理，但在盖缝处应保证自由伸缩而不漏水，如图 12-3 所示。上人屋面，如刚性防水屋面，可采用油膏嵌缝并做泛水。

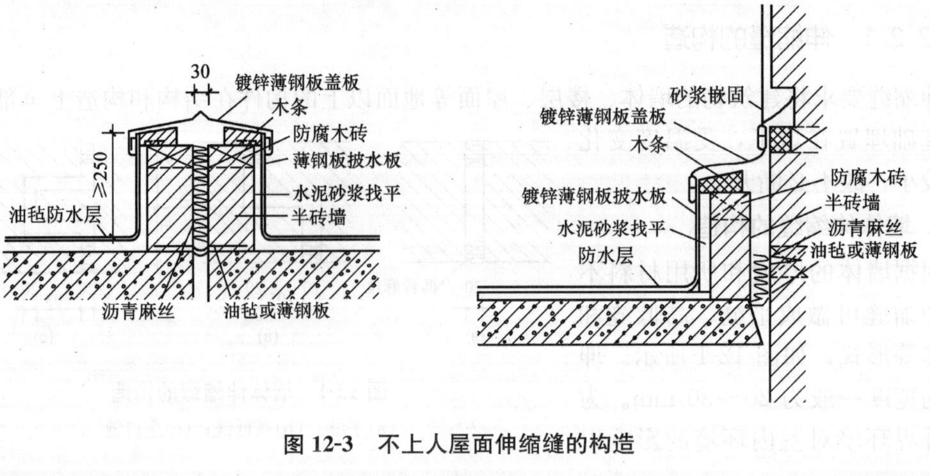

图 12-3　不上人屋面伸缩缝的构造

12.2.2 沉降缝的构造

1. 基础沉降缝

为了保证沉降缝两侧的建筑能够各自成独立的单元，应自基础开始在结构及构造上将其完全断开，在构造上需要进行特殊的处理。常见的基础沉降缝的构造如图 12-4 所示。

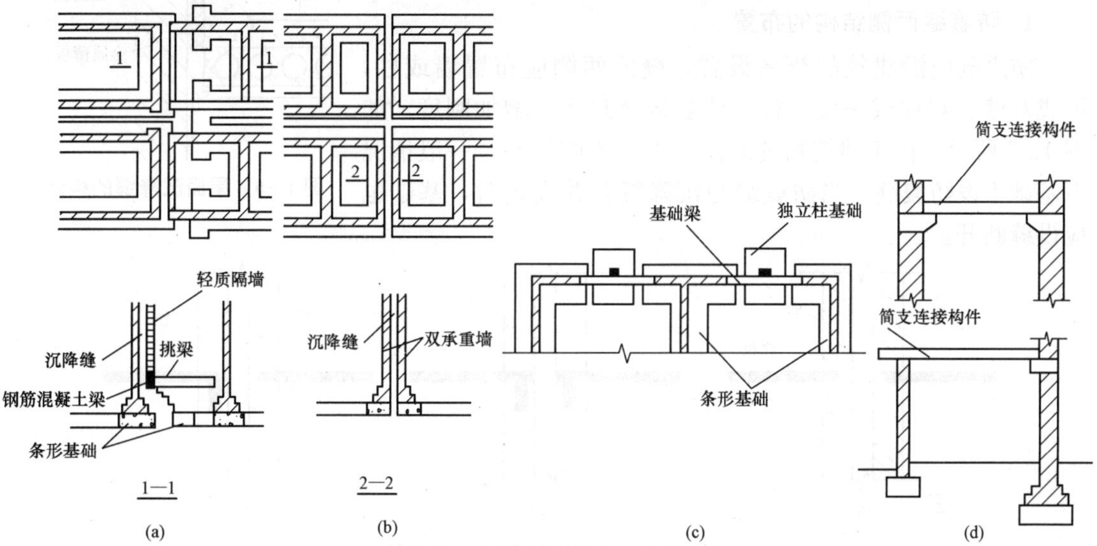

图 12-4　基础沉降缝的构造

(a)悬挑式；(b)双墙承重式；(c)跨越式；(d)简支连接式

2. 墙体沉降缝

墙体沉降缝的构造与伸缩缝的构造基本相同，只是调节片或盖缝板在构造上需要保证两侧结构在竖向相对变位不受约束，如图 12-5 所示。

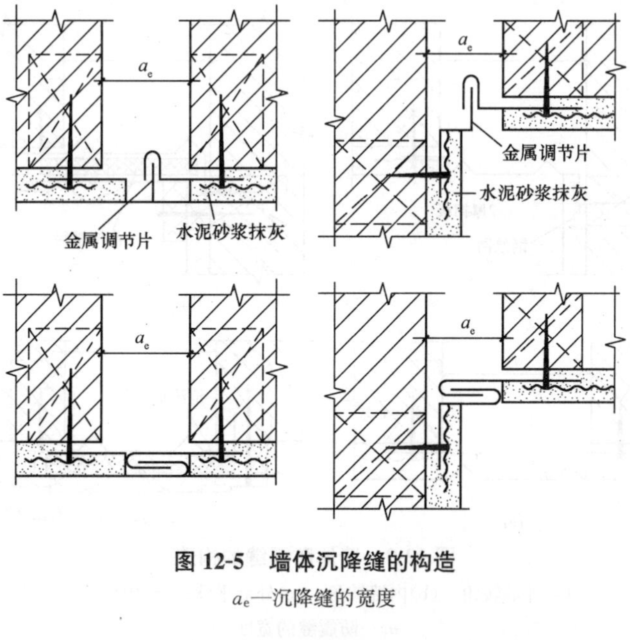

图 12-5　墙体沉降缝的构造

a_e—沉降缝的宽度

3. 屋面沉降缝

屋面沉降缝处泛水金属薄板或其他构件应满足沉降变形的要求，并有维修余地，如图 12-6 所示。

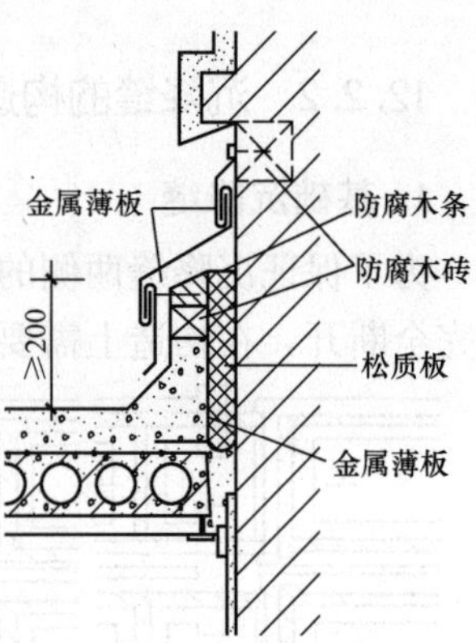

图 12-6　屋面沉降缝的构造

12.2.3　防震缝的构造

1. 防震缝两侧结构的布置

防震缝应沿建筑的全高设置，缝的两侧应布置墙或柱，形成双墙、双柱或一墙一柱，使各部分封闭，增加刚度，如图 12-7 所示。由于建筑物的底部受地震影响较小，一般情况下基础不设防震缝。当防震缝与沉降缝合并设置时，基础也应设缝断开。

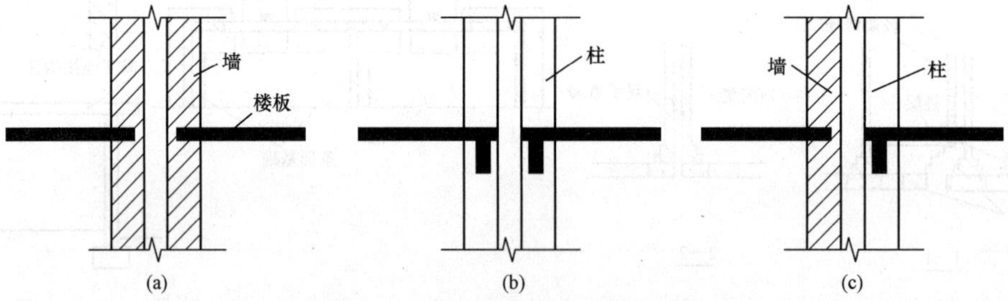

图 12-7　防震缝两侧结构的布置

(a)双墙方案；(b)双柱方案；(c)一墙一柱方案

2. 墙体防震缝的构造

建筑物墙体防震缝处应用双墙使缝两侧的结构封闭，其构造要求与伸缩缝相同，但不应做错口缝和企口缝，缝内不填任何材料。由于防震缝的宽度较大，因此在构造上应充分考虑盖缝条的牢固性和适应变形的能力，做好防水、防风措施，如图 12-8 所示。

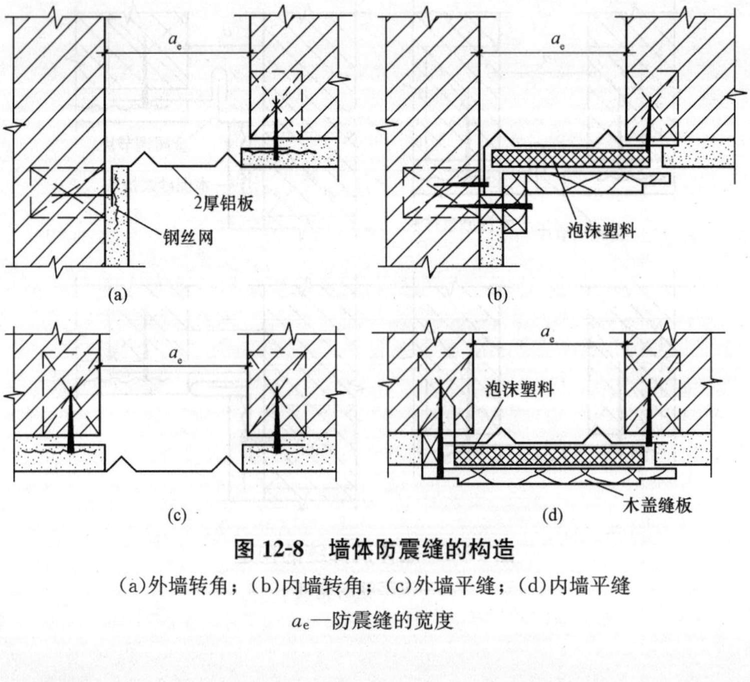

图 12-8　墙体防震缝的构造

(a)外墙转角；(b)内墙转角；(c)外墙平缝；(d)内墙平缝

a_e—防震缝的宽度

3. 屋面防震缝的构造

屋面防震缝应沿房屋全高设置，在防震缝处应加强上部结构和基础的连接，与伸缩缝、沉降缝统一布置，满足防震缝设计要求。

模块小结

变形缝按其功能的不同可分为伸缩缝、沉降缝和防震缝三种。伸缩缝也称为温度缝，是指为了避免由温度变化引起的破坏，沿建筑物长度方向每隔一定距离预留一定宽度的缝隙；沉降缝是为了预防建筑物各部分出现由不均匀沉降引起的房屋破坏，在建筑物某些部位设置的从基础到屋面全部断开的变形缝；防震缝的作用是将建筑物分成若干体型简单、结构刚度均匀的独立单元，以防止建筑物的各部分在地震时相互拉伸、挤压或扭转，造成变形和破坏。

思考与练习

1. 什么是变形缝？变形缝可分为哪几种类型？
2. 什么是伸缩缝？它的设置应符合哪些要求？
3. 当建筑物有哪些情况时，应考虑设置沉降缝？
4. 当建筑物有哪些情况时，应考虑设置防震缝？

模块13　建筑排水与防水

知识目标

(1)地下室构造；
(2)地下室防水防潮构造；
(3)平屋面排水方式及防水构造；
(4)坡屋面排水方式及防水构造。

能力目标

(1)掌握地下室构造类型及特点；
(2)掌握地下室防水防潮构造做法；
(3)掌握平屋面排水方式及防水构造做法；
(4)了解坡屋面排水方式及防水构造做法。

13.1　地下室构造

13.1.1　地下室的分类

地下室是建筑物底层下面的房间。

1. 按使用功能分类

按使用功能分类，地下室可以分为普通地下室和人防地下室。普通地下室一般用作设备用房、储藏用房、商场、餐厅、车库等；人防地下室主要用于战备防空，考虑和平年代的使用，人防地下室在功能上应能够满足平战结合的使用要求。

2. 按埋入地下深度分类

按埋入地下深度的不同，地下室分为全地下室和半地下室。当地下室地面低于室外地坪的高度超过该地下室净高的1/2时为全地下室；当地下室地面低于室外地坪的高度超过该地下室净高的1/3，但不超过1/2时为半地下室，如图13-1所示。

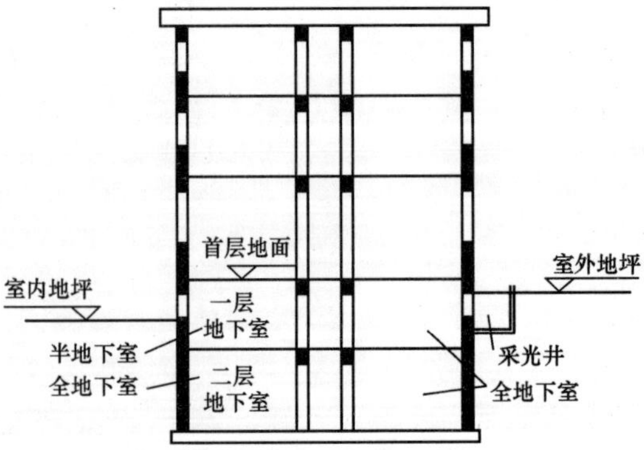

图13-1　地下室示意

13.1.2 地下室的构造组成

地下室一般由墙体、顶板、底板、门窗、采光井、楼梯等部分组成。

1. 墙体

地下室的墙体不仅要承受上部传来的垂直荷载，还要承受土、地下水、土壤冻结时的侧压力。当采用砖墙时，厚度不宜小于 370 mm。当上部荷载较大或地下水水位较高时，最好采用混凝土或钢筋混凝土墙，厚度不宜小于 200 mm。

2. 顶板

顶板可采用预制板、现浇板，或者在预制板上做现浇层(装配整体式楼板)。在无采暖的地下室顶板上，即首层地板处应设置保温层，以便首层房间使用舒适。

3. 底板

地下室的底板应有足够的强度、刚度和抗渗能力，一般采用钢筋混凝土底板。

4. 门窗

普通地下室的门窗与地上房间的门窗相同。地下室外窗如在室外地坪以下时，应设置采光井，以利于室内采光、通风，采光井的构造如图 13-2 所示。人防地下室一般不允许设窗，如需设窗，应做好战时封堵措施。外门应按防护等级要求，设置防护门、防护密闭门。

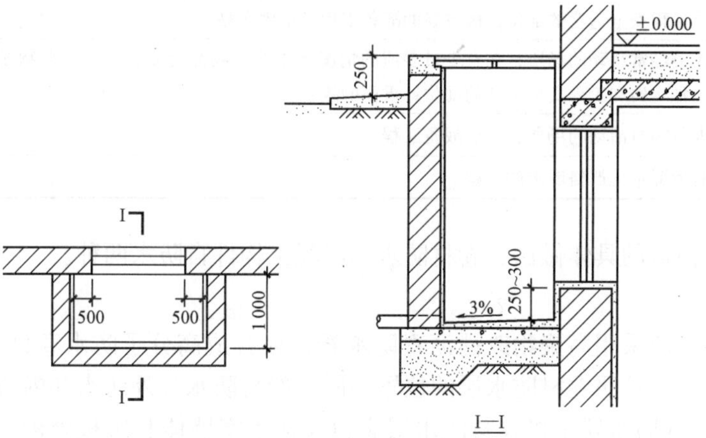

图 13-2 地下室采光井的构造

5. 楼梯

地下室的楼梯一般与上部楼梯结合设置，当地下室的层高较小时，楼梯多为单跑式。对于防空地下室，应至少设置两部楼梯与地面相连，并且必须有一部楼梯通向安全出口。

13.1.3 地下室的防水构造

当地下水的最高水位高于地下室底板时，地下室的外墙和底板必须采取防水措施。《地下工程防水技术规范》(GB 50108—2008)把地下工程防水分为四级，各等级防水标准应符合表 13-1 的规定。各地下工程的防水等级，应根据工程的重要性和使用中对防水的要求按表 13-2 中的要求选定。

表 13-1　地下工程防水等级

防水等级	防水标准
一级	不允许渗水，结构表面无湿渍
二级	不允许漏水，结构表面可有少量湿渍； 工业与民用建筑：总湿渍面积不应大于总防水面积(包括顶板、墙面、地面)的 1/1 000，任意 100 m^2 防水面积上的湿渍不超过 2 处，单个湿渍的最大面积不大于 0.1 m^2； 其他地下工程：总湿渍面积不应大于总防水面积的 2/1 000，任意 100 m^2 防水面积上的湿渍不超过 3 处，单个湿渍的最大面积不大于 0.2 m^2；其中，隧道工程还要求平均渗水量不大于 0.05 L/(m^2 · d)，任意 100 m^2 防水面积上的渗水量不大于 0.15 L/(m^2 · d)
三级	有少量漏水点，不得有线流和漏泥砂； 任意 100 m^2 防水面积上的漏水点或湿渍点数不超过 7 处，单个漏水点的最大漏水量不大于 2.5 L/d，单个湿渍的最大面积不大于 0.3 m^2
四级	有漏水点，不得有线流和漏泥砂； 整个工程的平均漏水量不大于 2 L/(m^2 · d)，任意 100 m^2 防水面积上的平均漏水量不大于 4 L/(m^2 · d)

表 13-2　不同防水等级的适用范围

防水等级	适用范围
一级	人员长期停留的场所；因有少量湿渍会使物品变质、失效的贮物场所及严重影响设备正常运转和危及工程安全运营的部位；极重要的战备工程、地铁车站
二级	人员经常活动的场所；在有少量湿渍的情况下不会使物品变质、失效的贮物场所及基本不影响设备正常运转和工程安全运营的部位；重要的战备工程
三级	人员临时活动的场所；一般战备工程
四级	对渗漏水无严格要求的工程

地下室防水构造的具体做法有卷材防水和混凝土构件自防水两种。

1. 卷材防水

卷材防水层一般采用高聚物改性沥青防水卷材或合成高分子防水卷材与相应的胶黏材料黏结形成防水层。按照卷材防水层的位置不同，卷材防水分外防水和内防水两种。

(1)外防水。外防水就是将卷材防水层满包在地下室墙体和底板外侧。其构造要点是：先做底板防水层，并在外墙外侧伸出接槎，将墙体防水层与其搭接，并高出最高地下水水位 500～1 000 mm，然后在墙体防水层外侧砌半砖保护墙。应注意在墙体防水层的上部设垂直防潮层与其连接，如图 13-3 所示。

(2)内防水。内防水就是将卷材防水层满包在地下室墙体和地坪的结构层内侧，内防水施工方便，但对防水不利，一般多用于修缮工程，其具体构造如图 13-4 所示。

2. 混凝土构件自防水

当地下室的墙体和地坪均为钢筋混凝土结构时，可通过增加混凝土的密实度或在混凝土中添加防水剂、加气剂等方法，来提高混凝土的抗渗性能，这种防水做法称为混凝土构件自防水。其具体构造如图 13-5 所示。

地下室采用构件自防水时，外墙板的厚度不得小于 200 mm，底板的厚度不得小于 150 mm，以保证刚度和抗渗效果。为防止地下水对钢筋混凝土结构的侵蚀，在墙的外侧应先用水泥砂浆找平，然后刷热沥青隔离。

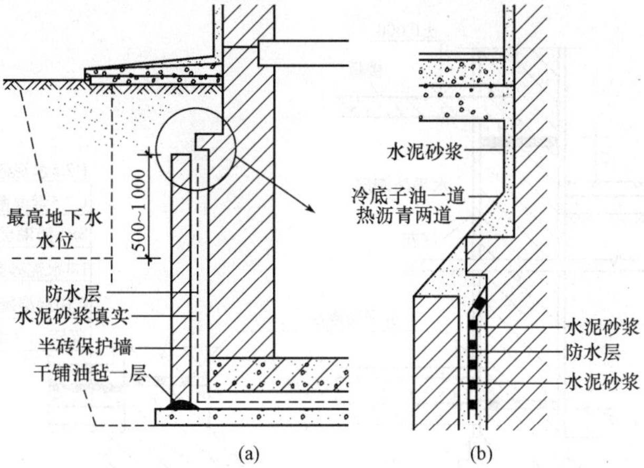

(a) (b)

图 13-3　地下室外防水构造

(a)外包防水；(b)墙身防水层收头处理

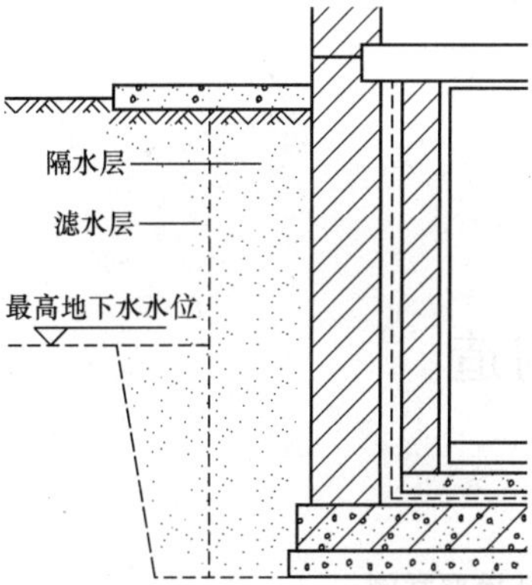

图 13-4　地下室内防水构造

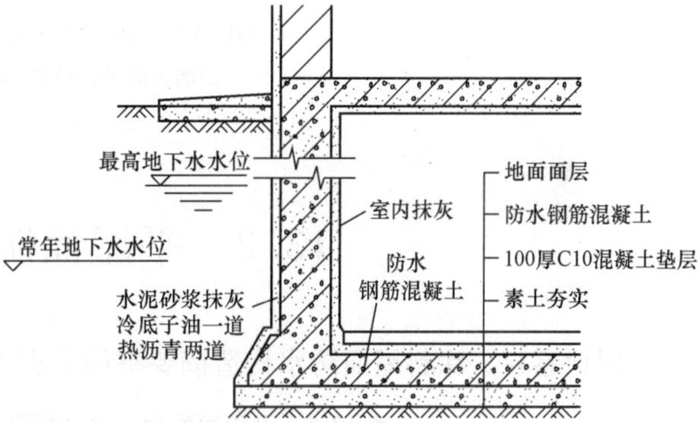

图 13-5　地下室混凝土构件自防水构造

13.1.4　地下室的防潮构造

当地下水的最高水位低于地下室地坪 300～500 mm 时，地下室的墙体和底板会受到土中潮气的影响，所以需作防潮处理，即在地下室的墙体和底板中采取防潮构造。

1. 墙体防潮

当地下室的墙体采用砖墙时，墙体必须用水泥砂浆砌筑，要求灰缝饱满，并在墙体的外侧设置垂直防潮层和在墙体的上、下设置水平防潮层。如果墙体采用现浇钢筋混凝土墙，则不需作防潮处理。

(1)墙体垂直防潮层：先在墙外侧抹 20 mm 厚 1∶2.5 的水泥砂浆找平层，延伸到散水以上 300 mm，找平层干燥后，上面刷一道冷底子油和两道热沥青，然后在墙外侧回填低渗透性的土壤，如黏土、灰土等，并逐层夯实，宽度不小于 500 mm。

(2)墙体水平防潮层：一道设在地下室地坪以下 60 mm 处，一道设在室外地坪以上 200 mm 处，其构造如图 13-6(a)所示。

2. 底板防潮

地下室需防潮时，底板可采用非钢筋混凝土，其防潮构造如图 13-6(b)所示。

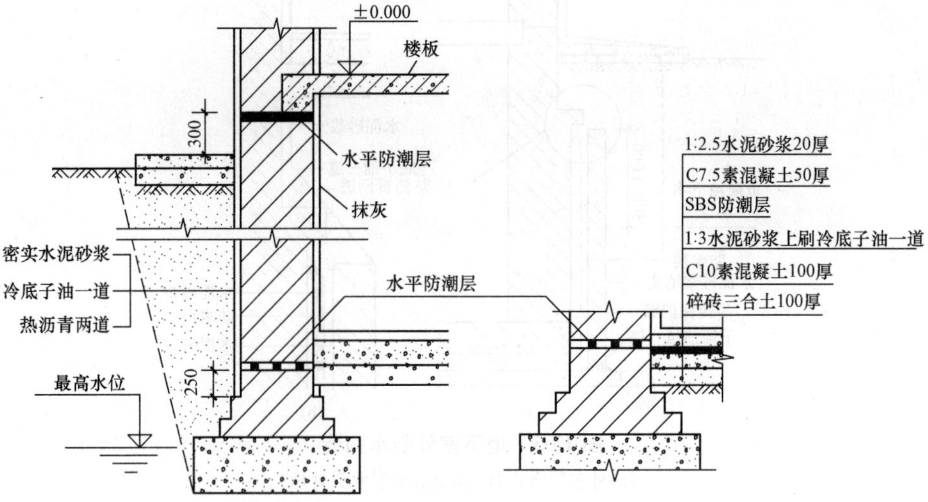

图 13-6　地下室的防潮构造

(a)墙体防潮；(b)底板防潮

13.2　平屋面防水构造

平屋顶卷材、涂料屋面防水构造摘要举例见表 13-3。

表 13-3　平屋顶卷材、涂料屋面防水构造摘要举例

构造名称	简图	屋面构造	备注
卷材、涂料屋面	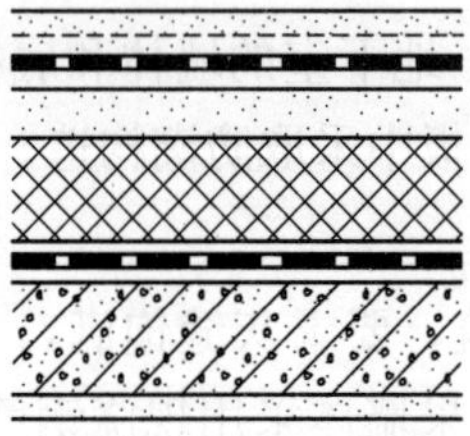 有保温隔汽层的上人屋面	(1)保护层：40 mm 厚 C20 细石混凝土，配 Φ6 或冷拔 Φ4 的 HPB300 级钢，双向@150(设分格缝)； (2)隔离层：10 mm 厚低强度等级砂浆； (3)防水层：防水卷材或涂膜层； (4)找平层：20 mm 厚 1∶3 水泥砂浆； (5)找坡层：最薄 30 mm 厚 LC5.0 轻集料混凝土 2%； (6)保温层：由工程设计而定； (7)隔汽层(不需要隔汽的屋面去掉此层)； (8)找平层：20 mm 厚 1∶3 水泥砂浆找平层(不需要隔汽的屋面去掉此层)； (9)结构层：钢筋混凝土屋面板	(1)若屋面板结构找坡，则取消找坡层。 (2)保温层放在找坡层的上面，也可放在找坡层的下面。 (3)是否设置隔汽层、找平层由工程设计确定。 (4)保护层、隔离层的材料由工程设计而定
卷材、涂料屋面	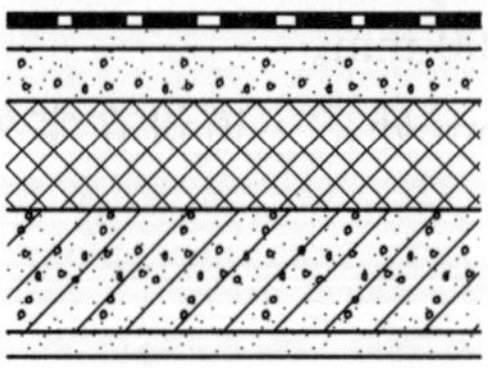 有保温层的不上人屋面	(1)保护层：浅色涂料； (2)防水层：防水卷材或涂膜层； (3)找平层：20 mm 厚 1∶3 水泥砂浆； (4)找坡层：最薄 30 mm 厚 LC5.0 轻集料混凝土 2%； (5)保温层：由工程设计而定； (6)结构层：钢筋混凝土屋面板	

13.2.1　平屋面排水

“防排结合”是屋面工程设计的一条基本原则。屋面雨水能迅速排走，减轻了屋面防水层的负担，减少了屋面渗漏的机会。当屋面排水设计时，首先应根据屋面形式及使用功能的要求，确定屋面的排水方式及排水坡度。

13.2.1.1　平屋面的排水方式

平屋面的排水方式有无组织排水和有组织排水两种方式。有组织排水时，宜采用雨水收集系统。

(1)无组织排水。无组织排水又称为自由落水，是指屋面雨水沿屋面直接从挑檐落到室外地面的一种排水方式。其适用于低层建筑或檐高小于 10 m 的屋面；不宜用于临街建筑和较高的建筑。无组织排水的挑檐尺寸不宜小于 0.6 m。图 13-7 所示为常用的单坡、双坡及四坡排水示意。

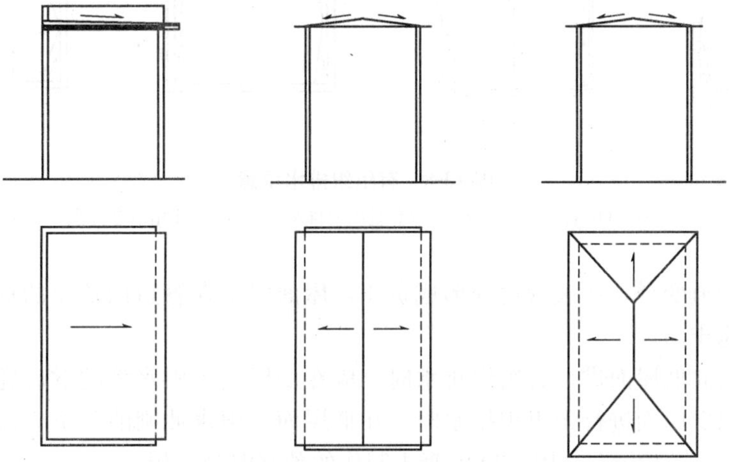

(a)　　(b)　　(c)

图 13-7　无组织排水示意

(a)单坡排水；(b)双坡排水；(c)四坡排水

(2)有组织排水。有组织排水是指屋面雨水沿屋面流到檐沟、天沟，沿檐沟或天沟流到雨水口和雨水管，通过雨水管落到室外地面或地下管沟排水系统。

1)有组织排水又分为外排水，内排水和内、外排水相结合的方式。雨水管设在墙内为内排水，雨水管设在墙外为外排水。内、外排水相结合的方式是指雨水管既有设在墙内的部分，又有设在墙外的部分，或采用内落外排式。其排水方式如图 13-8 所示。

我国严寒地区应采用内排水，寒冷地区宜采用内排水。多层建筑宜采用有组织外排水。高层建筑宜采用有组织内排水，也可采用内、外排水相结合的方式。多跨及汇水面积较大的屋面宜采用天沟排水，天沟找坡较长时，宜采用中间内排水和两端外排水。

2)采用钢筋混凝土檐沟、天沟时，其净宽不应小于 300 mm，并应满足敷贴保温层及安装雨水口所需的宽度要求。分水线处的最小深度不应小于 100 mm。

3)当屋面面积在 5 000 m^2 做内排水并且在屋面溢流时不会造成损害时，可采用虹吸式雨水排放系统。虹吸排水的原理是利用建筑屋面的高度和雨水所具有的势能，产生虹吸现

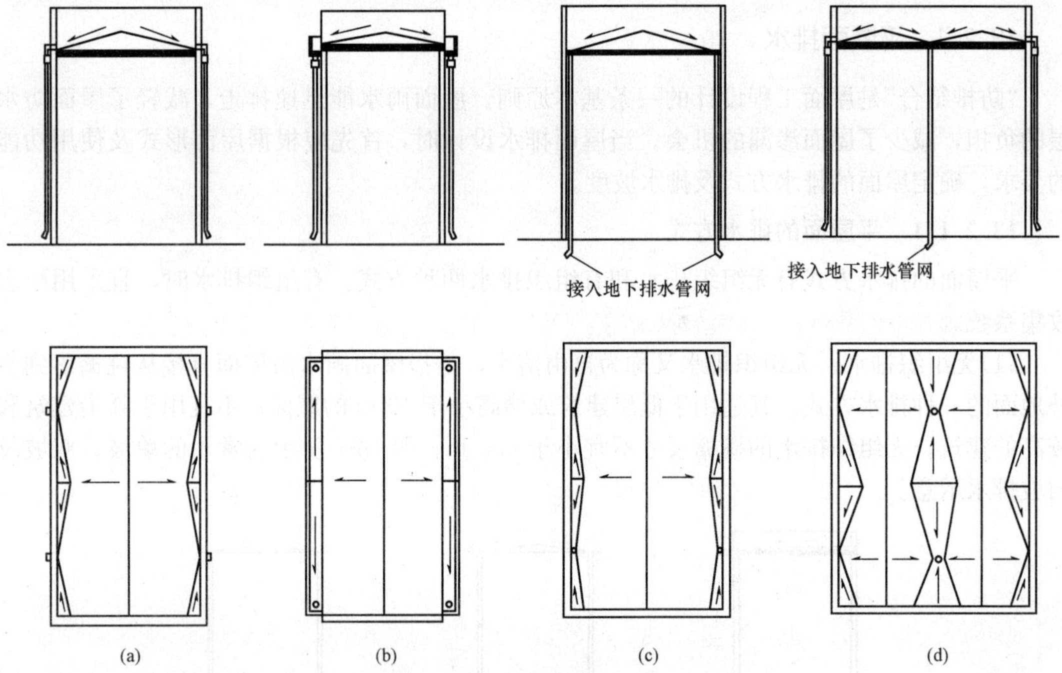

图 13-8　有组织排水示意

(a)、(b)有组织外排水；(c)有组织内排水；(d)内、外相结合排水

象，通过雨水管道变径，在该管道处形成负压，屋面雨水在管道内负压的抽吸作用下，以较高的流速迅速排出。

4)当高屋面向低屋面进行有组织排水时，应在低屋面上雨水管的下口处设混凝土水簸箕。从高屋面向低屋面进行无组织排水时，在低屋面上雨水冲刷的部位应通长铺设尺寸为 500 mm×500 mm×40 mm、用 C20 混凝土制作的预制混凝土板。

5)采用重力式排水时，屋面每个汇水面积内，雨水排水立管不宜少于 2 根；水落口和水落管的位置，应根据建筑物的造型要求和屋面汇水情况等因素确定。水落管排水口距散水坡的高度不应大于 200 mm。

13.2.1.2　平屋面排水坡度的形成

屋面找坡的作用主要是快速排水和不积水，设计应确定合理的找坡方法和坡度。屋面长期积水，不但会使渗漏概率增加，更主要的是在干湿交替过程中，太阳照射、水分蒸发形成的高湿热状态会加速所有防水材料的老化破坏，冬季冰冻也会破坏防水层。

找坡方法有结构找坡和材料找坡两种，宜优先选择结构找坡。找坡与找平可以相结合。当屋面结构层不起坡时，应做找坡层；结构层起坡时，不做找坡层。

(1)材料找坡又称为建筑找坡，是在混凝土屋面结构层上采用找坡材料做出排水坡度。如图 13-9(a)所示。这种找坡方法不改变室内顶棚的平整度，施工简单，但增加了屋面荷载。

规范规定找坡材料宜采用质量轻、吸水率低和有一定强度的材料，常采用陶粒、浮石、膨胀珍珠岩、炉渣、加气混凝土碎块等轻集料混凝土，其压缩强度不小于 LC5.0。当采用聚苯乙烯泡沫塑料作保温隔热层时，找坡层应置于其上。可利用现制保温层兼作找坡层。

平屋面材料找坡坡度应不小于 2%；檐沟及天沟的坡度应不小于 1%，沟底水落差不得超过 200 mm，即要求水落管距离分水脊线不得超过 20 m。

(2)结构找坡。结构找坡是用混凝土屋面结构层倾斜一定的坡度而做出排水坡度，如图 13-9(b)所示。这种找坡方法使室内天棚有了一定的倾斜角度，只要室内允许有斜度，应做结构找坡。这种方法使屋面构造层次大为简化，更为合理，特别适用于没有合适的找坡材料的地区。平屋面结构找坡坡度宜为 3%。

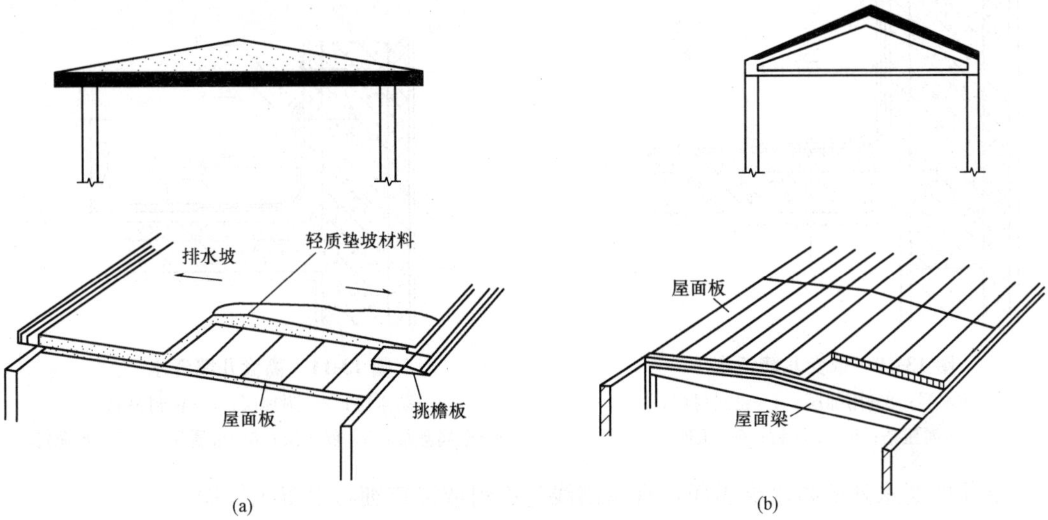

图 13-9　排水坡度

(a)材料找坡；(b)结构找坡

13.2.2　平屋面的构造节点

平屋面的构造节点，如女儿墙、天沟和檐沟、檐口、变形缝、水落管、出屋面管道、出入口等屋面细部，是防水的重点部位，各部位防水处理不好，都有渗漏的隐患，维修困难，会造成很大的麻烦。因此，必须重视这些部位的防水处理。

13.2.2.1　女儿墙

女儿墙防水的重点是压顶、泛水、防水层收头的处理。女儿墙防水构造应符合下列规定。

1. 压顶

压顶是指在女儿墙最顶部现浇混凝土(内配 2 根通长细钢筋)，用来压住女儿墙，使之连续性、整体性更好。

女儿墙压顶可采用混凝土或金属制品。压顶向内时排水坡度不应小于 5%，压顶内侧下端应作滴水处理。

2. 泛水

泛水是指屋面与凸出屋面的垂直墙面、管道、烟囱、出入孔等交接处的防水构造处理。

女儿墙泛水处的防水层下应增设 500 mm 宽的附加层，附加层在平面和立面的宽度均不应小于 250 mm。低女儿墙泛水(图 13-10)密封材料封严，涂膜收头应用防水涂料多遍涂刷。高女儿墙泛水(图 13-11)处的防水层泛水高度不应小于 250 mm，采用金属压条钉压固定，钉距不宜大于 800 mm，再用密封材料封严，以保证收头的可靠性；为防止雨水沿高女儿墙的泛水渗入，卷材收头上部应做金属盖板保护。泛水上部的墙体应作防水处理并与外墙设计相同。

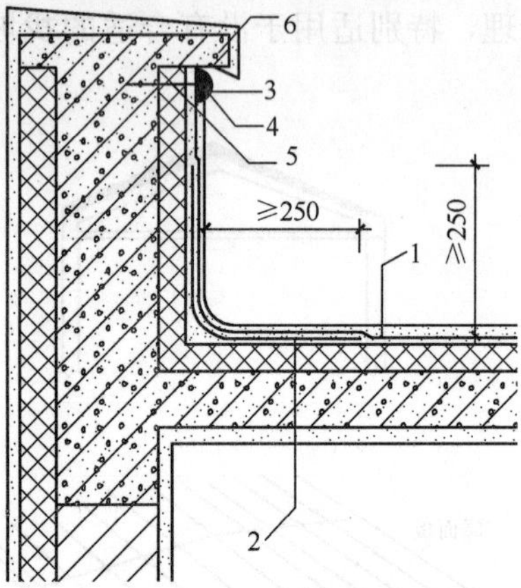

图 13-10　低女儿墙泛水

1—防水层；2—附加层；3—密封材料；
4—金属压条；5—水泥钉；6—压顶

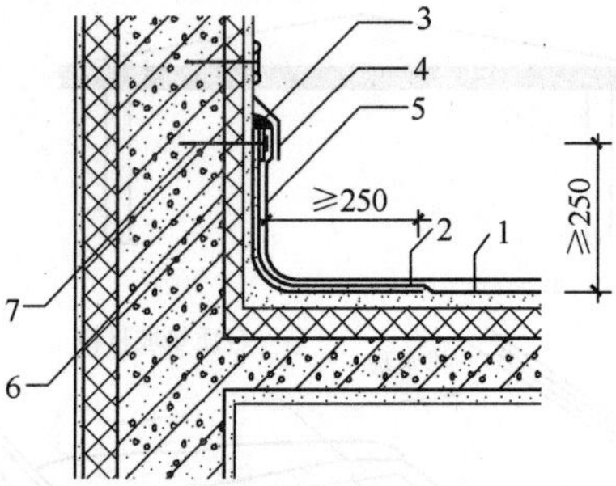

图 13-11　高女儿墙泛水

1—防水层；2—附加层；3—密封材料；
4—金属盖板；5—保护层；6—金属压条；7—水泥钉

女儿墙泛水处的防水层表面，宜涂刷浅色涂料或浇筑细石混凝土保护。

13.2.2.2　天沟、檐沟

天沟、檐沟是排水集中的部位，为确保其防水效果，天沟、檐沟应增设附加防水层。当主防水层为高聚物改性沥青卷材或合成高分子防水卷材时，附加层宜选用防水涂膜，其既适应较复杂部位的施工，又减少了密封处理的困难，形成优势互补的复合防水层。

天沟、檐沟的纵向坡度不应小于 1%，沟底水落差不得超过 200 mm，即要求水落口距离分水脊线不得超过 20 m。

檐沟和天沟的防水层下应增设附加层，附加层伸入屋面的宽度不应小于 250 mm；檐沟防水层和附加层应由沟底翻上至外侧顶部，卷材收头应用金属压条钉压，并应用密封材料封严，涂膜收头应用防水涂料多遍涂刷；檐沟外侧下端应做鹰嘴或滴水槽；檐沟外侧高于屋面结构板时，应设置溢水口。檐沟防水构造如图 13-12 所示。

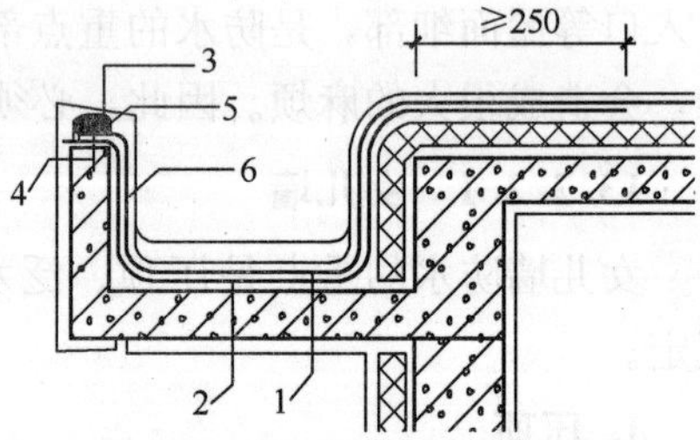

图 13-12　檐沟防水构造

1—防水层；2—附加层；3—密封材料；
4—水泥钉；5—金属压条；6—保护层

13.2.2.3　檐口挑檐

卷材在温度反复变化、太阳辐射及臭氧的作用下，不可避免地要收缩、变硬，并首先发生在收头部位：拉开、剥离、卷翘、发生蹿水或被大风掀起，因此应固定密封。

无组织排水的卷材防水屋面檐口挑檐 800 mm 范围内的卷材应满粘，卷材收头应采用金属压条钉压，并应用密封材料封严。檐口下端应做鹰嘴和滴水槽，如图 13-13(a)所示。

涂膜防水屋面檐口挑檐的涂膜收头，应用防水涂料多遍涂刷。檐口下端应做鹰嘴和滴水槽，如图 13-13(b)所示。

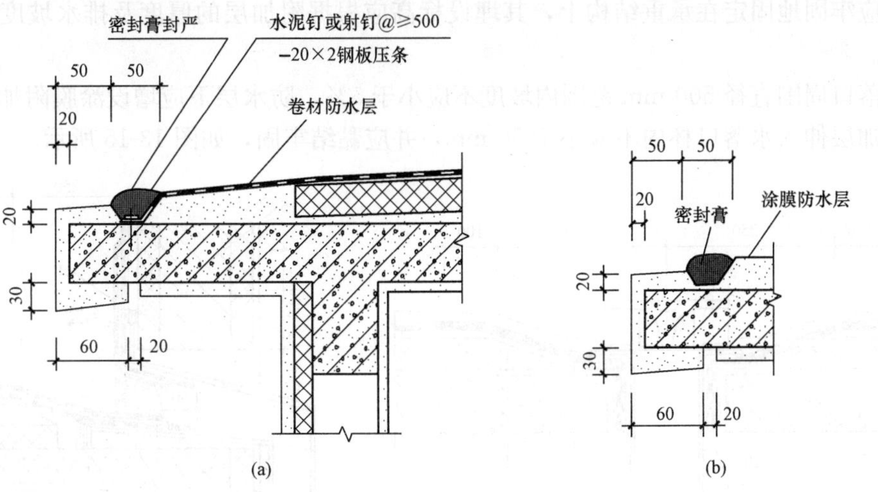

图 13-13　卷材、涂膜防水屋面檐口

13. 2. 2. 4　变形缝

变形缝泛水处的防水层下应增设附加层，附加层在平面和立面的宽度不应小于 250 mm；防水层应铺贴或涂刷至泛水墙的顶部；变形缝内应预填不燃保温材料，上部应采用防水卷材封盖，并放置衬垫材料，再在其上干铺一层卷材。

等高变形缝顶部宜加扣混凝土或金属盖板，如图 13-14(a)所示；高低跨变形缝在立墙泛水处，应采用有足够变形能力的材料和构造作密封处理，如图 13-14(b)所示。

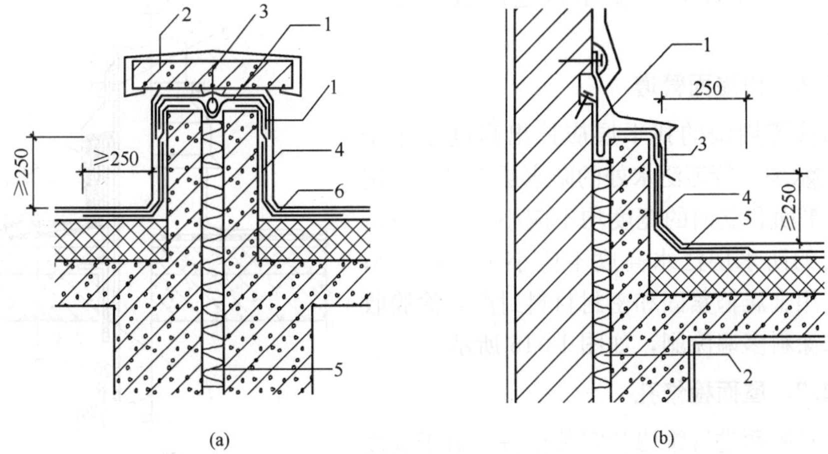

图 13-14　变形缝

(a)等高变形缝

1—卷材封盖；2—混凝土盖板；3—衬垫材料；4—附加层；5—不燃保温材料；6—防水层

(b)高低跨变形缝

1—卷材封盖；2—不燃保温材料；3—金属盖板；4—附加层；5—防水层

13. 2. 2. 5　水落管

重力式排水的水落口可采用塑料或金属制品，水落口的金属配件均应作防锈处理；水落口杯应牢固地固定在承重结构上，其埋设标高应根据附加层的厚度及排水坡度加大的尺寸确定。

水落口周围直径 500 mm 范围内坡度不应小于 5%，防水层下应增设涂膜附加层；防水层和附加层伸入水落口杯内不应小于 50 mm，并应黏结牢固，如图 13-15 所示。

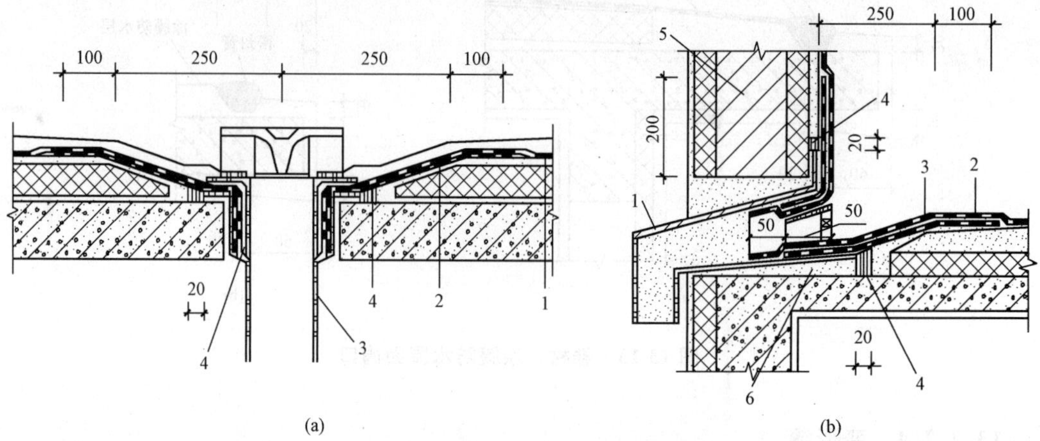

图 13-15　水落管

(a)直式水落管

1—防水层；2—附加层；3—水落管；4—密封胶

(b)横式水落管

1—水落管；2—防水层；3—附加层；4—密封胶；5—女儿墙；6—水泥砂浆找平层

虹吸式排水的水落口防水构造应进行专项设计。

13.2.2.6　出屋面管道

出屋面管道周围的找平层应抹出高度不小于 30 mm 的排水坡；管道泛水处的防水层下应增设附加层，它在平面和立面的宽度均不应小于 250 mm；管道泛水处的防水层泛水高度不应小于 250 mm；卷材收头应用金属箍紧固和密封材料封严，涂膜收头应用防水涂料多遍涂刷，如图 13-16 所示。

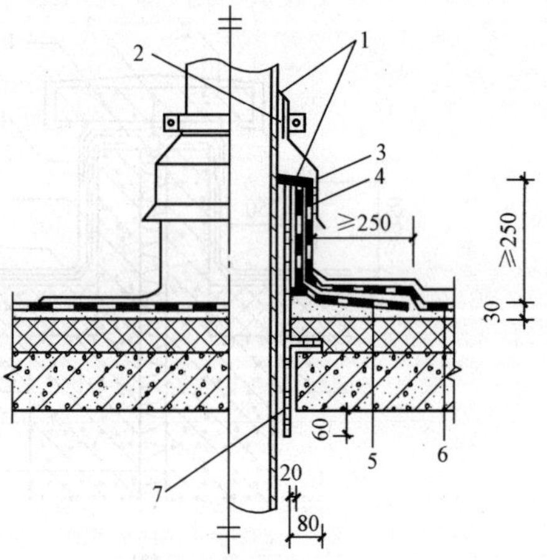

图 13-16　出屋面管道

1—密封膏；2—衬垫卷材；3—1 mm 厚铝合金板；4—镀锌钢丝缠绕卷材防水层箍紧；5—附加防水层；6—卷材防水层；7—套管

13.2.2.7　屋面检修孔

为方便对屋面进行维修和安装设备，对于高度在 10 m 以上的建筑物，当无楼梯通达屋面时，应设上屋面的人孔或外墙爬梯。屋面人孔的平面尺寸不小于 600 mm×700 mm，且应位于靠墙处，以方便在墙上设置爬梯。

屋面人孔的孔壁一般与屋面板整浇，高出屋面至少 250 mm，孔壁与屋面之间做成泛水，泛水高度均从最顶面起算。泛水处应增设附加层，它在平面和立面的宽度均不应小于 250 mm；防水层收头应在混凝土压顶圈下，如图 13-17 所示。孔口用木板(12 mm 厚企口板)上加钉 0.8 mm 厚铝板进行盖孔，外露木材表面刷防火漆两遍或按个体工程设计。

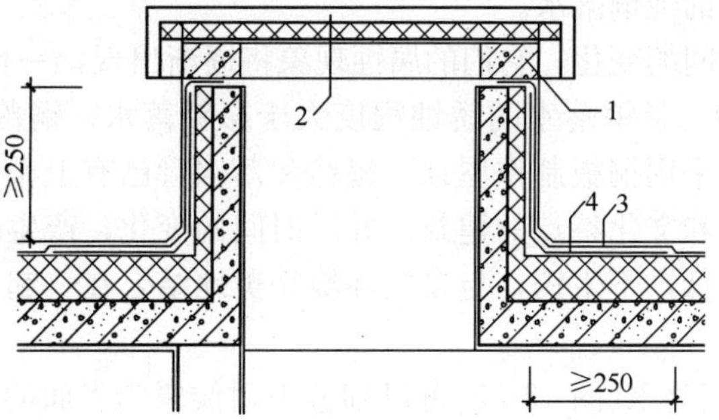

图 13-17 屋面检修孔

1—上人孔盖；2—混凝土压顶圈；3—防水层；4—附加层

13.2.2.8 屋面出入口

泛水处应增设附加层和护墙，附加层在平面上的宽度不应小于 250 mm；防水层收头应压在混凝土踏步下，如图 13-18 所示。

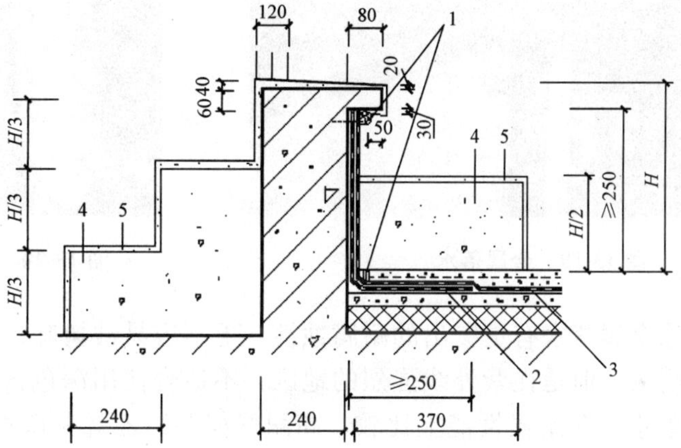

图 13-18 屋面出入口

1—密封胶；2—附加防水层；3—防水层；4—混凝土踏步；5—水泥砂浆

13.3 坡屋面排水与防水

13.3.1 坡屋面排水

坡屋面排水设计应遵循“满足建筑、结构使用功能的要求；考虑结构经济、合理、安全可靠”的原则。

屋面排水可分为无组织排水和有组织排水。坡屋面檐口宜采用有组织排水，檐沟和水落斗可采用经过防锈处理的金属或树脂成品，这样不仅施工方便，而且有利于保证工程质量。

(1)金属落水。金属落水(图 13-19)可以细分为质轻、防腐较好的彩铝落水、质地坚硬的彩钢落水和高贵典雅的纯铜落水。

金属落水随使用时间的变化，它们的腐蚀现象将逐渐出现，一旦出现，就会加速腐蚀，并失去原有的落水功能。彩钢落水的锈蚀程度大于彩铝落水；铜落水腐蚀变色成铜绿后，不会再加深腐蚀。欧洲采用铜板制作屋顶、屋檐和落水管已有上千年的传统，主要用于具有特别价值、历史意义和文化特点的建筑，并随时间的变化，产生的铜绿突显了建筑的典雅与高贵，其维护成本低，不生锈，与自然环境完美地结合在一起，是迄今为止使用年限最长的落水材料。

(2)树脂落水。树脂落水(图 13-20)可以细分为耐候树脂表面的树脂落水和高韧性的乙烯基改性 PVC 落水。

图 13-19　金属落水

图 13-20　树脂落水

树脂落水比彩涂金属落水有更突出的耐腐蚀性，更不容易被树叶、树枝等其他杂物堵塞，比金属落水更耐久。但是在紫外线强烈的地区，不适合使用深色树脂落水，只适合使用浅色树脂和金属落水。在耐候性能上比较，高耐候树脂＞乙烯基改性 PVC 材料＞普通 PVC 材料。耐候性能包括老化后的物理性能、韧性冲击强度。高耐候树脂和乙烯基改性 PVC 材料满足美国 USGBC[美国绿色建筑协会(U. S Green Building Council)]标准要求，属于绿色环保材料。

另外，也可以采用现浇钢筋混凝土檐沟。

13. 3. 2　坡屋面顶节点防水构造

调查表明，屋面渗漏中 70%是由细部构造防水处理不当引起的，这说明细部构造设防较难，是屋面工程设计的重点。各种瓦屋面的节点详图见《坡屋面建筑构造(一)》(09J202—1)中的构造图。

1. 屋脊

屋脊部位应增设防水垫层附加层，宽度不宜小于 500 mm，且应顺流水方向铺设和搭接，如图 13-21 所示。

2. 檐口

瓦屋面檐沟、天沟的防水层，可采用防水卷材或防水涂膜，也可采用金属板材。

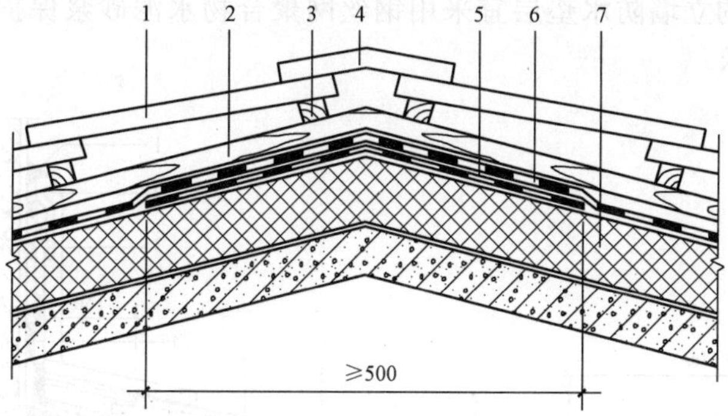

图 13-21 屋脊

1—瓦；2—顺水条；3—挂瓦条；4—脊瓦；5—防水垫层附加层；
6—防水垫层；7—保温隔热层

檐口部位应增设防水垫层附加层。在严寒地区或大风区域，应采用自粘聚合物沥青防水垫层加强，下翻宽度不应小于 100 mm，屋面铺设宽度不应小于 900 mm，如图 13-22 所示。金属泛水板应铺设在防水垫层的附加层上，并伸入檐口内；在金属板上应铺设防水垫层。

3. 钢筋混凝土檐沟

檐沟部位应增设防水垫层附加层，宽度不宜小于 500 mm；檐口部位防水垫层的附加层应延展铺设到混凝土檐沟内，如图 13-23 所示。

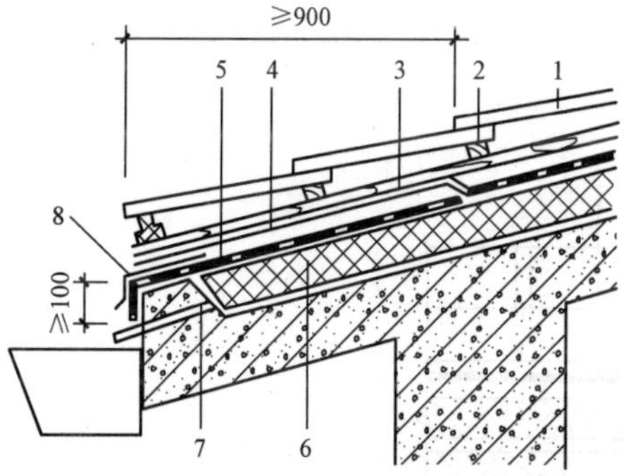

图 13-22 檐口

1—瓦；2—挂瓦条；3—顺水条；4—防水垫层；
5—防水垫层附加层；6—保温隔热层；
7—排水管；8—金属泛水板

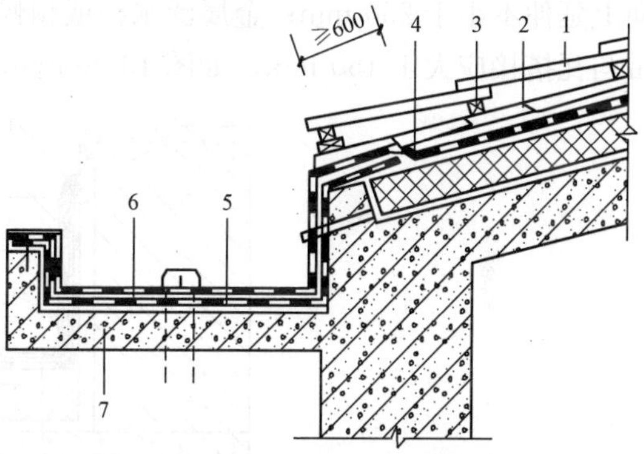

图 13-23 钢筋混凝土檐沟

1—瓦；2—顺水条；3—挂瓦条；4—保护层(持钉层)；
5—防水垫层附加层；6—防水垫层；7—钢筋混凝土结构

4. 天沟

天沟部位应沿天沟中心线增设防水垫层，宽度不应小于 1 000 mm；铺设防水垫层和瓦材应顺流水方向进行，如图 13-24 所示。

5. 立墙

阴角部位应增设防水垫层附加层，宽度不应小于 500 mm；防水垫层应满粘铺设，沿立墙向上延伸不应小于 250 mm；金属泛水板或耐候型泛水带覆盖在防水垫层上，泛水带与瓦之间应采用胶黏剂满粘；泛水带与瓦搭接应大于 150 mm，并应粘接在下一排瓦的顶部。非外露型泛水的立墙防水垫层宜采用钢丝网聚合物水泥砂浆保护，并用密封材料封边，如图 13-25 所示。

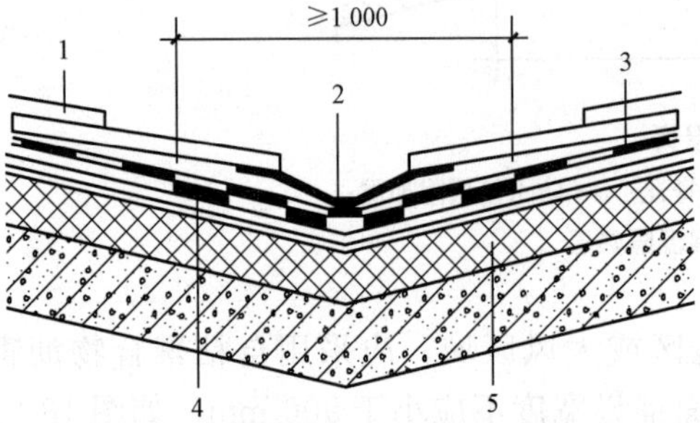

图 13-24　天沟

1—瓦；2—成品天沟；3—防水垫层；
4—防水垫层附加层；5—保温隔热层

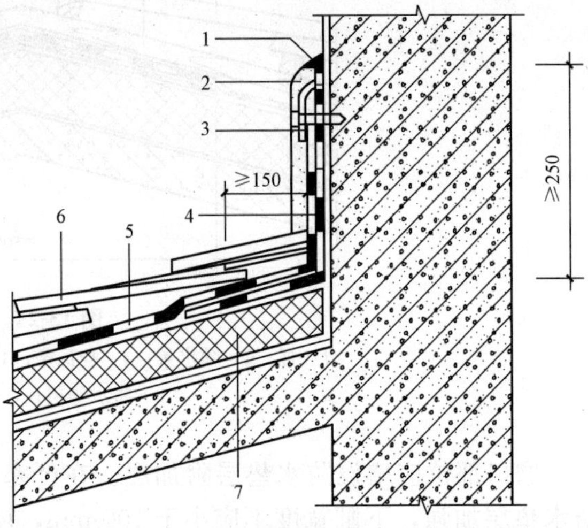

图 13-25　立墙

1—密封材料；2—保护层；3—金属材料；4—防水垫层附加层；5—防水垫层；6—瓦；7—保温隔热层

6. 山墙

阴角部位应增设防水垫层附加层，宽度不小于 500 mm；防水垫层应满粘铺设，沿立墙向上延伸不小于 250 mm；金属泛水板或耐候型泛水带覆盖在瓦上，用密封材料封边，泛水带与瓦搭接应大于 150 mm，如图 13-26 所示。

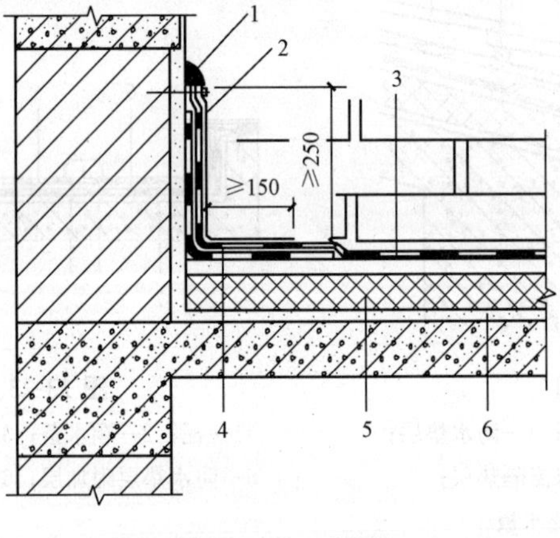

图 13-26　山墙

1—密封材料；2—泛水；3—防水垫层；
4—防水垫层附加层；5—保温隔热层；6—找平层

7. 女儿墙

阴角部位应增设防水垫层附加层，宽度不小于 500 mm；防水垫层应满粘铺设，沿立墙向上延伸不小于 250 mm；金属泛水板或耐候型自粘柔性泛水带覆盖在防水垫层或瓦上，泛水带与防水垫层或瓦搭接应大于 300 mm，并应压入上一排瓦的底部；宜用金属压条固定，并作密封处理，如图 13-27 所示。

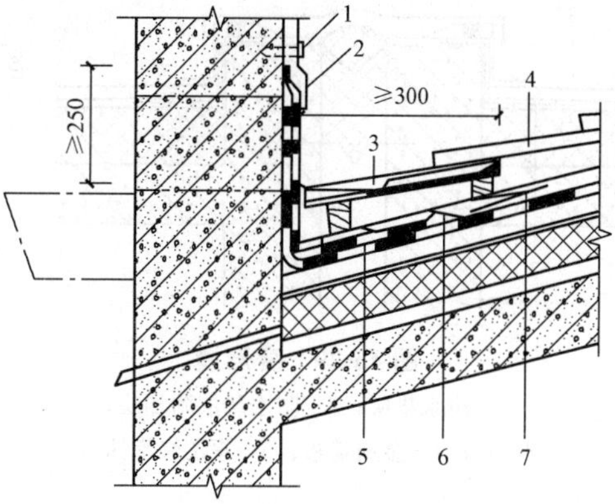

图 13-27　女儿墙

1—耐候密封胶；2—金属压条；3—耐候型自粘柔性泛水带；
4—瓦；5—防水垫层附加层；6—防水垫层；7—顺水条

8. 穿出屋面管道

阴角处应满粘铺设防水垫层附加层，附加层沿立墙和屋面铺设，宽度均不应小于 250 mm；防水垫层应满粘铺设，沿立墙向上延伸不应小于 250 mm；金属泛水板、耐候型自粘柔性泛水带覆盖在防水垫层上，上部迎水面泛水带与瓦搭接应大于 300 mm，并应压入上一排瓦的底部；下部背水面泛水带与瓦搭接应大于 150 mm；金属泛水板、耐候型自粘柔性泛水带表面可覆盖瓦材或其他装饰材料，应用密封材料封边，如图 13-28 所示。

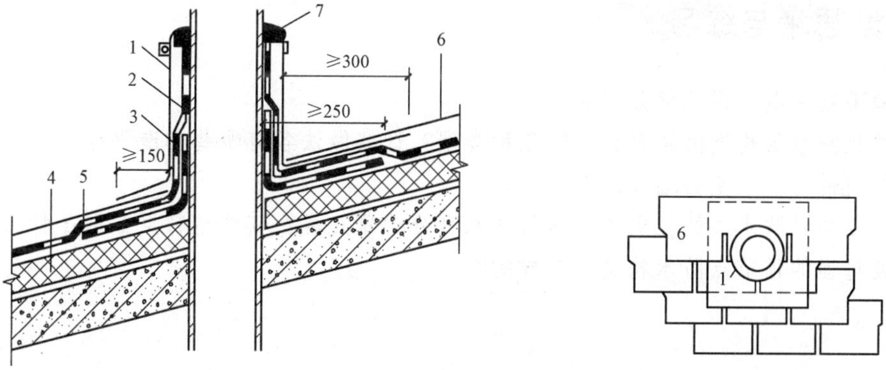

图 13-28　穿出屋面管道

1—成品泛水件；2—防水垫层；3—防水垫层附加层；
4—保护层(持钉层)；5—保温隔热层；6—瓦；7—密封材料

9. 变形缝

变形缝两侧墙高出防水垫层不应小于 100 mm；防水垫层应包过变形缝，变形缝上宜覆盖金属盖板，如图 13-29 所示。

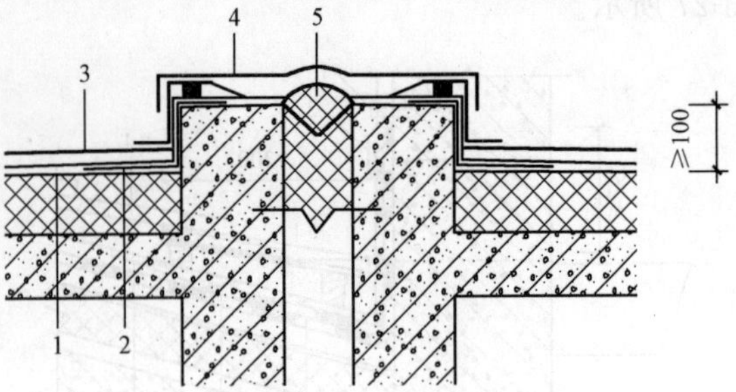

图 13-29　变形缝

1—防水垫层；2—防水垫层附加层；

3—瓦；4—金属盖板；5—聚乙烯泡沫棒

模块小结

平屋面的排水方式有无组织排水和有组织排水两种。屋面找坡的作用主要是快速排水和不积水，设计应确定合理的找坡方法和坡度。地下室一般由墙体、顶板、底板、门窗、楼梯、采光井等部分组成。坡屋面排水设计应遵循"满足建筑、结构使用功能的要求；考虑结构经济、合理、安全可靠"的原则。

思考与练习

1. 地下室一般由哪几部分组成？
2. 卷材防水层构造做法可分为哪几种类型？这些做法各有哪些构造要点？
3. 如何进行地下室的墙体防潮？
4. 按照卷材防水层的位置不同卷材防水可分为哪几类？其构造特点分别是什么？
5. 坡屋面的顶节点防水构造是怎样的？

参考文献

[1] 中华人民共和国建设部．GB 50352—2005 民用建筑设计通则[S]．北京：中国建筑工业出版社，2005.

[2] 中华人民共和国住房和城乡建设部．GB/T 50504—2009 民用建筑设计术语标准[S]．北京：中国计划出版社，2009.

[3] 中华人民共和国建设部．GB 50368—2005 住宅建筑规范[S]．北京：中国建筑工业出版社，2005.

[4] 中华人民共和国住房和城乡建设部．GB/T 50002—2013 建筑模数协调标准[S]．北京：中国建筑工业出版社，2014.

[5] 中华人民共和国住房和城乡建设部．GB 50016—2014 建筑设计防火规范[S]．北京：中国计划出版社，2015.

[6] 中华人民共和国建设部．JGJ 67—2006 办公建筑设计规范[S]．北京：中国建筑工业出版社，2007.

[7] 中华人民共和国住房和城乡建设部．JGJ 230—2010 倒置式屋面工程技术规程[S]．北京：中国建筑工业出版社，2011.

[8] 中华人民共和国住房和城乡建设部．GB 50108—2008 地下工程防水技术规范[S]．北京：中国计划出版社，2008.

[9] 中华人民共和国住房和城乡建设部．JGJ 134—2010 夏热冬冷地区居住建筑节能设计标准[S]．北京：中国建筑工业出版社，2010.

[10] 中华人民共和国住房和城乡建设部．GB 50037—2013 建筑地面设计规范[S]．北京：中国计划出版社，2014.

[11] 中华人民共和国住房和城乡建设部．GB 50693—2011 坡屋面工程技术规范[S]．北京：中国计划出版社，2012.

[12] 中华人民共和国住房和城乡建设部．全国民用建筑工程设计技术措施(2009 年版)[S]．北京：中国计划出版社，2009.

[13] 中华人民共和国住房和城乡建设部．JGJ/T 261—2011 外墙内保温工程技术规程[S]．北京：中国建筑工业出版社，2012.

[14] 中华人民共和国住房和城乡建设部．GB 50345—2012 屋面工程技术规范[S]．北京：中国建筑工业出版社，2012.

[15] 中华人民共和国住房和城乡建设部．GB 50763—2012 无障碍设计规范[S]．北京：中国建筑工业出版社，2012.

[16] 中华人民共和国住房和城乡建设部．GB 50096—2011 住宅设计规范[S]．北京：中国计划出版社，2012.

[17] 中华人民共和国住房和城乡建设部．JGJ 3—2010 高层建筑混凝土结构技术规程[S]. 北京：中国建筑工业出版社，2011.
[18] 中华人民共和国住房和城乡建设部．GB 50003—2011 砌体结构设计规范[S]. 北京：中国计划出版社，2012.
[19] 中国国家标准化管理委员会．GB/T 8478—2008 铝合金门窗[S]. 北京：中国标准出版社，2009.
[20] 中华人民共和国住房和城乡建设部．GB/T 50001—2010 房屋建筑制图统一标准[S]. 北京：中国建筑工业出版社，2011.
[21] 赵妍．房屋建筑学[M]. 2 版．北京：高等教育出版社，2013.
[22] 崔艳秋，吕树俭．房屋建筑学[M]. 3 版．北京：中国电力出版社，2014.
[23] 陈守兰，赵敬辛．房屋建筑学[M]. 北京：科学出版社，2014.
[24] 王卓．房屋建筑学[M]. 北京：清华大学出版社，2012.
[25] 曹长礼，孙晓丽．房屋建筑学[M]. 2 版．西安：西安交通大学出版社，2014.
[26] 张宏哲，王卓男，等．房屋建筑学[M]. 南京：江苏科学技术出版社，2013.
[27] 李必瑜，王雪松．房屋建筑学[M]. 5 版．武汉：武汉理工大学出版社，2014.
[28] 同济大学，西安建筑科技大学，东南大学，等．房屋建筑学[M]. 5 版．北京：中国建筑工业出版社，2016.